职业教育课程改革创新教材
智能制造专业群系列教材

三维数字化建模与3D打印项目化教程

主　编　周渝庆　幸赞鳌　詹正阳
副主编　周　莉　唐华林　栗　波　周　蔚
主　审　裴江红

科学出版社
北　京

内 容 简 介

本书由校企“双元”联合开发，以典型工作任务为载体组织教学内容，突出“工学结合”，特色鲜明。本书主要内容包括：吹风机的造型设计与3D 打印，风扇、汽车散热器下安装板、法兰盘、安全锤、智力魔球的逆向设计与 3D 打印。本书注重思政融合、“岗课赛证”融通和信息化教学资源配套。

本书可以作为职业院校机械设计与制造、模具设计与制造、数控技术、工业设计等相关专业的教学用书，也可以作为企业逆向工程师和 3D 打印岗位培训教材或自学用书。

图书在版编目(CIP)数据

三维数字化建模与 3D 打印项目化教程/周渝庆，幸赞鳌，詹正阳主编. —北京：科学出版社，2023.12

ISBN 978-7-03-077201-5

Ⅰ. ①三… Ⅱ. ①周… ②幸… ③詹… Ⅲ. ① 快速成型技术 Ⅳ. ①TB 4

中国国家版本馆 CIP 数据核字（2023）第 243947 号

责任编辑：张振华 / 责任校对：马英菊
责任印制：吕春珉 / 封面设计：东方人华平面设计部

科学出版社 出版
北京东黄城根北街 16 号
邮政编码：100717
http://www.sciencep.com

三河市良远印务有限公司印刷
科学出版社发行 各地新华书店经销
*
2023 年 12 月第 一 版 开本：787×1092 1/16
2023 年 12 月第一次印刷 印张：14 1/2
字数：340 000

定价：56.00 元

（如有印装质量问题，我社负责调换〈良远〉）
销售部电话 010-62136230 编辑部电话 010-62135120-2005

前　言

制造业是立国之本、兴国之器、强国之基，是一国国民经济的主体，也是提升综合国力、保障国家安全、建设世界强国的保障。当前，人类在技术革命领域不断开拓创新，大数据、云计算、物联网及务联网等技术得以成熟应用，工业自动化、数字化的水平不断提高，以信息化和智能化为主导的新工业革命和数字经济正在加速改变世界格局。目前，我国正处于从制造业价值链低端向中高端、从制造大国向制造强国、从“中国制造”向“中国创造”转变的关键历史时期。

继德国提出“工业4.0”之后，美国、英国、日本等世界主要工业发达国家均出台了一系列国家政策，以支持本国工业发展，应对新一轮工业革命所带来的挑战。我国政府通过统筹兼顾国内外环境，提出了实施制造强国“三步走”战略，并于2015年5月由国务院印发指导未来工业发展第一个十年计划——《中国制造2025》，力争在十年内跻身世界制造强国行列。各个国家在制定相应战略政策时，由于各自工业基础和发展环境的不同，其战略侧重点有所区别，然而智能制造作为工业转型升级和高质量发展的强力引擎一直备受重视。它的产业链涵盖智能装备、工业互联网、工业软件、3D打印等。

随着国家对智能制造产业领域的重视和投入的不断增加，我国智能制造产业得到了快速发展。但应该看到，智能制造产业领域的从业人才的数量和质量都远远落后于产业快速发展的需求。随着企业间竞争的日趋残酷和白热化，现代企业对具有良好的职业道德、必要的文化知识、熟练的职业技能等综合职业能力的高素质劳动者和技能型人才的需求越来越广泛。这就要求职业院校创新教育理念，改革教学模式，优化专业教材，尽快培养出真正适合智能制造产业需求的高素质劳动者和技能型人才。

党的二十大报告深刻指出：“加快建设国家战略人才力量，努力培养造就更多大师、战略科学家、一流科技领军人才和创新团队、青年科技人才、卓越工程师、大国工匠、高技能人才。”为了深入贯彻落实二十大报告精神，编者根据二十大报告，以及《职业院校教材管理办法》《高等学校课程思政建设指导纲要》《“十四五”职业教育规划教材建设实施方案》等相关文件精神，在行业专家、企业专家和课程开发专家的指导下编写了本书。在编写本书的过程中，编者紧紧围绕“培养什么人、怎样培养人、为谁培养人”这一教育的根本问题，以落实立德树人为根本任务，以学生综合职业能力培养为中心，以培养卓越工程师、大国工匠、高技能人才为目标。

本书根据教学的实施需求，以典型项目为引领，以逆向设计工作流程为主线，从数据采集、数据处理、模型重构方面系统介绍逆向设计的工作内容与方法，并结合3D打印技术完成逆向实体的快速成型。本书注重理论联系实践，充分体现“岗课赛证”融通，在重点培养学生逆向设计、3D打印能力的同时，融入创新设计的理念与意识。

本书共包括6个项目，按照“工作任务”“知识准备”“任务实施”的流程进行，详解吹风机、风扇、汽车散热器下安装板、法兰盘、安全锤、智力魔球的三维数字化建模与3D打印过程。利用扫描仪对零件表面进行三维扫描，并获取三维点云数据；利用Geomagic Wrap

软件对三维点云数据进行优化处理，应用CATIA软件和Geomagic Design X软件对曲面进行重构，通过偏差图进行逆向建模过程的质量分析；通过选择不同原理的3D打印设备完成逆向实体的快速成型，进而介绍不同的3D打印设备的操作。

本书图文并茂、学做结合、易学易懂，在案例选择上由易到难，突出典型性与实用性。项目1是正向三维建模，重点介绍CATIA曲面模型的建立；项目2是风扇的逆向设计与3D打印，重点介绍拍照式三维扫描仪的操作与LCD原理3D打印的操作；项目3是汽车散热器下安装板的逆向设计与3D打印，重点介绍手持式激光扫描仪的操作与FDM原理3D打印的操作；项目4是法兰盘的逆向设计与3D打印，重点介绍SLS原理3D打印的操作；项目5是安全锤的逆向设计与3D打印，重点介绍SLM原理3D打印的操作；项目6是智力魔球的逆向设计与3D打印，综合培养学生的三维数字化建模和3D打印技术能力。以此类推，本书将数据应用拓展到多个制造领域，符合职业院校学生的学习特点，做到了实用精练、便于教学。编者运用了“互联网+”技术，在书中重要知识点内容附近嵌入二维码，读者使用手机扫描，便可观看相应的多媒体内容，方便读者理解知识，进行更深入的学习。

本书由重庆工业职业技术学院周渝庆、重庆五一职业技术学院幸赞鳌、重庆阿尔瓦科技有限公司詹正阳任主编，重庆工业职业技术学院周莉、唐华林、栗波、周蔚任副主编。具体编写分工为：周莉编写项目1；周渝庆编写项目2、项目3；唐华林编写项目4；詹正阳编写项目5；幸赞鳌编写项目6；周蔚、栗波制作全书课件。全书由周渝庆统稿，重庆工业职业技术学院裴江红主审。

在编写本书过程中，编者参阅了国内外出版的有关教材和资料，在此对相关作者一并表示衷心感谢！

由于编者水平有限，书中不妥之处在所难免，恳请读者批评指正。

目　　录

项目 1　吹风机的造型设计与 3D 打印 …… 1
1.1　工作任务：吹风机项目团队与任务单 …… 2
1.1.1　组建团队及任务分工 …… 2
1.1.2　发放任务单 …… 2
1.2　知识准备：CATIA 软件基本操作与 3D 打印基础知识 …… 2
1.2.1　CATIA 软件生成线框元素 …… 2
1.2.2　CATIA 软件生成曲面 …… 12
1.2.3　CATIA 软件几何操作 …… 18
1.2.4　3D 打印基础知识 …… 30
1.3　任务实施：绘制吹风机模型并打印 …… 50
1.3.1　吹风机身绘制 …… 51
1.3.2　吹风嘴绘制 …… 52
1.3.3　散热孔绘制 …… 53
1.3.4　手柄绘制 …… 56
1.3.5　吹风机模型 3D 打印 …… 59
考核评价 …… 61
自主练习 …… 62
项目 2　风扇的逆向设计与 3D 打印 …… 63
2.1　工作任务：风扇项目团队与任务单 …… 64
2.1.1　组建团队及任务分工 …… 64
2.1.2　发放任务单 …… 64
2.2　知识准备：逆向工程关键技术与应用 …… 64
2.2.1　逆向工程的定义 …… 65
2.2.2　逆向工程的工作流程 …… 65
2.2.3　逆向工程的数据采集技术 …… 67
2.2.4　逆向工程的数据处理技术 …… 74
2.2.5　逆向工程的模型重构技术 …… 76
2.2.6　逆向工程的应用领域 …… 82
2.2.7　逆向工程存在的问题及发展趋势 …… 85
2.3　任务实施：重构风扇模型并打印 …… 86
2.3.1　风扇数据采集 …… 86
2.3.2　风扇数据处理 …… 94

2.3.3 风扇三维模型重构 …… 96
2.3.4 风扇 3D 打印 …… 105
2.3.5 风扇后处理 …… 107
考核评价 …… 107
自主练习 …… 108

项目 3 汽车散热器下安装板的逆向设计与 3D 打印 …… 109

3.1 工作任务：汽车散热器下安装板项目团队与任务单 …… 110
3.1.1 组建团队及任务分工 …… 110
3.1.2 发放任务单 …… 110
3.2 知识准备：手持式激光扫描仪、CATIA 功能模块与 FDM …… 110
3.2.1 手持式激光扫描仪 …… 110
3.2.2 CATIA 的逆向点云编辑模块 …… 118
3.2.3 CATIA 的逆向曲面重建模块 …… 123
3.2.4 FDM …… 128
3.3 任务实施：重构汽车散热器下安装板模型并打印 …… 131
3.3.1 汽车散热器下安装板三维数据采集 …… 131
3.3.2 汽车散热器下安装板三维模型重构 …… 131
3.3.3 汽车散热器下安装板 3D 打印 …… 143
考核评价 …… 153
自主练习 …… 154

项目 4 法兰盘的逆向设计与 3D 打印 …… 155

4.1 工作任务：法兰盘项目团队与任务单 …… 156
4.1.1 组建团队及任务分工 …… 156
4.1.2 发放任务单 …… 156
4.2 知识准备：SLS 概述 …… 156
4.2.1 SLS 成型原理 …… 156
4.2.2 典型 SLS 设备与原料 …… 157
4.2.3 SLS 的优缺点 …… 158
4.2.4 SLS 的应用 …… 159
4.3 任务实施：重构法兰盘模型并打印 …… 160
4.3.1 法兰盘数据采集与处理 …… 160
4.3.2 法兰盘三维模型重构 …… 160
4.3.3 法兰盘 3D 打印 …… 168
考核评价 …… 171
自主练习 …… 172

项目5 安全锤的逆向设计与3D打印……173
5.1 工作任务：安全锤项目团队与任务单……174
5.1.1 组建团队及任务分工……174
5.1.2 发放任务单……174
5.2 知识准备：Geomagic Design X操作、SLM技术与SLM 3D打印机……174
5.2.1 Geomagic Design X操作……174
5.2.2 SLM技术……182
5.2.3 SLM 3D打印机……184
5.3 任务实施：重构安全锤模型并打印……188
5.3.1 安全锤数据采集与处理……188
5.3.2 安全锤三维模型重构……188
5.3.3 安全锤3D打印……207
考核评价……214
自主练习……215
项目6 智力魔球的逆向设计与3D打印……216
6.1 工作任务：智力魔球项目团队与任务单……217
6.1.1 组建团队及任务分工……217
6.1.2 发放任务单……217
6.2 知识准备：智力魔球的设计……217
6.3 任务实施：重构智力魔球模型并打印……218
6.3.1 智力魔球三维模型重构……218
6.3.2 智力魔球3D打印……218
6.3.3 智力魔球装配……218
考核评价……220
自主练习……221
参考文献……222

项目 1 吹风机的造型设计与 3D 打印

◎ **项目导读**

吹风机外壳材质大多是丙烯腈-丁二烯-苯乙烯共聚物（acrylonitrile butadiene styrene，ABS）塑料，采用模具进行大批量的生产制造。某公司要求设计一款吹风机外壳，并采用 3D 打印的方式将其打印出来，以方便检验和测试。本产品要求外观光滑，因此选择光敏树脂，并用光固化成型（stereo lithography appearance，SLA）的 3D 打印方法来进行模型制造。

◎ **知识目标**

1. 熟悉 CATIA 软件的操作方法。
2. 理解 3D 打印的技术分类及原理。

◎ **能力目标**

1. 能阅读任务单，准确理解工作任务。
2. 能应用 CATIA 软件绘制吹风机模型。
3. 能应用 Magics 软件进行数据处理。
4. 能正确操作 SLA 设备打印吹风机。
5. 能进行 SLA 产品后处理。

◎ **素养目标**

1. 树立正确的学习观，坚定技能报国的信念。
2. 培养职业认同感、责任感，自觉践行行业道德规范。

视频：绘制吹风机模型（一）　　视频：绘制吹风机模型（二）　　视频：绘制吹风机模型（三）

1.1 工作任务：吹风机项目团队与任务单

1.1.1 组建团队及任务分工

组建团队及任务分工如表 1-1 所示。

表 1-1 组建团队及任务分工

团队名称	团队成员	工作任务

1.1.2 发放任务单

任务单如表 1-2 所示。

表 1-2 任务单

产品名称	吹风机	编号		时间	5 天
序号	零件名称	规格	图形	数量/件	设计要求
1	吹风机		根据客户要求绘制三维图	1	（1）准确绘制吹风机三维模型； （2）完成吹风机模型的 3D 打印
2					
备注	请在指定时间内完成		完成日期		
生产部意见			日期		

1.2 知识准备：CATIA 软件基本操作与 3D 打印基础知识

1.2.1 CATIA 软件生成线框元素

选择菜单栏中的【开始】→【形状】→【创成式外形设计】命令，进入创成式外形设计模块。图 1-1 所示为生成线框元素工具的【线框】及其下级工具栏。

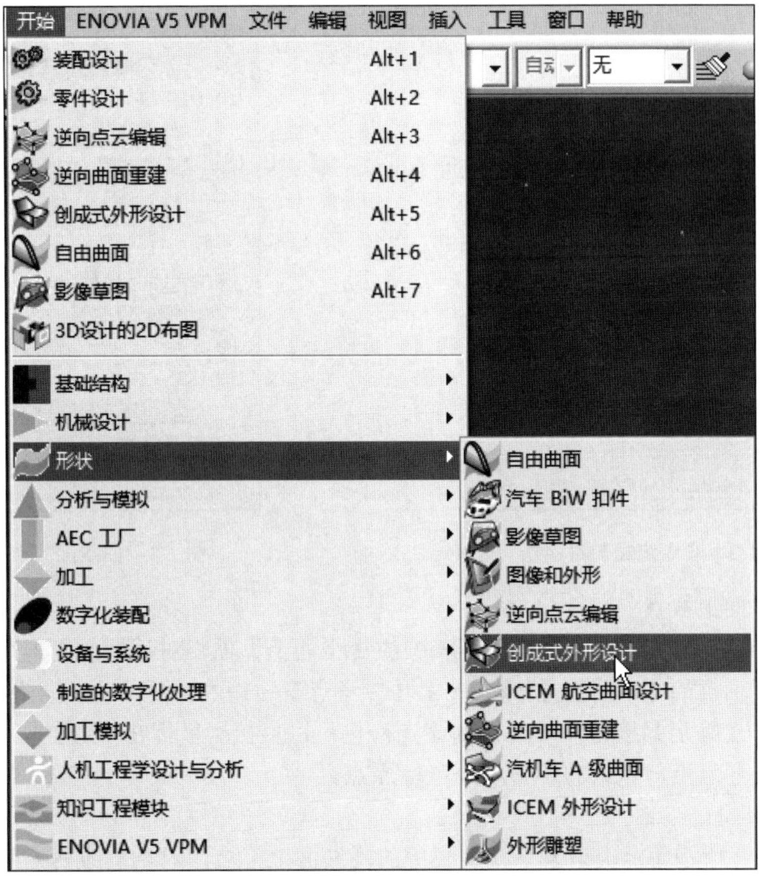

图 1-1　生成线框元素工具的【线框】及其下级工具栏

1．生成点

可以通过输入点的坐标，在曲线、平面或曲面上取点，获取圆心点、与曲线相切的点及间距比例系数等。单击【点】按钮·，弹出如图 1-2 所示的【点定义】对话框。

通过【点类型】下拉列表可以选择生成点的方法。

（1）通过坐标确定点

选择图 1-2 所示【点类型】下拉列表中的【坐标】项，分别在对话框的【X】、【Y】、【Z】域中输入相对于参考点的 X、Y、Z 坐标值，单击【确定】按钮，即可得到该点。

参考点可以是坐标原点或已有对象的点，默认的参考点是坐标原点。

（2）在曲线上取点

选择图 1-2 所示【点类型】下拉列表中的【曲线上】项，对话框改变为图 1-3 的形式。

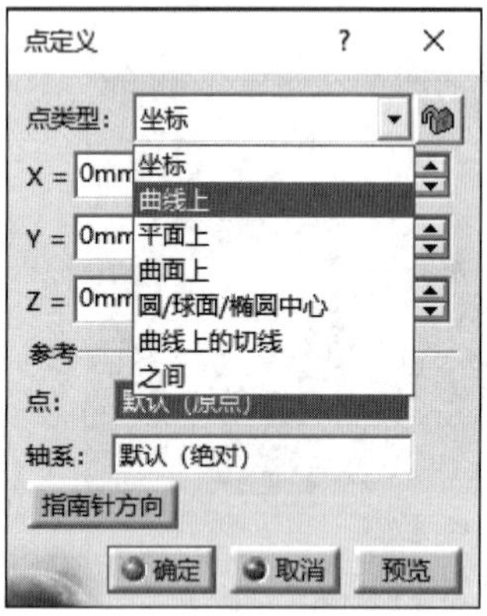

图 1-2 【点定义】对话框

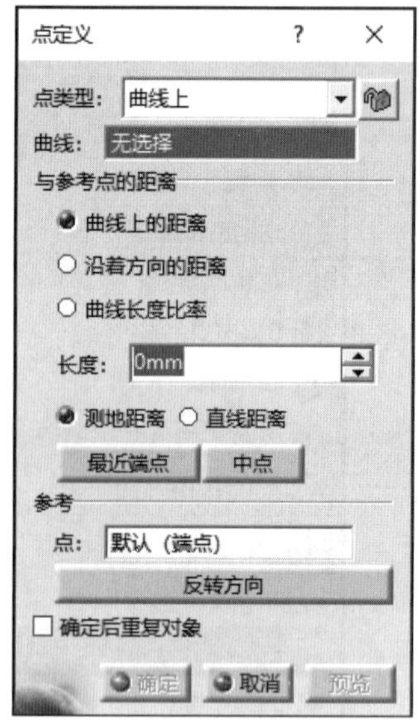

图 1-3 曲线上的点

（3）在平面上取点

选择图 1-2 所示【点类型】下拉列表中的【平面上】项，对话框改变为图 1-4 的形式。

分别在对话框的【平面】、【H】、【V】、【参考点】中输入平面、H 坐标值、V 坐标值及参考点，单击【确定】按钮，即可得到该点，也可以直接用鼠标在平面上取点。参考点可以是平面上的任意点，默认的参考点是坐标原点。

（4）在曲面上取点

选择图 1-2 所示【点类型】下拉列表中的【曲面上】项，对话框改变为图 1-5 的形式。

分别在对话框的【曲面】、【方向】、【距离】、【参考点】中输入曲面、方向、距离值及参考点，单击【确定】按钮，即可得到该点，也可以直接用鼠标在曲面上取点。参考点可以是曲面上的任意点，默认的参考点是曲面中心。

（5）通过圆/球面/椭圆的中心生成点

选择图 1-2 所示【点类型】下拉列表中的【圆/球面/椭圆中心】项，并在绘图窗口中单击需生成点的圆或圆弧，单击【确定】按钮，即可得到该圆或圆弧的圆心点。

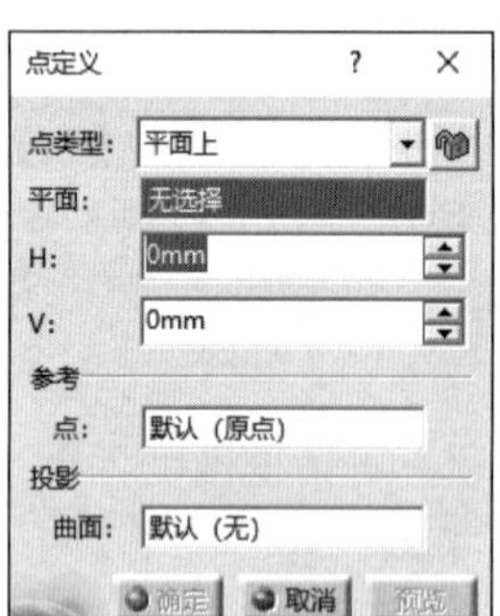

图 1-4 平面上的点

图 1-5 曲面上的点

（6）通过曲线上的切线生成点

选择图 1-2 所示【点类型】下拉列表中的【曲线上的切线】项，分别在【曲线】、【方向】中选择曲线和方向，单击【确定】按钮，即可得到与曲线相切的点。

（7）根据比例系数生成两点（连线）之间的一个点

选择图 1-2 所示【点类型】下拉列表中的【之间】项，分别在【点 1】、【点 2】、【比率】中选择两个点并输入一个系数值，单击【确定】按钮，即可得到两点之间的一个点。

（8）生成极点

按照给定的方向，根据最大或最小距离在曲线、曲面或几何体上搜寻出极大或极小元素（点、边或表面）。

在图 1-1 中单击【端点】按钮，弹出如图 1-6 所示的【极值定义】对话框。

【极值定义】对话框各项的含义如下。

【图素】：能够检测到极点的几何对象。

【方向】：判断极点所在位置的方向。

【最大值】：在几何对象的指定方向上最远端的点。

【最小值】：在几何对象的指定方向上最近端的点。

【方向 2】和【方向 3】：曲面或几何体在一个方向的极值可能是一条线，此时需要再选择一个或两个方向才能求出极值点。

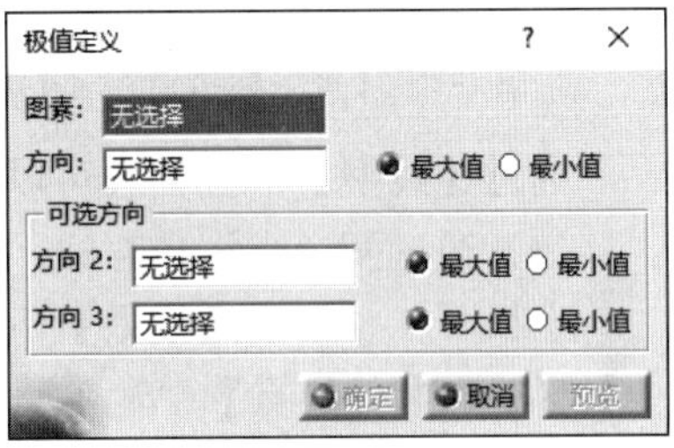

图 1-6　【极值定义】对话框

（9）生成极坐标的极点

在平面轮廓曲线上搜寻出相对于参考点和轴线的半径，以及角度极大或极小值点。在图 1-1 中单击【端点坐标】按钮，弹出如图 1-7 所示的【极坐标极值定义】对话框。

【极坐标极值定义】对话框各项的含义如下。

1）【类型】：选择搜寻的种类，可以是以下四种类型之一。

【最小半径】：与参考原点距离最近的点。

【最大半径】：与参考原点距离最远的点。

【最小角度】：与参考方向角度最小的点。

【最大角度】：与参考方向角度最大的点。

2）【轮廓】：选择平面轮廓曲线，注意曲线须闭合，不允许分叉。

3）【支持面】：选择平面轮廓曲线所在的基础平面。

4）【原点】：选择参考原点。

5）【参考方向】：选择参考方向。

6）【分析】：显示分析参数类型和结果。

2．生成直线

可以通过输入直线的端点、起点和直线方向，与给定曲线的切线呈一定角度，使用曲线的切线、曲面的法线及角平分线等方式生成直线。单击【直线】按钮，弹出如图 1-8 所示的【直线定义】对话框。

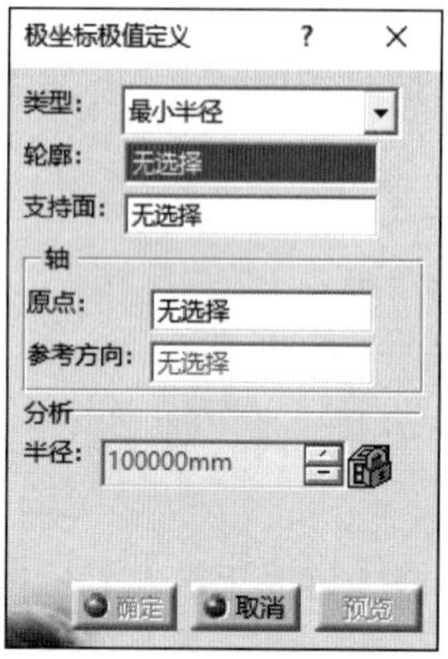

图 1-7 【极坐标极值定义】对话框

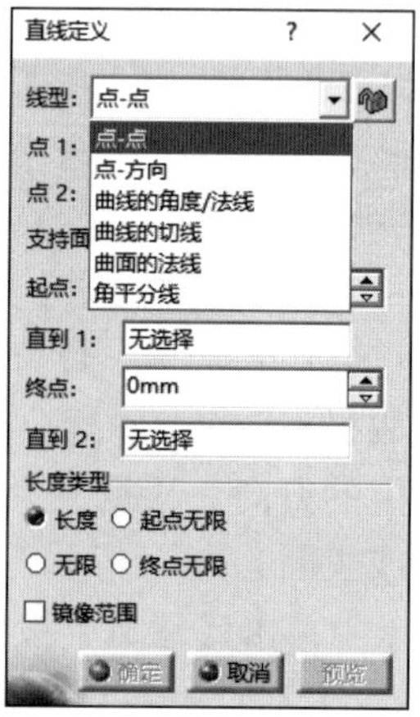

图 1-8 【直线定义】对话框

通过【线型】下拉列表可以选择生成直线的方法。

（1）通过两个点生成直线

选择图 1-8 所示【线型】下拉列表中的【点-点】项，分别在【点 1】、【点 2】、【支持面】、【起点】、【终点】中输入两点、一个支撑平面或曲面、两个外延距离值，单击【确定】按钮，即可得到一个线段。支撑面可以不选，默认的支撑面是经过起始点的平面。

（2）通过一个点、方向及起始界限生成直线

选择图 1-8 所示【线型】下拉列表中的【点-方向】项，分别在【点】、【方向】、【支持面】、【起点】、【终点】中输入起始点、一个方向、一个支撑平面或曲面、两个外延距离值，单击【确定】按钮，即可得到一个线段。支撑面可以不选，默认的支撑面是经过起始点的平面。

（3）通过曲线的角度和法线生成直线

选择图 1-8 所示【线型】下拉列表中的【曲线的角度/法线】项，分别在【曲线】、【支持面】、【点】、【角度】、【起点】、【终点】中输入一条参考曲线、一个支撑平面或曲面、起始点、一个角度值、两个外延距离值，单击【确定】按钮，即可得到一个线段。如果参考曲线在支撑面上，起始点在参考曲线上，则生成的直线是与参考曲线在起始点的切线呈给定角度的直线，并且处于支撑面在起始点处的切平面上。

（4）通过曲线的切线生成直线

选择图 1-8 所示【线型】下拉列表中的【曲线的切线】项，对话框中各项的含义如下。

【元素 2】：选择一个对象，对象可以是点或曲线。

【类型】：切线的类型，有两种选择，即单切线和双切线。单切线：确定直线方向为曲线的一个切线方向。双切线：经过此点做曲线的切线，必须指定支撑面。

（5）通过曲面的法线生成直线

选择图 1-8 所示【线型】下拉列表中的【曲面的法线】项，分别在【曲面】、【点】、【起点】、【终点】中输入一个曲面、起始点、两个外延距离值，单击【确定】按钮，即可得到一个线段。

（6）通过角平分线生成直线

选择图 1-8 所示【线型】下拉列表中的【角平分线】项，对话框中各项的含义如下。

【线 1】：选择一条直线。

【线 2】：选择另一条直线。

3．生成平面

可以通过偏移平面、平行通过点、与平面成一定角度或垂直、三个点、两条直线、点和直线、平面曲线、曲线的法线、曲面的切线、方程序及平均通过点等方式生成平面。单击【平面】按钮，弹出如图 1-9 所示的【平面定义】对话框。

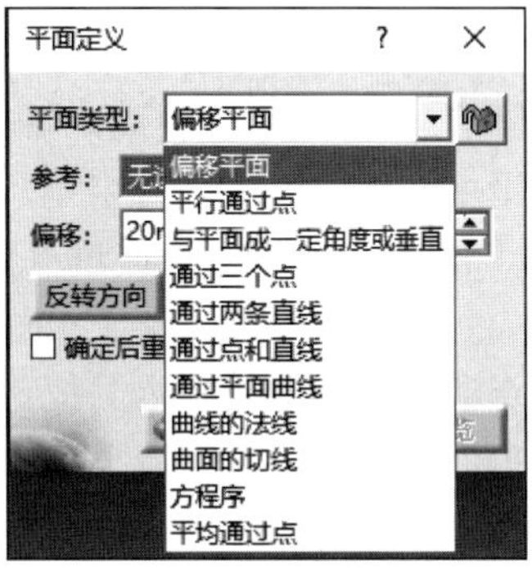

图 1-9　【平面定义】对话框

通过【平面类型】下拉列表可以选择生成平面的方法。

（1）通过偏移平面生成平面

选择图 1-9 所示【平面类型】下拉列表中的【偏移平面】项，分别在【参考】、【偏移】中输入一个参考平面和偏移距离值，单击【确定】按钮，即可得到一个平面。

（2）通过平行通过点生成平面

选择图 1-9 所示【平面类型】下拉列表中的【平行通过点】项，分别在【参考】、【点】中输入一个参考平面和一个点，单击【确定】按钮，即可得到一个平面。该平面经过输入点，并平行于输入参考平面。

（3）通过与平面成一定角度或垂直生成平面

选择图 1-9 所示【平面类型】下拉列表中的【与平面成一定角度或垂直】项，分别在【旋转轴】、【参考】、【角度】中输入旋转轴线、参考平面和一个角度值，单击【确定】按钮，即可得到一个平面。

（4）通过三个点生成平面

选择图 1-9 所示【平面类型】下拉列表中的【通过三个点】项，分别在【点 1】、【点 2】、【点 3】中输入三个点，单击【确定】按钮，即可得到经过这三个点的一个平面。

（5）通过两条直线生成平面

选择图 1-9 所示【平面类型】下拉列表中的【通过两条直线】项，分别在【线 1】、【线 2】中输入两条直线，单击【确定】按钮，即可得到经过这两条直线的一个平面。

（6）通过点和直线生成平面

选择图 1-9 所示【平面类型】下拉列表中的【通过点和直线】项，分别在【点】、【线】中输入一个点和一条直线，单击【确定】按钮，即可得到经过输入点和直线的一个平面。

（7）通过平面曲线生成平面

选择图 1-9 所示【平面类型】下拉列表中的【通过平面曲线】项，在【线】中输入一条平面曲线，单击【确定】按钮，即可得到经过给定平面曲线的一个平面。

（8）通过曲线的法线生成平面

选择图 1-9 所示【平面类型】下拉列表中的【曲线的法线】项，分别在【曲线】、【点】中输入一条曲线和一个点，单击【确定】按钮，即可得到一个平面。该平面经过输入点，并且垂直于曲线在此点的切线。

（9）通过曲面的切线生成平面

选择图1-9所示【平面类型】下拉列表中的【曲面的切线】项，分别在【曲面】、【点】中输入一个曲面和一个点，单击【确定】按钮，即可得到一个平面。该平面经过输入点，并与曲面在此点相切。

（10）通过方程序生成平面

选择图1-9所示【平面类型】下拉列表中的【方程序】项，分别在【A】、【B】、【C】、【D】中输入四个参数，单击【确定】按钮，即可得到一个由方程 $Ax+By+Cz=D$ 确定的平面。

（11）通过平均通过点生成平面

选择图1-9所示【平面类型】下拉列表中的【平均通过点】项，在【点】中输入多个点参数，单击【确定】按钮，即可得到一个距离选择的各点位置最近的平面，所有点到此平面距离的平方和最小。

4．投影

使用投影功能可以生成一个元素（点、直线或曲线的集合）在另一个元素（曲线、平面或曲面）上的投影。投影一般分为两种情况：①一个点投影到直线、曲线或曲面上；②点和线框混合元素投影到平面或曲面上。

单击【投影】按钮，弹出如图1-10所示的【投影定义】对话框。

【投影定义】对话框各项的含义如下。

【投影类型】：投影方向，有【法线】和【沿某一方向】两种类型。

【投影的】：输入被投影元素。

【支持面】：输入作为投影面的基础元素。

【近接解法】：若此按钮为打开状态，则当投影结果为不连续的多元素时，会弹出对话框，询问是否选择其中之一。

【光顺】：对所投影的曲线的流畅程度进行处理，其中的三个选项分别对应无光顺处理、平滑无尖角（一阶导数光顺）处理、曲线曲率连续无断点（二阶导数光顺）处理。

5．混合

使用混合功能可以生成混合线。混合线被定义为：两条曲线分别沿着两个给定方向（默认的方向为曲线的法线方向）拉伸，拉伸的两个曲面（实际上不生成曲面的几何图形）在空间的交线。单击【混合】按钮，弹出如图1-11所示的【混合定义】对话框。

6．反射线

使用反射线功能可以生成反射线。反射线定义：光线由特定的方向射向一个给定曲面，反射角等于给定角度的光线。反射线是所有在给定曲面上的法线方向与给定方向夹角的给定角度值的点的集合。单击【反射线】按钮，弹出如图1-12所示的【反射线定义】对话框。

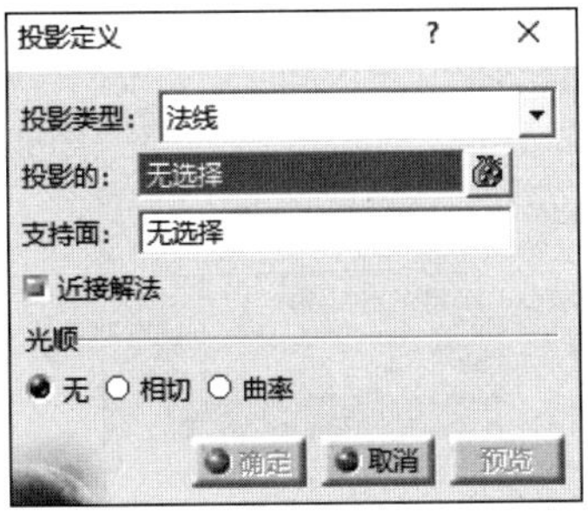

图 1-10　【投影定义】对话框

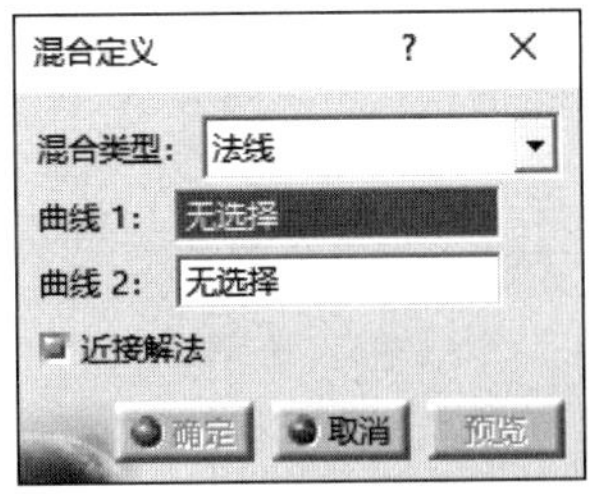

图 1-11　【混合定义】对话框

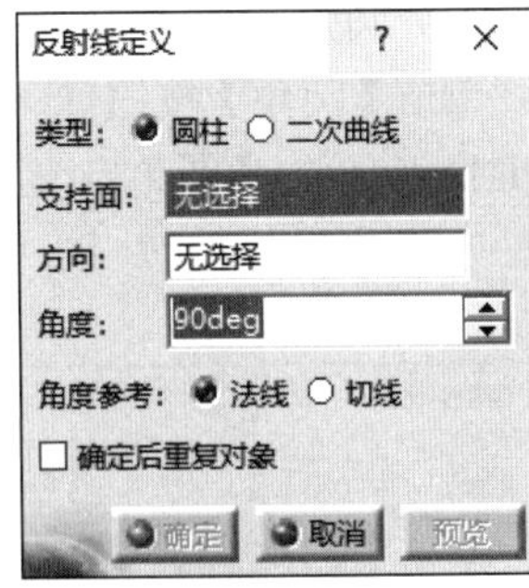

图 1-12　【反射线定义】对话框

7．相交

使用相交功能可以生成两个元素之间的相交部分。例如，两条相交直线生成一个交点，两个相交平面（曲面）生成一条直线（曲线）等。相交大致包括四种情况：线框元素之间；曲面之间；线框元素和一个曲面之间；曲面和拉伸实体之间。单击【相交】按钮，弹出如图 1-13 所示的【相交定义】对话框。

8．平行曲线

使用平行曲线功能可以在基础面上生成一条或多条与给定曲线平行（等距离）的曲线。单击【平行曲线】按钮，弹出如图 1-14 所示的【平行曲线定义】对话框。

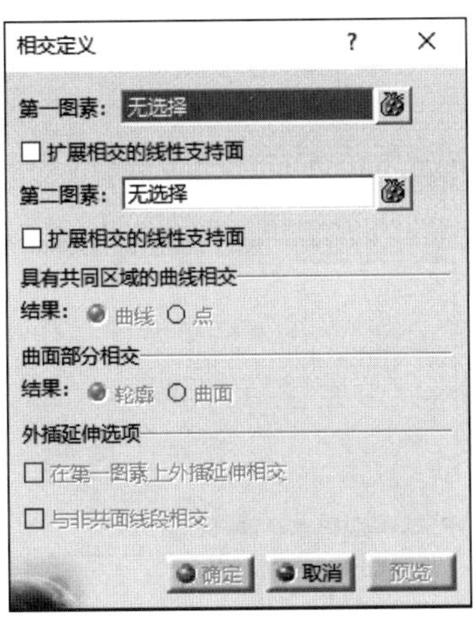

图 1-13　【相交定义】对话框

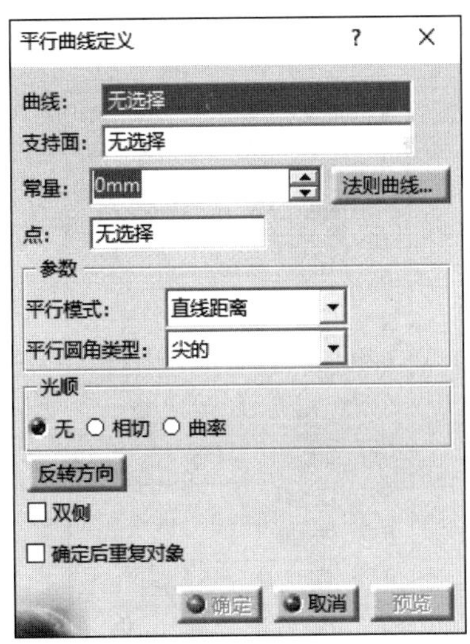

图 1-14　【平行曲线定义】对话框

9．二次曲线

（1）圆

单击【圆】按钮（该按钮的功能是在不进入草图编辑的情况下生成圆），弹出如图 1-15 所示的【圆定义】对话框。

（2）圆角

单击【圆角】按钮（该按钮的功能是在不进入草图编辑的情况下生成圆角），弹出如图 1-16 所示的【圆角定义】对话框。

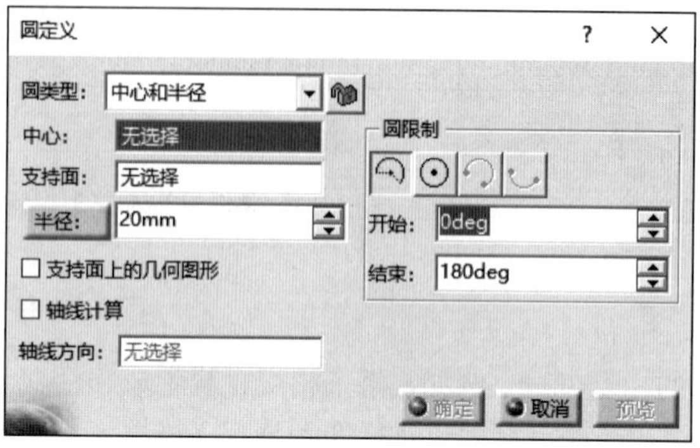

图 1-15　【圆定义】对话框

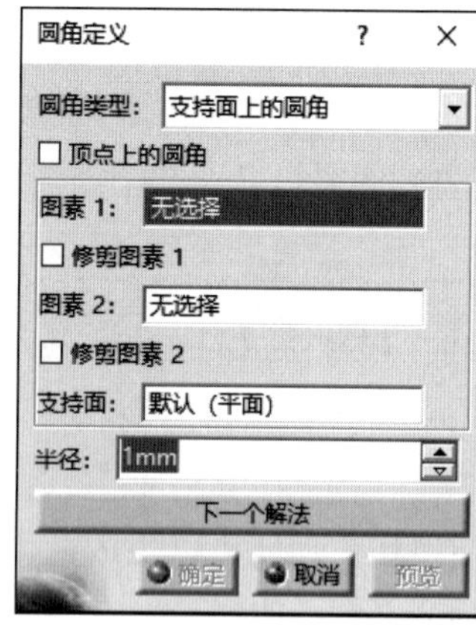

图 1-16　【圆角定义】对话框

（3）连接曲线

单击【连接曲线】按钮（该按钮的功能是生成与两条不相交曲线连接的曲线，并且可以控制连接点处的连续性），弹出如图 1-17 所示的【连接曲线定义】对话框。

（4）样条线

单击【样条线】按钮（该按钮的功能是生成样条线），弹出如图 1-18 所示的【样条线定义】对话框。

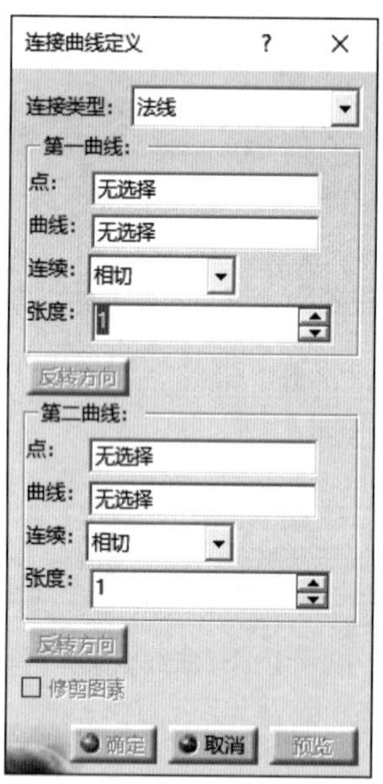

图 1-17　【连接曲线定义】对话框

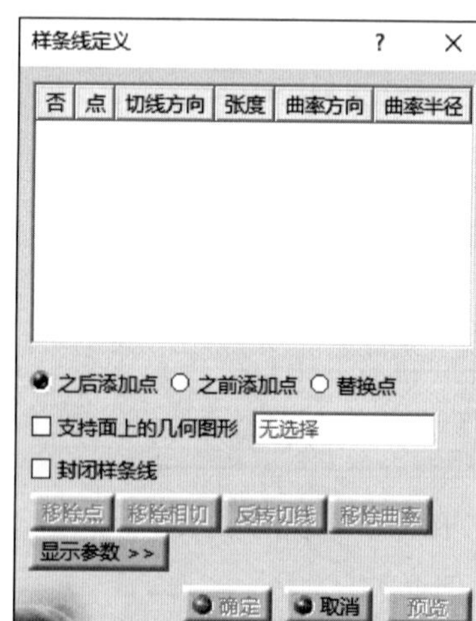

图 1-18　【样条线定义】对话框

（5）螺旋曲线

单击【螺旋曲线】按钮（该按钮的功能是生成螺旋曲线），弹出如图 1-19 所示的【螺旋曲线定义】对话框。

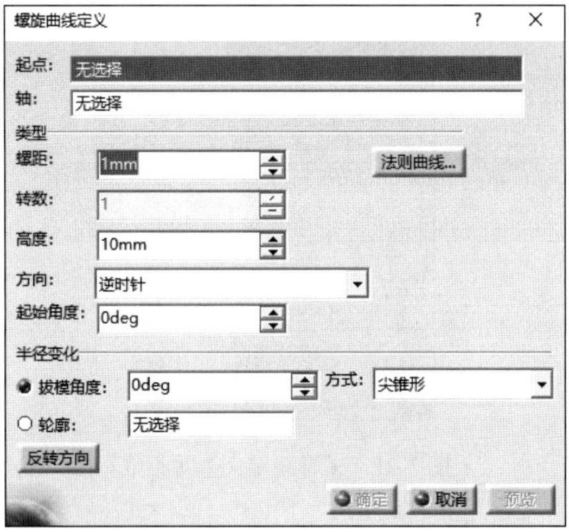

图 1-19　【螺旋曲线定义】对话框

（6）涡线

单击【螺线曲线】按钮 [该按钮的功能是生成涡线（阿基米德涡线）曲线]，弹出如图 1-20 所示的【螺线曲线定义】对话框。

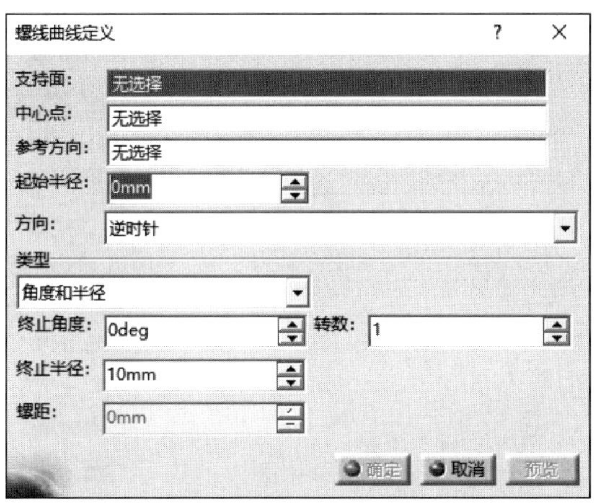

图 1-20　【螺线曲线定义】对话框

（7）脊线

脊线是由一系列平面生成的三维曲线，并且所有平面都是此曲线的法面；或者是由一系列导线生成的，脊线的法面垂直于所有的导线。在扫描、放样或曲面倒角时会用到脊线。可以通过以下两种方式生成脊线。

1）输入一组平面，输入的所有平面都是脊线的法面。

2）输入一组导线，生成的脊线的法面垂直于所有的输入导线。

单击【脊线】按钮，弹出如图 1-21 所示的【脊线定义】对话框。

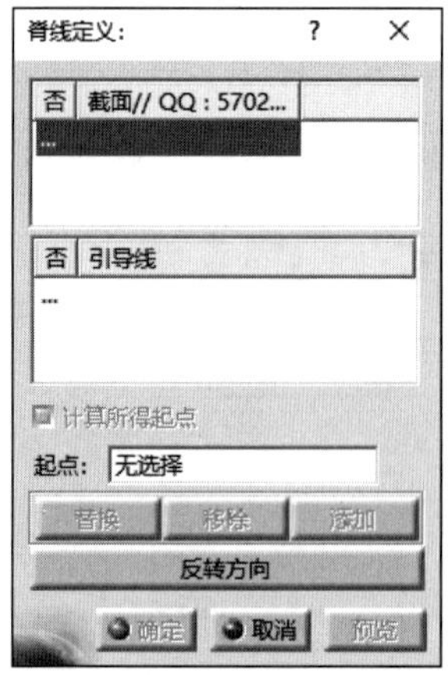

图 1-21 【脊线定义】对话框

1.2.2 CATIA 软件生成曲面

生成曲面工具栏如图 1-22 所示。

1. 拉伸曲面

单击【拉伸曲面】按钮，弹出如图 1-23 所示的【拉伸曲面定义】对话框。

图 1-22 生成曲面工具栏

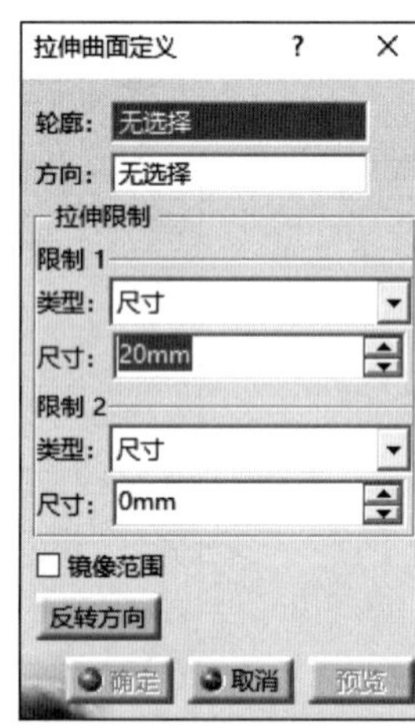

图 1-23 【拉伸曲面定义】对话框

2. 旋转曲面

单击【旋转曲面】按钮，弹出如图 1-24 所示的【旋转曲面定义】对话框。

分别在【轮廓】、【旋转轴】、【角度 1】、【角度 2】中输入一条轮廓线、一个方向、两个角度界限值，确定后可生成旋转曲面。

3. 球面

单击【球面】按钮，弹出如图 1-25 所示的【球面曲面定义】对话框。

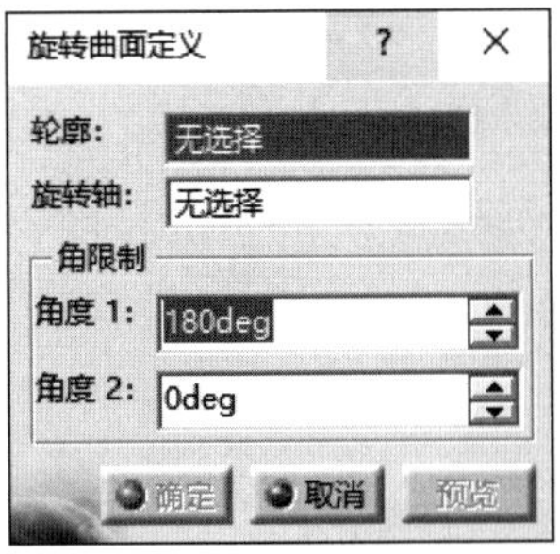

图 1-24　【旋转曲面定义】对话框

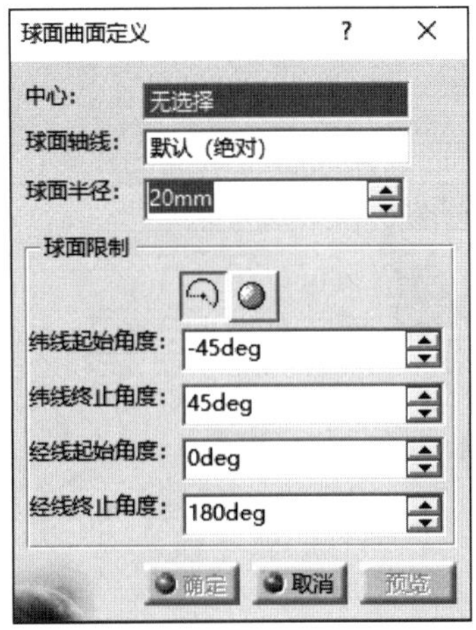

图 1-25　【球面曲面定义】对话框

4．圆柱面

单击【圆柱面】按钮，弹出如图 1-26 所示的【圆柱曲面定义】对话框。

5．偏移曲面

偏移曲面指产生一个或几个曲面对象，曲面对象的偏移间距等于【偏移】中的数值。单击【偏移曲面】按钮，弹出如图 1-27 所示的【偏移曲面定义】对话框。

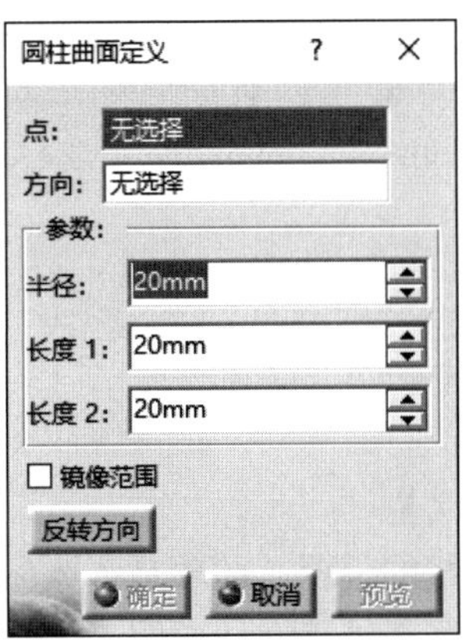

图 1-26　【圆柱曲面定义】对话框

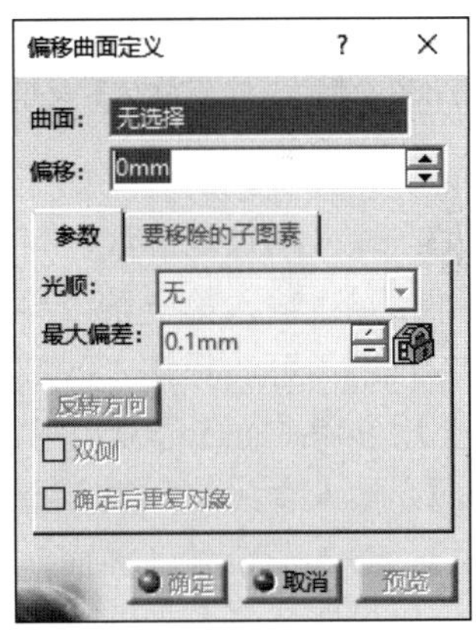

图 1-27　【偏移曲面定义】对话框

6．扫掠曲面

扫掠曲面是轮廓曲线在脊线的各个法面上扫掠连接成的曲面。单击【扫掠曲面】按钮，弹出如图 1-28 所示的【扫掠曲面定义】对话框，单击【轮廓类型】中不同的控制按钮，有不同的扫掠类型。

（1）指定轮廓扫掠

指定轮廓扫掠（图 1-29）需要选择轮廓曲线和导线，它们可以是任意形状的空间曲线，包括三种子类型：【使用参考曲面】、【使用两条引导曲线】、【使用拔模方向】。

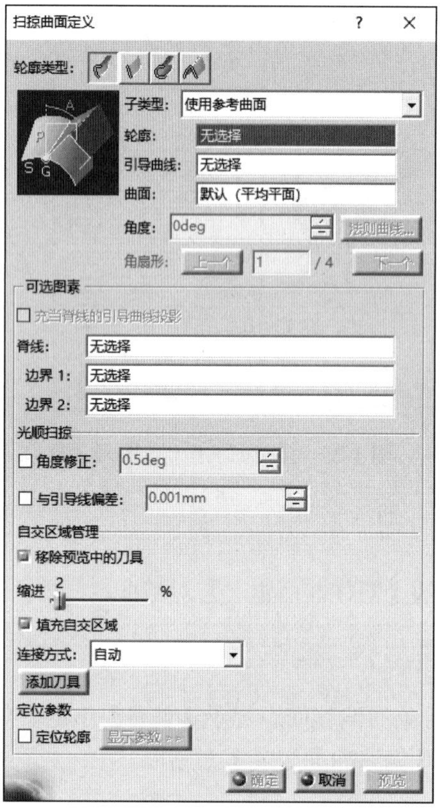

图 1-28　【扫掠曲面定义】对话框

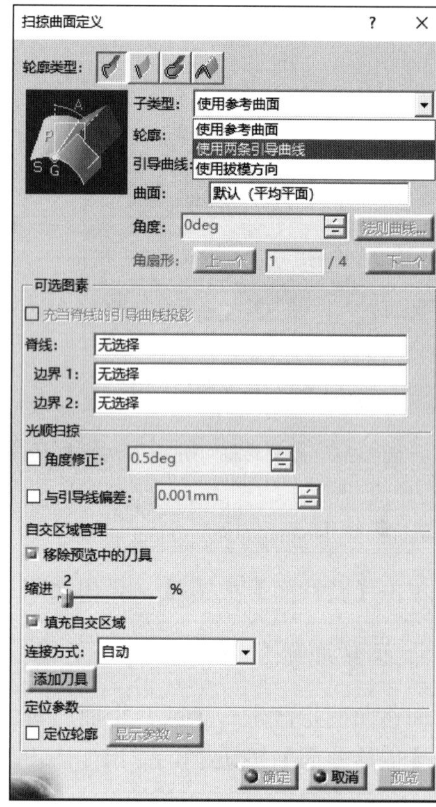

图 1-29　指定轮廓扫掠

指定轮廓扫掠各项的含义如下。

【轮廓】：输入扫掠轮廓线，可以是任意形状的曲线。

【引导曲线】：输入第一条引导线。

【可选图素】：可选择输入区域，它包括两项，即参考和第二条引导线。

1）【使用参考曲面】子类型中的各项含义。

【脊线】：输入脊线，如果不指定，则用第一轮廓线代替。

【曲面】：输入一个参考曲面，用来控制扫描时轮廓线的位置，此项是可选项，默认用脊线控制，如果选择了参考曲面，则用它控制。注意导线必须落在此曲面上，除非参考面是平面。

【角度】：输入角度值，用来和参考面一起控制扫描轮廓位置。

【光顺扫掠】：选中【角度修正】复选框，输入一个角度值，用来光顺扫描面，小于给定角度的切线不连续将被光顺。

2）【使用两条引导曲线】子类型中的各项含义。

【第二条引导线】：输入第二条引导线（可选项）。

【定位点 1】：输入第一条引导线在轮廓线上的位置（可选项）。

【定位点 2】：输入第二条引导线在轮廓线上的位置（可选项）。

【定位轮廓】：选中此复选框，手动设定轮廓和导线之间的相对位置关系。

【显示参数】：单击此按钮，出现新的选项，这些选项用来设定轮廓和导线之间的角度和偏移关系。

3）【使用拔模方向】子类型中的各项含义。

【方向】：指定拔模方向，用于在扫掠过程中控制轮廓位置。

【角度】：输入角度值，用来和参考面一起控制扫描轮廓位置（可选项）。

【脊线】：输入脊线，如果不指定，则用第一轮廓线代替（可选项）。

【光顺扫掠】：选中【角度修正】复选框，输入一个角度值，用来光顺扫描面，小于给定角度的切线不连续将被光顺（可选项）。

（2）直线类轮廓扫掠

直线类轮廓扫掠如图 1-30 所示。

（3）圆或圆弧类轮廓扫掠

圆或圆弧类轮廓扫掠如图 1-31 所示。

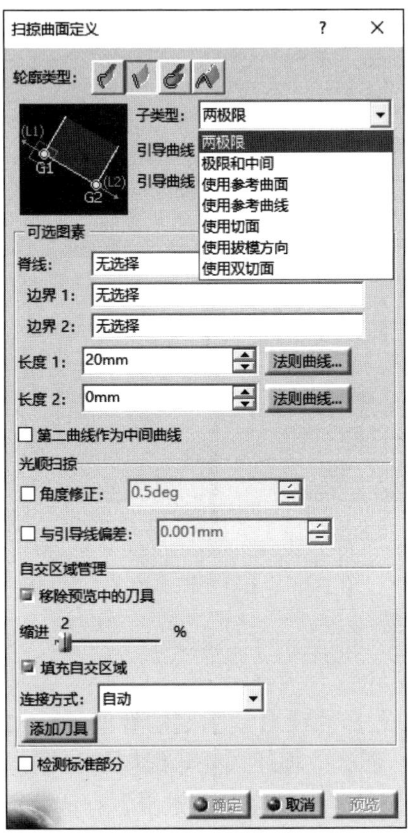

图 1-30　直线类轮廓扫掠

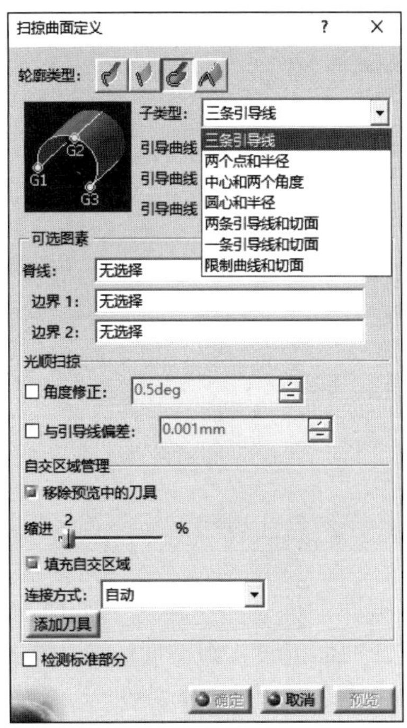

图 1-31　圆或圆弧类轮廓扫掠

（4）二次曲线类轮廓扫掠

二次曲线类轮廓扫掠如图 1-32 所示。

7. 填充曲面

填充曲面指以选择的曲线作为边界围成一个曲面。单击【填充曲面】按钮，弹出如图 1-33 所示的【填充曲面定义】对话框，在【边界】域中连续输入曲线或已有曲面的边界，即可生成填充曲面。

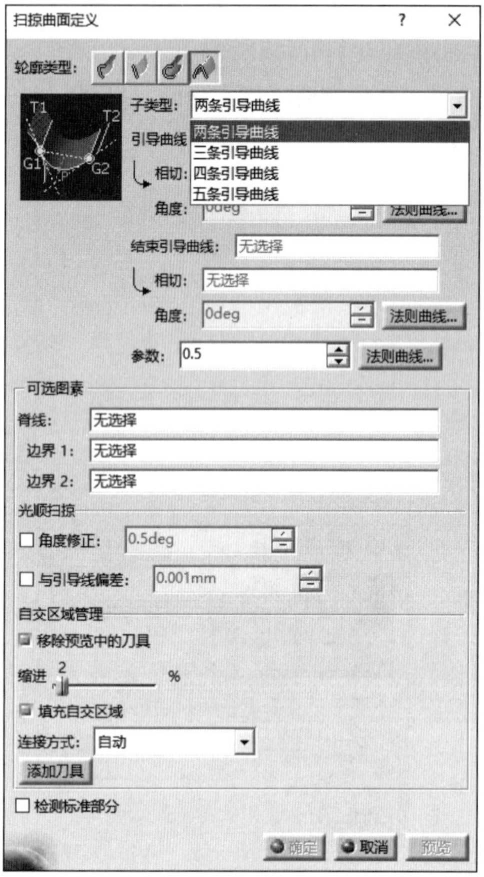

图 1-32　二次曲线类轮廓扫掠

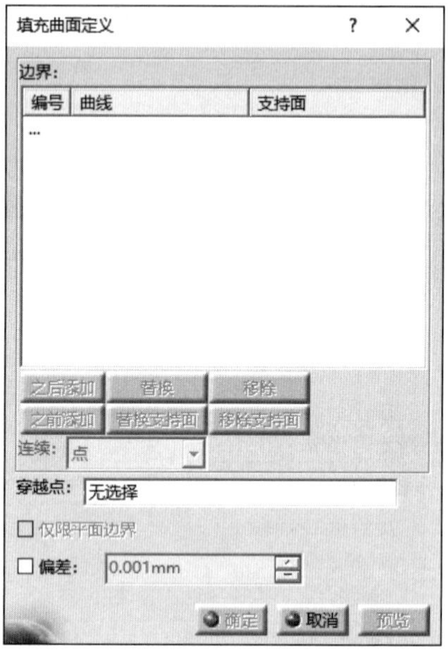

图 1-33　【填充曲面定义】对话框

8. 多截面曲面

多截面曲面是将一组作为截面的曲线沿着一条选择的或自动指定的脊线扫描出的曲面，这一曲面通过这组截面线。如果指定一组导线，那么放样还须受导线控制。

单击【多截面曲面】按钮，弹出如图 1-34 所示的【多截面曲面定义】对话框，在对话框的【截面】中输入一组截面线，在对话框的【引导线】中输入一组导线，确定后生成多截面曲面。

【多截面曲面定义】对话框的上部是截面曲线的输入区域，截面曲线不能互相交叉，可以指定与截面曲线相切的支撑面，使多截面曲面和支撑面在此截面处相切，由此控制多截面曲面的切线方向。在截面曲线上还可指定闭合点，闭合点控制曲面的扭曲状态。该对话框中有【引导线】、【脊线】、【耦合】、【重新限定】四项。

图 1-34　【多截面曲面定义】对话框

1)【引导线】：导线输入。

2)【脊线】：脊线输入，默认值是自动计算的脊线。

3)【耦合】：控制截面线的耦合。耦合方式有四种。①比率：截面通过曲线坐标耦合。②相切：截面通过曲线的切线不连续点耦合，如果各个截面的切线不连续点不等，则截面不能耦合，只有通过手工修改切线不连续点使之相同，才能耦合。③相切然后曲率：截面通过曲线的曲率不连续点耦合，如果各个截面的曲率不连续点不等，则截面不能耦合，只有通过手工修改曲率不连续点使之相同，才能耦合。④顶点：截面通过曲线的顶点耦合，如果各个截面的顶点不等，则截面不能耦合，只有通过手工修改顶点使之相同，才能耦合。

4)【重新限定】：控制多截面的起始界限。当此选项被勾选或没有指定脊线和导线时，多截面的起始界限按照起始截面线确定。如果该选项未被勾选，则放样按照选择的脊线确定起始界限，没有选择脊线的则按照选择的第一条引导线确定起始界限。

截面线上的箭头表示截面线的方向，必须一致。各个截面线上的闭合点所在位置必须一致，否则多截面结果会产生扭曲。

9．桥接曲面

桥接曲面指把两个截面曲线连接起来，或者把两个曲面在其边界处连接起来，并且可以控制连接端两个曲面的连续性。单击【桥接曲面】按钮，弹出如图 1-35 所示的【桥接曲面定义】对话框。

【桥接曲面定义】对话框中各项的含义如下。

【第一曲线】：输入第一曲线。

【第一支持面】：输入第一曲线的支撑面，它包含第一曲线。

【第二曲线】：输入第二曲线。

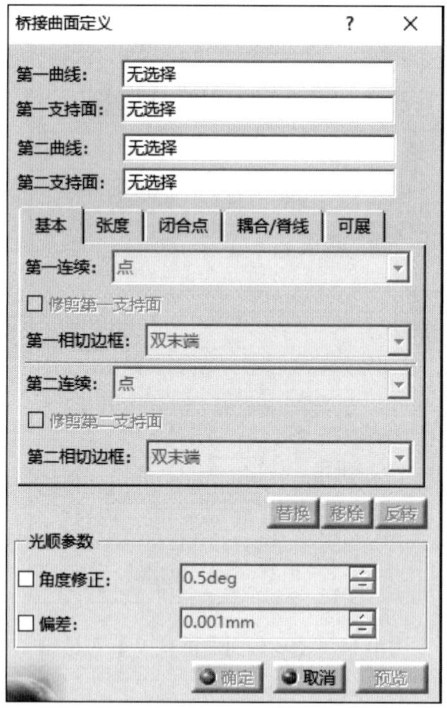

图 1-35　【桥接曲面定义】对话框

【第二支持面】：输入第二曲线的支撑面，它包含第二曲线。

【基本】页主要包含以下几项。

1）【第一连续】：选择第一曲线和支撑面的连续形式，包括点连续、切线连续和曲率连续三种形式。

2）【修剪第一支持面】：选中此复选框，用桥接曲面剪切支撑面。

3）【第一相切边框】：选择的桥接曲面与支撑面是否连续、在何处相切连续，可以选择在第一曲线的两个端点相切、不相切、起点相切和终点相切。

第二曲线选项的含义和第一曲线选项的含义相同。【张度】、【闭合点】及【耦合/脊线】请参考多截面曲面中的选项。

1.2.3　CATIA 软件几何操作

几何操作功能是几何造型功能的重要补充与拓展。CATIA V5 R20 为用户提供了丰富的曲线及曲面的修改、编辑功能，如图 1-36 所示，极大地提高了曲面造型效率。

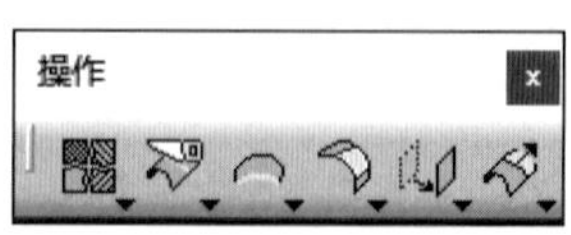

图 1-36　CATIA 几何操作

1．合并几何体

合并几何体功能用于合并曲线或曲面，单击【接合】按钮，弹出如图 1-37 所示的【接合定义】对话框。该对话框提供了三种选择几何体的模式。

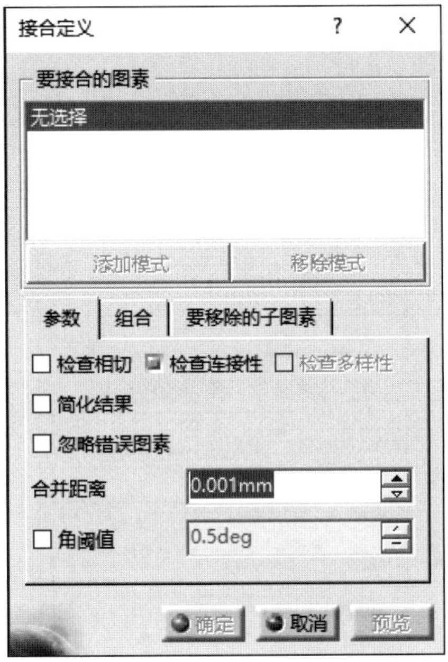

图 1-37　【接合定义】对话框

标准模式（不单击任何按钮）：如果所选几何体已存在于列表中，就将其从列表中删除；如果所选几何体还没在列表中出现，就将其添加到列表中。

添加模式（单击【添加模式】按钮）：如果所选几何体还没在列表中出现，将会被添加到列表中。

移除模式（单击【移除模式】按钮）：如果所选几何体已在列表中，就将其从列表中删除。

单击【预览】按钮，预览合并结果。在【参数】页中，可以完成以下操作。

1）如果选中【检查相切】复选框，则会检查要合并的几何体是否首尾相连；如果不是，则会出现错误信息。

2）如果选中【简化结果】复选框，则系统会尽可能地减少合并面的数量。

3）如果选中【忽略错误图素】复选框，则在合并过程中系统会自动忽略不能合并的几何体。

4）对话框中的【合并距离】是指合并的几何对象之间的最小距离，即小于指定距离的几何对象才能被合并。

5）如果选中【角阈值】复选框，则可以输入角度值，当相邻几何对象的面面夹角小于输入的角度时，几何对象将被合并。

在【组合】中，可以重新组织要合并的元素。

在【要移除的子图素】中，显示有合并的子元素列表。所谓子元素，是指构成要合并图素的元素。在此选项中，用户可以选择哪些子元素不参与合并。

2. 修补曲面

修补曲面即填充两曲面之间的间隙，单击【修复】按钮，弹出如图1-38所示的【修复定义】对话框。

图1-38 【修复定义】对话框

在【参数】中，可以完成以下操作。

1）选择连续类型，包括点连续、切线连续。

2）输入合并距离，用于指定要修补的最大距离，即只修补间距小于该距离的元素。

3）输入间距目标值，用于指定修补后曲面间可允许的最大距离。

4）如果连续类型为切线连续，则相切角度和相切目标可用，它们分别用来设定要修补的最大相切夹角和修补后曲面允许的最大相切夹角。

在【冻结】中，可以设定哪些元素不受该操作的影响。

在【锐度】中，可以设定哪些边界不受该操作的影响。其中【锐度角度】用来界定尖角与平角。

在【可视化】中，可以选择显示的解法，便于对修复对象进行观察。

3. 光顺曲线

光顺曲线功能用于曲线的光顺处理，以生成高质量的几何体。单击【曲线光顺】按钮，弹出如图1-39所示的【曲线光顺定义】对话框。

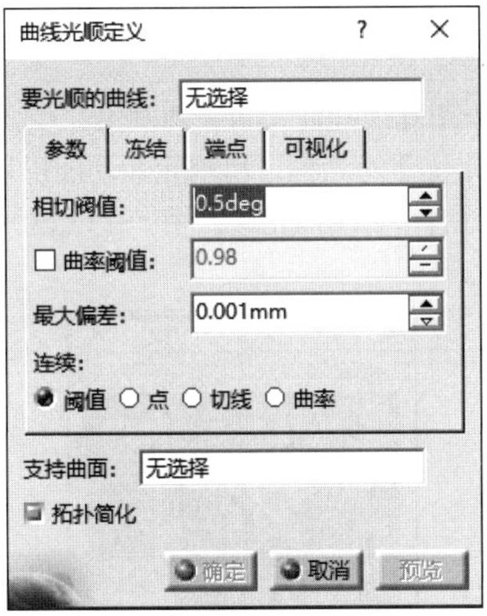

图 1-39　【曲线光顺定义】对话框

选择要光顺的曲线，在曲线上会显示关于该曲线的不连续信息（不连续类型及其数值）。

在【参数】中，输入连续限定值，系统会光顺小于限定值的不连续区域。

如果选择【拓扑简化】选项，则系统会自动删除曲率连续的顶点，或两个相距很近的顶点中的一个，以减少曲线段的段数。如果该选项发挥了作用，则会出现提示信息。

在【可视化】中，可以设置信息的显示方式，包括以下几种方式。

显示所有信息：选择全部选项。其中，改正后的不连续信息以绿色显示，改善后的不连续信息以黄色显示，没有变化的不连续信息以红色显示。

仅显示没有改变的不连续信息：选择尚未更正的选项。

不显示任何信息：选择【无选项】选项。

4．恢复被剪切的曲面或曲线

如果曲面或曲线被多次剪切，则恢复被剪切的曲面或曲线的功能可以将被剪切的曲面或曲线恢复到其原始状态。

对于被多次剪切的曲线或曲面，要想将其恢复到上一次剪切的状态，只能用【取消修剪】命令来实现。单击【取消修剪】按钮，弹出如图 1-40 所示的【取消修剪】对话框。

5．拆解几何元素

拆解几何元素功能用于将多单元实体分解成多个单元实体。单击【拆解】按钮，弹出如图 1-41 所示的【拆解】对话框。

拆解几何元素功能提供了两种分解元素的模式：①分解所有单元，即将所选择多单元实体中的所有单元分解出来；②按区域分解单元，即部分分解元素，将首尾相连的元素分解为一个实体。

6．切割元素

切割元素用于实现用一个或几个几何元素去切割另一个几何元素。单击【分割】按钮，弹出如图 1-42 所示的【分割定义】对话框。切割元素功能可以用来完成以下操作：用一个点、一个线框元素或一个面切割一个线框元素；用一个线框元素或一个面切割另一个面。

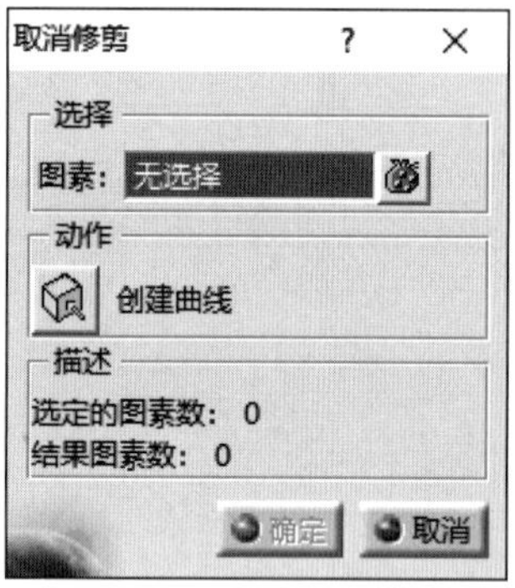

图 1-40 【取消修剪】对话框

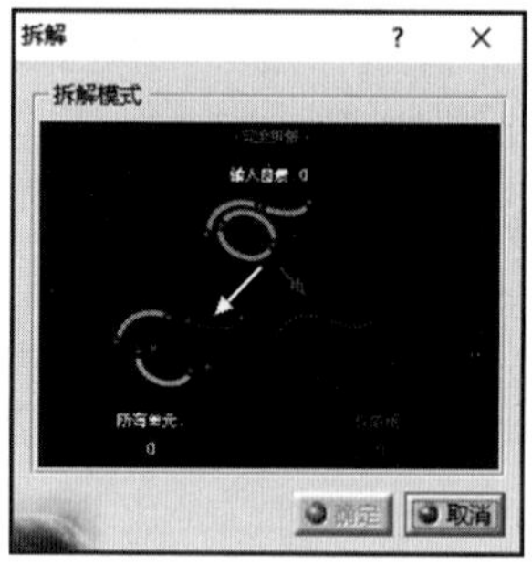

图 1-41 【拆解】对话框

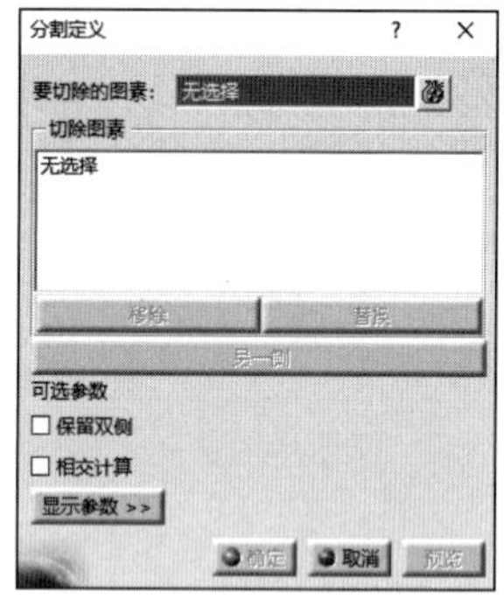

图 1-42 【分割定义】对话框

选择被切割元素。所选位置将被默认为保留部分的位置。

选择切割元素。此时会显示切割结果的预览，可以通过单击要保留部分或通过单击【另一侧】按钮来改变要保留的部分。可以选择多个切割元素，但要注意其选择次序。

如果切割元素不足以完全切割被切割元素，则系统会自动延伸切割元素以完成切割。

如果选中【保留双侧】复选框，则将同时保留切割后的两部分。

如果选中【相交计算】复选框，则在完成切割的同时，还创建一个独立的相交元素。

如果用一个线框元素切割另一个线框元素，则可以选择一个支撑元素来指定切割后要保留的部分。所要保留的部分由支撑元素的法矢量与切割元素的切矢量的矢积决定。

7．修剪元素

修剪元素功能用于实现两个曲面或两个线框元素之间的相互剪切。单击【修剪】按钮，弹出如图 1-43 所示的【修剪定义】对话框。

选择要剪切的元素（两个曲面或两个线框元素），此时会显示剪切结果的预览，可以通过单击要保留部分或通过单击【另一侧/下一图案】、【另一侧/上一图案】按钮来改变要保留的部分。

如果两个元素不能相互完全切割，则系统会自动延伸两个元素以完成切割。

在剪切两个线框元素时，可以指定一个支撑面，来确定剪切后的保留部分。所要保留的部分由支撑面的法矢量与剪切元素的切矢量的矢积确定。

如果选中【结果简化】复选框，则系统会尽量减少最后生成剪切面的数量。

如果选中【相交计算】复选框，则会生成两个相剪切元素的相交元素。

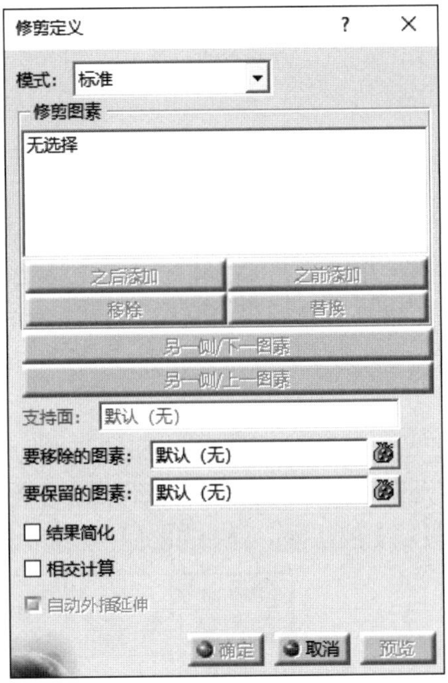

图 1-43　【修剪定义】对话框

8．提取边界线

提取操作如图 1-44 所示。

提取边界线功能用于提取曲面的边界线。单击【边界】按钮，弹出如图 1-45 所示的【边界定义】对话框。

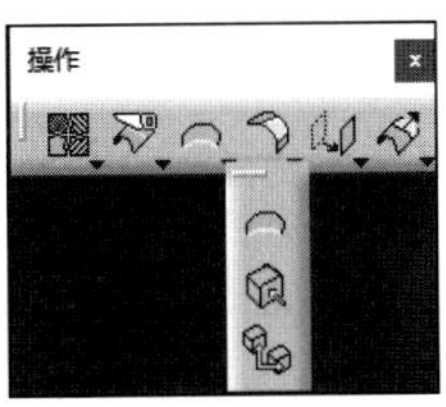

图 1-44　提取操作

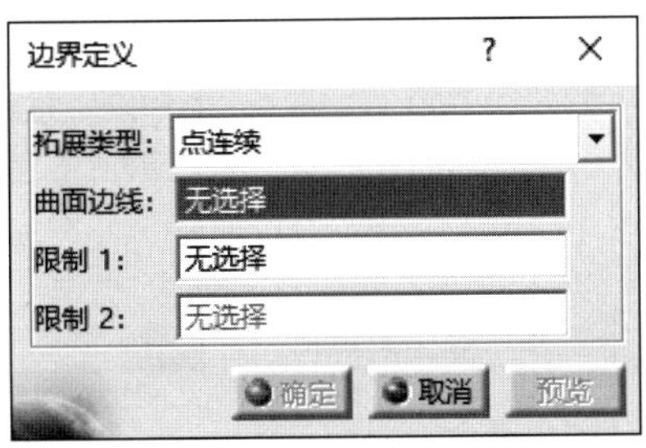

图 1-45　【边界定义】对话框

【拓展类型】下拉列表中包括以下内容。

1）【完整边界】：提取曲面的所有边界。

2）【点连续】：沿所选边界点连续提取边界。

3）【切线连续】：沿所选边界的相切线连续提取边界。

4）【无拓展】：仅提取选定的边界线。

在【边界定义】对话框中，可以用两个元素限制所提取边界线的范围（【限制 1】、【限制 2】）。

注意：如果直接选择曲面，则不能选择边界类型，系统自动提取整个曲面的边界线。

用此方法提取的曲线不能直接用于复制、粘贴，只能先将曲面复制、粘贴后再提取边界。

9．提取几何体

提取几何体功能用于从几何元素（点、曲线、实体等）中提取几何体。单击【提取】按钮，弹出如图 1-46 所示的【提取定义】对话框。

【拓展类型】下拉列表中包括【点连续】、【切线连续】、【曲率连续】、【无拓展】。如果系统无法确定拓展方向，则会发出警告信息，并要求输入支持面。选中【补充模式】复选框可以反选对象，即只选择原来没有被选中的对象。如果选中【联合】复选框，则提取出的元素会被组成几组元素。

10．多重提取

多重提取功能用于从多元素草图中提取一部分元素，这样就可以用这个提取出来的元素生成几何体。单击【多重提取】按钮，弹出如图 1-47 所示的【多重提取定义】对话框。

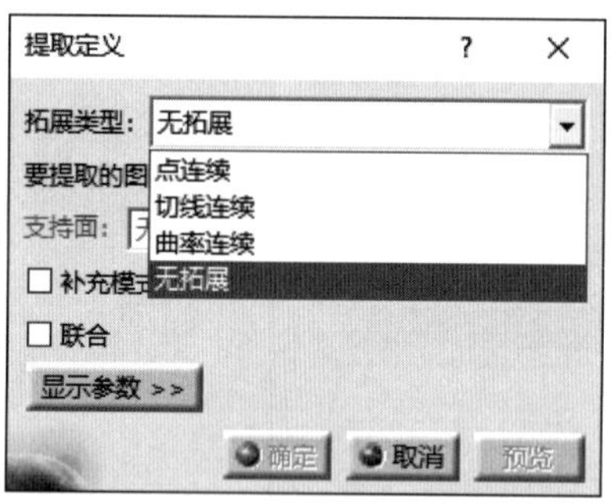

图 1-46　【提取定义】对话框

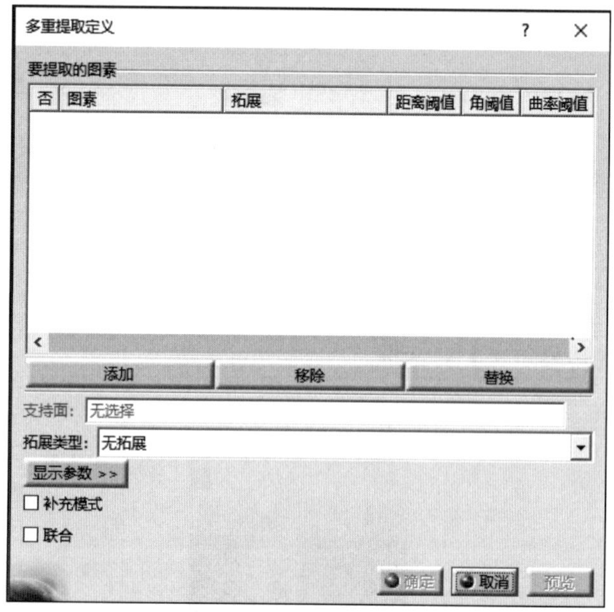

图 1-47　【多重提取定义】对话框

11．两曲面倒圆

倒圆角操作如图 1-48 所示。

（1）简单圆角

简单圆角功能用于在两曲面间生成倒圆面，倒圆面是一球体在两面间滚动而生成的曲面。单击【简单圆角】按钮，弹出如图 1-49 所示的【圆角定义】对话框。

分别选择两个曲面，输入倒圆半径，确定倒圆面位置。在选择的两个曲面上分别出现一个箭头，指向待生成倒圆面的圆心位置，可以将箭头反向来确定倒圆面的位置。

选择倒圆面端点约束条件，包括以下选项。

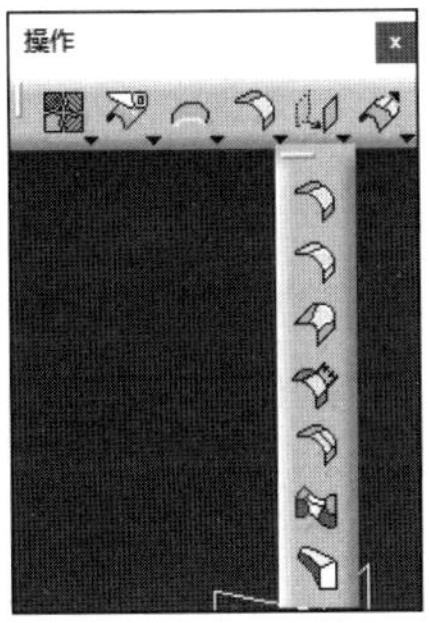

图 1-48　倒圆角操作

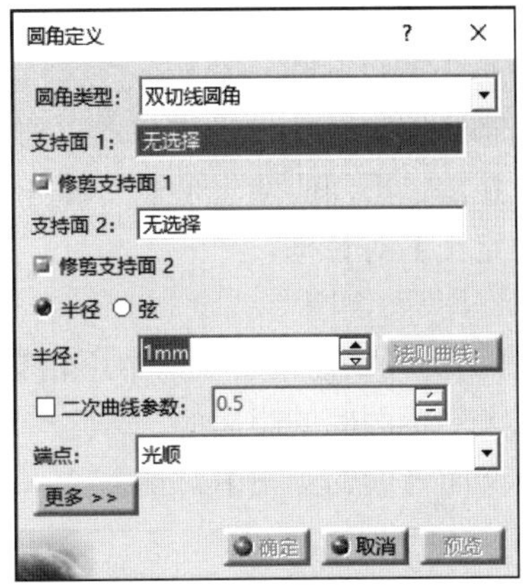

图 1-49　【圆角定义】对话框

1)【直线】：在倒圆面的端点不添加相切约束。

2)【光顺】：在倒圆面的端点添加相切约束。

3)【最大】：倒圆面的端点位置受最大支撑面限制。

4)【最小】：倒圆面的端点位置受最小支撑面限制。

选择【修剪支持面】选项，可以将支撑面的多余部分剪切掉，并与倒圆面合并成一个元素。

(2) 棱线倒圆

棱线倒圆功能用于沿一个曲面的内部棱线生成一个过渡曲面。单击【倒圆角】按钮，弹出如图 1-50 所示的【倒圆角定义】对话框。

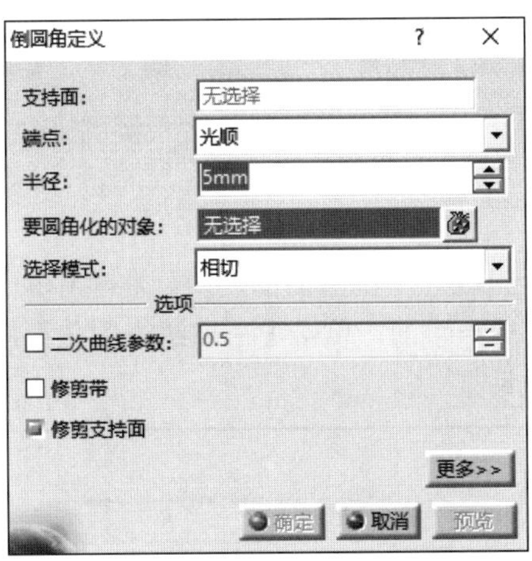

图 1-50　【倒圆角定义】对话框

可以选择要倒圆的棱线，也可以直接选择曲面，系统会自动寻找曲面上的棱线。选择过渡面端点类型，包括【光顺】、【直线】、【最大值】、【最小值】。【选择模式】包括【相切】、【最小】和【相交】。

在一些情况下，倒圆面有可能是重叠的，此时可选中【修剪带】复选框，以修剪掉倒圆面的重叠部分。如果选择【修剪支持面】选项，则支撑面的多余部分将被修剪掉，并将倒圆面与支撑面合并成一体。

（3）变半径倒圆

变半径倒圆功能的操作基本上与棱线倒圆相同，不同之处是可以在所选倒圆棱线上添加点，并指定不同的倒圆半径。单击【可变圆角】按钮，弹出如图 1-51 所示的【可变半径圆角定义】对话框。

（4）面-面倒圆

面-面倒圆功能用于在两个不相交面间或在两个有两条以上的棱线面间倒圆，其中倒圆半径要大于两面间的距离的二分之一。单击【面与面的圆角】按钮，弹出如图 1-52 所示的【定义面与面的圆角】对话框。

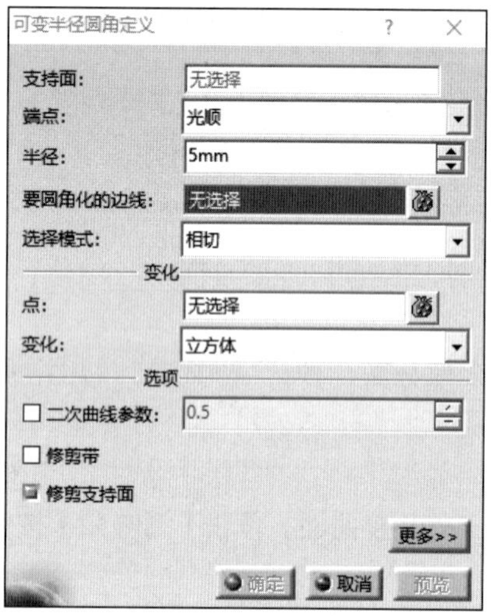

图 1-51　【可变半径圆角定义】对话框

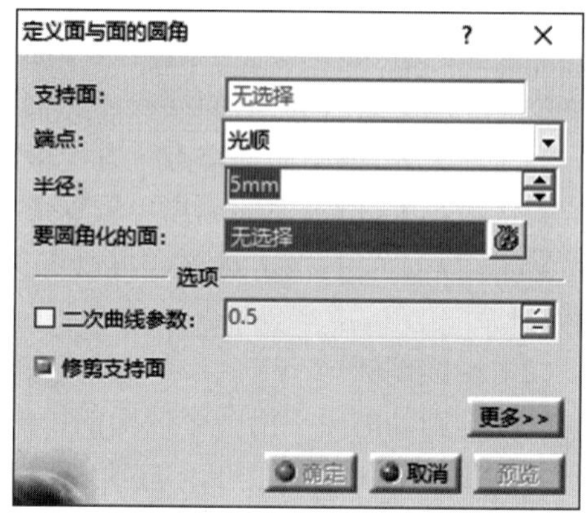

图 1-52　【定义面与面的圆角】对话框

先选择要倒圆的两个面，再选择端点类型并输入倒圆半径，单击【确定】按钮，完成操作。

（5）三面相切倒圆

三面相切倒圆功能用于生成一个倒圆面的同时，将其中的一个支撑面去掉。系统自动计算倒圆半径，以去掉其中的一个面。单击【三切线内圆角】按钮，弹出如图 1-53 所示的【定义三切线内圆角】对话框。

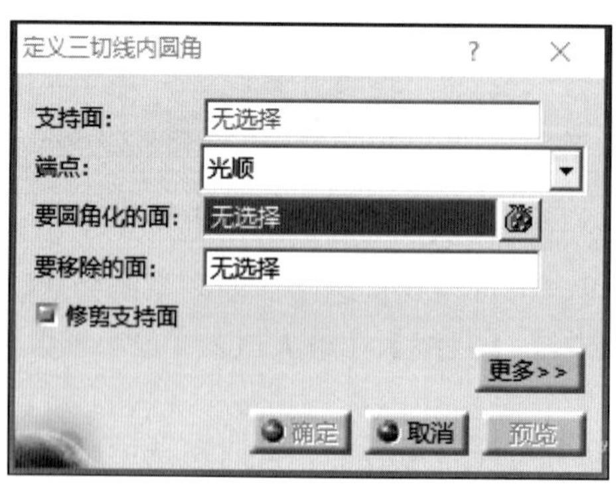

图 1-53　【定义三切线内圆角】对话框

先选择要倒圆的两个面，再选择端点类型和要移除的面，单击【确定】按钮，完成操作。

12．操作几何体

几何体操作如图 1-54 所示。

（1）平移几何体

平移几何体功能用于将一个或几个几何体沿指定方向移动一定的距离生成一个平移特征。单击【平移】按钮，弹出如图 1-55 所示的【平移定义】对话框。

图 1-54　几何体操作

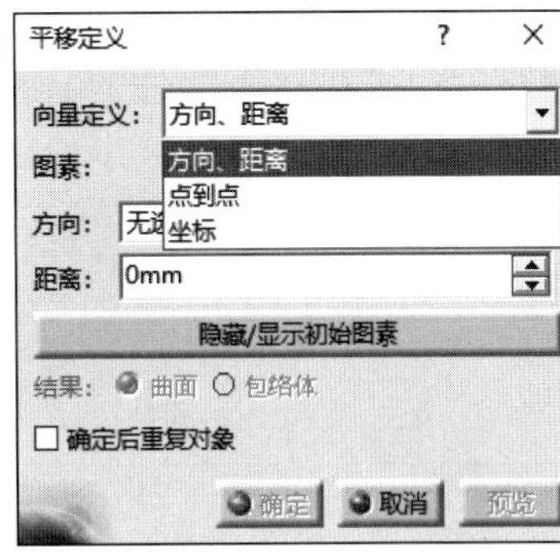

图 1-55　【平移定义】对话框

选择要移动的几何体，指定移动的方向。可以选中【确定后重复对象】复选框，一次生成多个移动几何体，也可以通过单击【隐藏/显示初始图素】按钮来隐藏或显示原对象，单击【确定】按钮，完成操作。

（2）旋转几何体

旋转几何体功能用于将选定的几何体沿某轴旋转一定的角度值而得到新的几何体。单击【旋转】按钮，弹出如图 1-56 所示的【旋转定义】对话框。

先选择要旋转的几何体，再选择一条直线作为旋转轴，指定旋转角度，单击【确定】按钮，完成操作。

（3）对称几何体

对称几何体功能用于通过对称来移动几何体。单击【对称】按钮，弹出如图 1-57 所示的【对称定义】对话框。

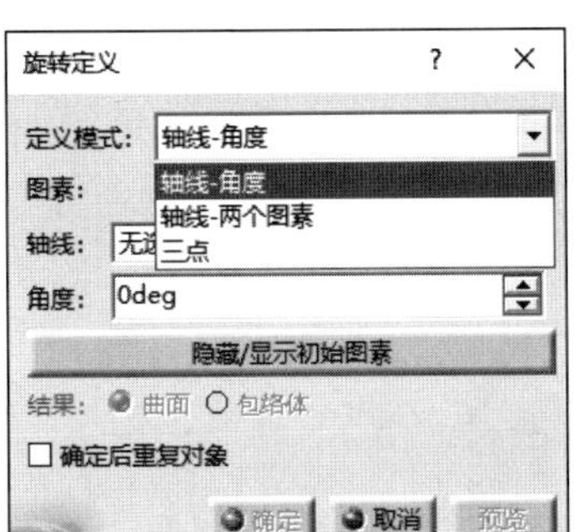

图 1-56　【旋转定义】对话框

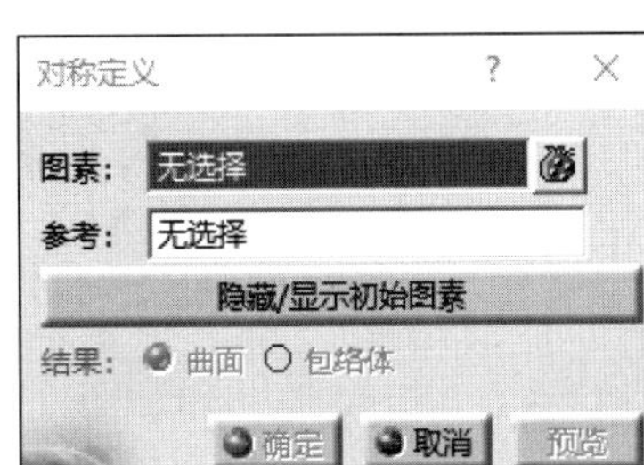

图 1-57　【对称定义】对话框

先选择要对称的几何体，再选择对称中心（可以选择一个点、一条直线或一个平面），单击【确定】按钮，完成操作。

（4）缩放几何体

缩放几何体功能用于改变几何体的大小。单击【缩放】按钮，弹出如图 1-58 所示的【缩放定义】对话框。

先选择要缩放的几何体，再选择参考对象（可以选择一个点、一个平面或一个平面型曲面），输入缩放比例，单击【确定】按钮，完成操作。

（5）仿射对象

仿射对象功能用于对选定的几何体进行沿三轴方向不均匀缩放，即仿射操作。单击【仿射】按钮，弹出如图 1-59 所示的【仿射定义】对话框。

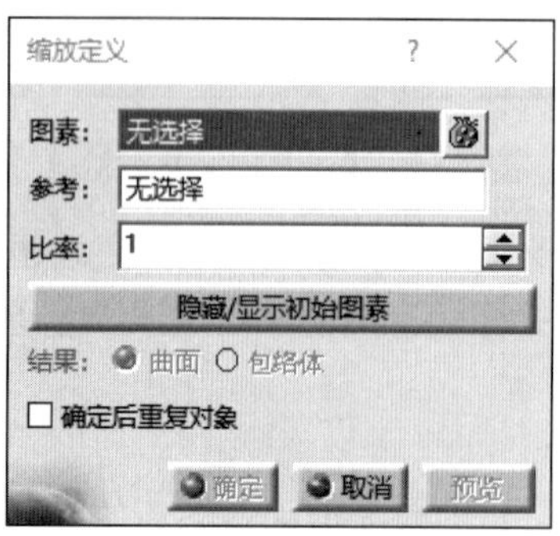

图 1-58 【缩放定义】对话框

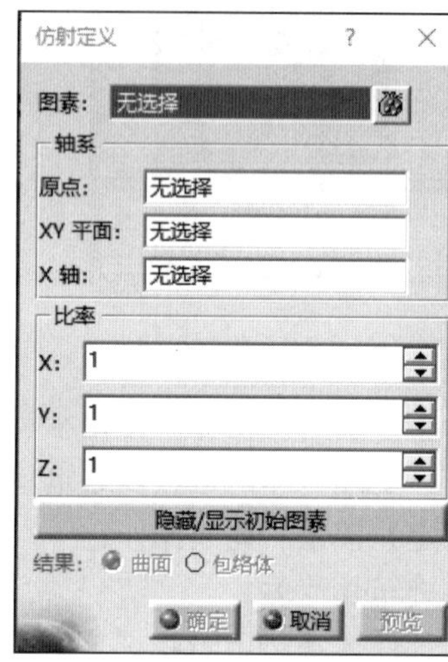

图 1-59 【仿射定义】对话框

选择要操作的几何体，指定参考坐标系（指定坐标原点、*XY* 平面和 *X* 轴）和仿射比率（*X*、*Y*、*Z*），单击【确定】按钮，完成操作。

（6）将几何体移动到另一个坐标系上

将几何体移动到另一个坐标系上功能用于将一个坐标系中的一个或多个几何体移动到另一个坐标系中。单击【定位变换】按钮，弹出如图 1-60 所示的【“定位变换”定义】对话框。

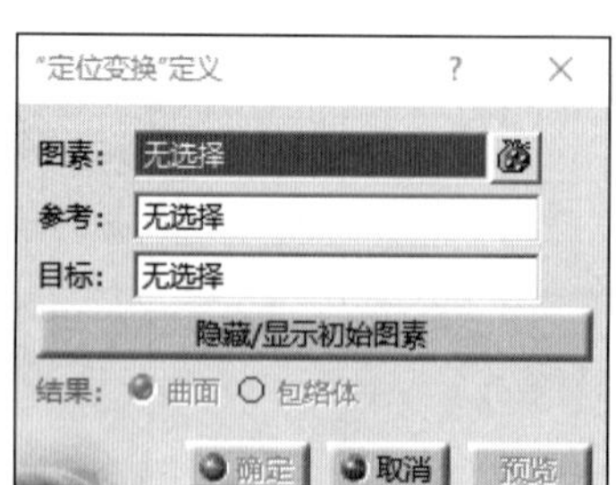

图 1-60 【“定位变换”定义】对话框

先选择要移动的几何体，再选择参考坐标系，即几何体当前所在的坐标系，最后选择目标坐标系，单击【确定】按钮，完成操作。

13．操作曲线/曲面

（1）外插延伸

外插延伸功能用于将指定的曲线/曲面延长一定的长度。单击【外插延伸】按钮，弹出如图 1-61 所示的【外插延伸定义】对话框。

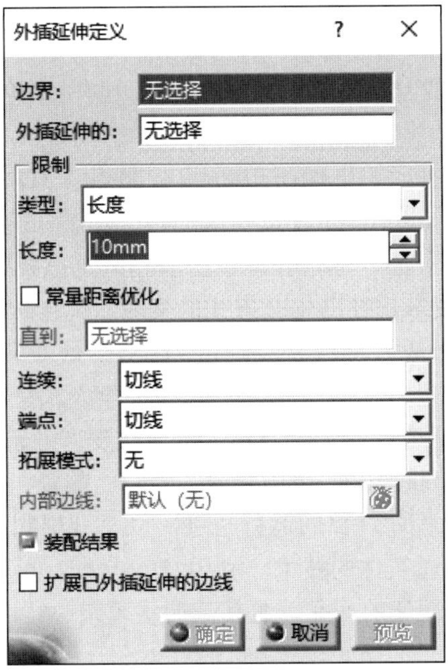

图 1-61　【外插延伸定义】对话框

选择要延长对象的边界：对于曲面，选择要延长端的边界线；对于曲线，选择要延长端的端点，以及要延长的几何体。

指定延长长度：直接输入长度值，然后选择约束平面或曲面，最后使用几何体上的操作箭头。

指定连续类型：切线连续或曲率连续。

对于曲面延长，可以指定端点类型为延长体与原对象相切或垂直。

对于曲线延长，可以指定其支撑面。此时延长曲线位于支撑面上，其长度受支撑面边界的限制。

如果想让延长体与原对象合并，则可以选择【装配结果】选项。

（2）曲线/曲面反向

曲线/曲面反向功能用于将曲线或曲面反向，对于已经反向的曲线或曲面，可以通过编辑其反向操作来恢复其定位方向。单击【反转】按钮，弹出【反转定义】对话框，选择曲线/曲面，单击【确定】按钮，完成操作。

（3）提取最近部分几何体

提取最近部分几何体功能用于从多成分元素中提取与参考对象最近部分的几何体。单击【近接】按钮，弹出【近接】对话框，选择多重元素和参考元素，单击【确定】按钮，完成操作。

1.2.4　3D 打印基础知识

1．3D 打印的定义

近年来，3D 打印的浪潮影响覆盖甚广，无论是在报纸杂志、网络媒体上，还是在电影、电视剧里都能看到 3D 打印的身影，无数关于 3D 打印的网站论坛陆续出现，突然间 3D 打印聚焦了无数人的眼球。

据悉，全球第一台 3D 打印机出现在 1986 年。随后，3D 打印技术不断在各个领域展现其神奇的魅力，正逐渐融入设计、研发及制造的各个环节。3D 打印技术已经在人体器官、医药、汽车、太空、艺术、食品、建筑等领域扮演越来越重要的角色。

可以这么说，3D 打印技术正推动生产方式的变革，优化传统加工制造方式，催生新的生产模式。3D 打印技术势必成为引领未来制造业趋势的众多突破之一。

以 3D 打印为代表的数字化制造技术，被《经济学人》杂志认为是引发第三次工业革命的关键因素，“其将改写制造业的生产方式，进而改变产业链的运作模式”。

3D 打印是由数字模型直接驱动，运用金属、塑料、陶瓷、树脂、蜡、纸和砂等可黏合材料，在 3D 打印机上按照程序计算的运行轨迹，以“分层制造，逐层堆积叠加”的方式构造出与数据描述一致的物理实体的技术。利用 3D 打印，可以将虚拟的、数字的物品快速还原到实体世界，得到个性化的产品，尤其是形状复杂、结构精细的物体。3D 打印流程如图 1-62 所示。

图 1-62　3D 打印流程

准确地讲，3D 打印应被称为快速成型（rapid prototyping，RP）技术。然而，从用户的使用体验而言，快速成型技术设备与普通平面打印机极为相似，都是由控制组件、机械组件、打印头、耗材和介质等组成的，打印成型过程也类似。因此，快速成型技术被形象地称为 3D 打印。

3D 打印与传统制造方式属于不同的技术范畴。传统制造方式属于等材制造或减材制造技术范畴，而 3D 打印则属于增材制造技术范畴。

等材制造指在制造过程中，基本上不改变材料的量，或者改变很少。典型的等材制造技术有铸造、焊接、锻压等。铸造如图 1-63 所示。

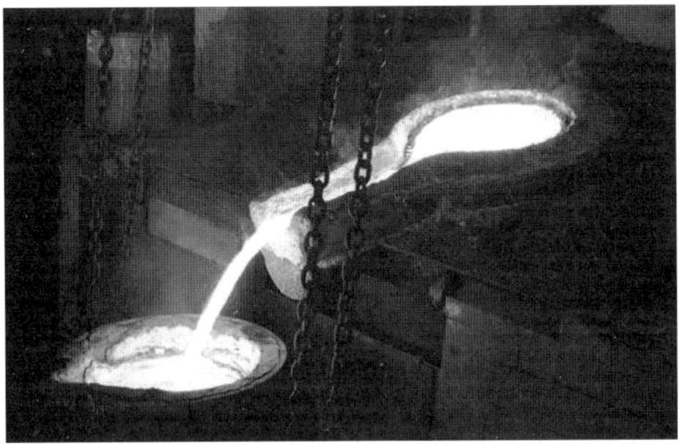

图 1-63　铸造

减材制造指对毛坯进行加工，去除多余的材料，由大变小，最终形成所需要形状的零件。典型的减材制造技术有车削加工、钻削加工、磨削加工等金属切削加工技术。减材制造如图 1-64 所示。

图 1-64　减材制造

增材制造是采用材料逐渐累加的方法制造实体零件的技术，相对于传统的材料去除切削加工技术，增材制造是一种自下而上的制造方法。增材制造如图 1-65 所示。

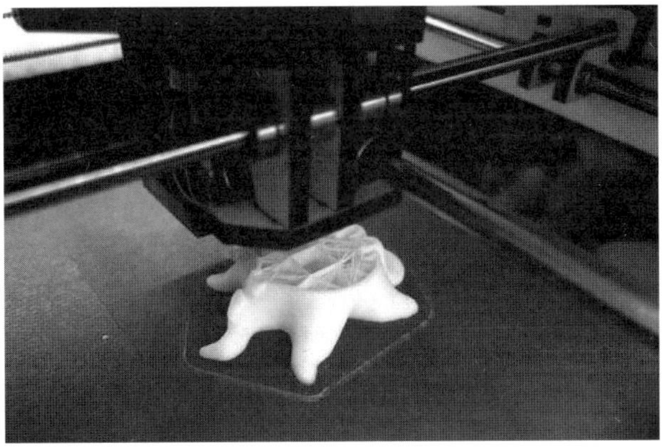

图 1-65　增材制造

2．3D 打印的特点

传统制造方式属于等材制造或减材制造技术范畴，适合大批量、规模化生产，成本随量而变；而 3D 打印属于增材制造技术范畴，能实现“设计即生产”，适合小量生产，并且成本均一，适合定制化。3D 打印不仅对原材料的损耗较小，还节省模具制造、锻压等工艺的时间成本和资金成本。与传统制造方式相比，3D 打印既有优势也有劣势。

（1）3D 打印的优势

1）生产周期短，节约制模成本。3D 打印可将三维数据模型直接制造成实体零件，无须经过制造模具和试模等传统制造方式中漫长的试制过程，既大大缩短了生产周期，也节约了制模成本。

2）复杂零件制造能力强。对于 3D 打印而言，制造形状复杂的物体仅是数据模型的不同，制造难易度与制造简单物体并无太大不同，也不会额外消耗更多的时间、材料等成本。但是对于传统制造方式而言，制造形状复杂的零件是相当耗时费力的，有的甚至无法制造。

3）产品制造多样化。同一台 3D 打印设备按照不同的数据模型使用相同材料，即可实现多个不同形状零件产品的制造。传统制造设备功能较为单一，能够做出产品的形状种类有限，成本也相对较高。

4）可实现个性化产品定制。从理论上讲，只要是计算机建模设计出的 3D 模型，3D 打印机就可以打印出来。人们可以根据需要对模型进行任何个性化修改，实现复杂产品、个性化产品的生产。这一点在医学领域的应用显得尤为重要和适宜，个性化制造符合患者需求，对患者来讲意义重大，如假牙、人造骨骼和义肢等。

5）产品部件一体化成型。3D 打印可以使部件一体化成型，不需要单独制造各个零件再组装，有效地压缩了生产流程，减少了劳动力的使用和对装配技术的依赖。在传统生产中，产品是由流水线逐步生产组装的，部件越多，组装和运输所耗费的时间和成本也就越多。

6）突破设计局限。传统制造受制于生产工具和制造工艺，并不能随心所欲地生产设想中的产品。3D 打印突破了这些局限，可以轻松实现设计人员的各种设计想法，大大拓宽了设计和制造空间。

7）制造技能门槛低。3D 打印由计算机控制制造的全过程，降低了对操作人员技能的要求。3D 打印不再依赖熟练工匠的技术能力来控制产品的精度、质量和生产速度，开辟了非技能制造的新商业模式，并能在远程环境或极端情况下为人们提供新的生产方式。

8）废弃副产品较少。3D 打印制造的副产品较少。尤其在金属制造领域，传统金属加工浪费量惊人，而 3D 打印进行金属加工时浪费量很小，节能环保。

9）精确的产品复制。3D 打印依托三维模型生产产品，在同一产品精度的控制方面也是从数据扩展至实体的，因而可以精确地创建副本或优化原件。

10）材料无限组合。传统制造在切割或模具成型的过程中，不能轻易地将不同原材料结合成一件产品。3D 打印却可将以前无法混合的原材料混合成新的材料，这些材料种类繁多，甚至可以被赋予不同的颜色，具有独特的属性或功能。

（2）3D 打印的劣势

3D 打印并非“无所不能”，还有许多技术困难没有得到完美解决。3D 打印在产品精度、强度、硬度、实用性等方面还有很大的提升空间。在现时技术条件下，3D 打印仍存在一些缺陷或劣势。

1）制造精度问题。3D 打印的成型原理是“逐层制造，堆叠成型”，这使得其产品中普遍存在台阶效应。尽管不同方式的 3D 打印技术（如粉末激光烧结技术）已尽力降低使用产品表面质量图打印产品呈现的台阶效应的影响，但效果不尽如人意。分层厚度虽然已被分解得非常薄，但仍会形成“台阶”。尤其对于表面是圆弧形的产品来说，精度的偏差是不可避免的。此外，很多打印方式需要进行二次强化处理，如二次固化、打磨等。在处理过程中，对产品施加的压力或温度都会造成产品的形变，进一步造成产品精度降低。

2）产品性能问题。逐层堆叠成型方式使得层与层之间的衔接无法与传统制造工艺整体成型产品的性能相匹敌，在一定的外力作用下，打印的产品很容易解体，尤其是层与层之间的衔接处。由于成型材料的限制，现阶段的 3D 打印制造的产品在硬度、强度、柔韧性和机械加工性等性能和实用性方面，与传统制造加工的产品还有一定的差距。这一点在民用领域的 3D 打印机上体现得较为明显，大多只用于生产产品原型或验证设计模型，作为功能部件使用略显勉强。在工业领域的 3D 打印机，由于在精度、表面质量和工艺细节上有很大提升，在航空航天、医疗、军事等领域有较多的功能性应用。

3）材料问题。虽然目前可供 3D 打印机使用的材料种类在不断地增多，但相对于应用需求来讲还是太少。此外，由于 3D 打印加工成型方式的特殊性，很多材料在使用前需要经过处理制成专用材料（如金属粉末、塑料线材），这使得打印成型的产品在质量上与传统加工产品有一定的差距，影响功能性应用。另外，一些快速成型方式制成的产品表面质量较差，只有经过二次加工处理才能应用。对于具有复杂表面的 3D 打印产品，支撑材料难以去除，会对产品质量和应用构成影响。

4）成本问题。目前高精度的 3D 打印机价格高昂，成型材料和支撑材料等耗材的价格也不菲，这使得在不考虑时间成本时，3D 打印相对传统制造的优势荡然无存。另外，如果打印成品的表面质量不高，后处理成为必要环节，则人力和时间成本也随之上升。

3．3D 打印的基本原理

3D 打印是 20 世纪 80 年代后期发展起来的先进制造技术之一。它涉及计算机辅助设计（computer aided design，CAD）/计算机辅助制造（computer aided manufacturing，CAM）技术、数据处理技术、材料技术、计算机数控（computer numerical control，CNC）技术、测试传感器技术、激光技术和计算机软件技术等，是各种高新技术的综合应用。

3D 打印是增材制造的主要实现形式。它有很多种成型工艺，有些成型工艺看似没有明显的材料叠加过程，但无论哪种工艺，实际上都是“分层制造，逐层叠加”的，即通过逐层打印、逐层叠加的方法来实现。

1）要利用三维建模软件建立三维数据模型。

2）将三维数据模型转换成 3D 打印系统可以识别的文件，并进行数据分析，将模型进行切片处理，得到适应打印系统的物体分层截面信息。

3）3D 打印设备按照数据信息每次制作一层具有一定微小厚度和特定形状的截面，并逐层黏结，层层叠加，最终得到实物模型。整个制造过程在计算机的控制之下，由 3D 打印系统自动完成。

4. 3D 打印的工作流程

3D 打印从设计到分析再到制造生产的整个流程如图 1-66 所示。

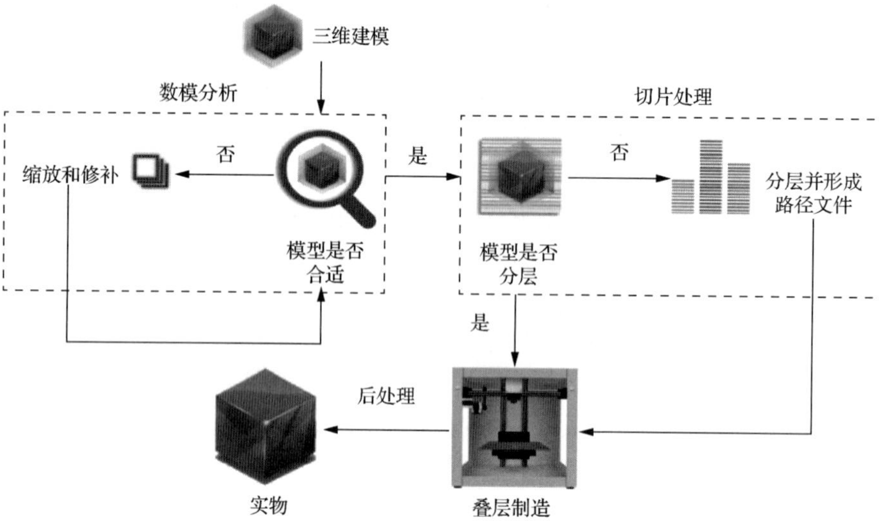

图 1-66　3D 打印工作流程

（1）三维建模

3D 打印制造过程的开始和普通打印机一样，需要一个打印源文件，只有拥有这个数字模型文件，才能进行下一步的工作。3D 打印的数据模型源文件一般是由 3D 制图或建模软件绘制的，属于软件生成的矢量模型。

通过实体建模，将我们对产品的创意落实成为第三人或机器可以理解的形式，是将创意转化为实物的第一步。当三维模型设计好后，还要进行分析检查，看模型是否适合进行打印，需不需要进行表面平滑处理和瑕疵修正等。

（2）切片处理

3D 模型只有经过两个软件的处理才能完成“打印程序”切片与传送。切片软件首先会将模型细分成 Cura 切片软件可以打印的薄度，然后计算其打印路径，也就是得到分层截面信息，从而指导成型设备逐层制造。

切片处理后，设计模型文件将转换为 STL 文件。STL 文件格式是设计软件和成型系统之间协作的标准文件格式，它的作用是将设计的复杂细节转换为直观的数字形式。STL 文件使用三角面来近似模拟物体的表面，三角面越小，其生成的表面分辨率越高，STL 文件的每个虚拟切片都反映着最终打印物体的一个横截面。

STL 文件准备就绪，连接 CAD 和 CAM 的桥梁就已基本完成。成型设备的客户端软件读取 STL 文件，将这些数据传送至硬件，并提供控制其他功能的控制界面。硬件读取 STL 文件，即读取数字网格并“切”成虚拟的薄层，这些薄层对应着即将实际打印的实体薄层。

通常，切片、传送等功能多合一，即切片引擎功能一体化，这似乎会成为 3D 打印设备前端软件不可避免的趋势。目前常用的切片软件有 Slic3r、Simply、KISSlicer、Custom Open、Cura、Magics 等。

（3）叠层制造

收到控制命令后，物理打印过程就可以开始了。打印设备全程自动运行，根据不同的成型原理，在打印进行并持续的过程中，会得到一层层的截面实体并逐层黏结，直至整个实体制造完毕。

（4）后处理

由于成型原理不同，经打印成型的实体有时还需要进一步的后处理，如去除支撑、打磨、组装、拼接、上色喷漆甚至二次固化等，以提高制品的质量。后处理之后，就可以得到创意产品。

5．3D 打印的技术分类

常见 3D 打印的技术分类如图 1-67 所示。

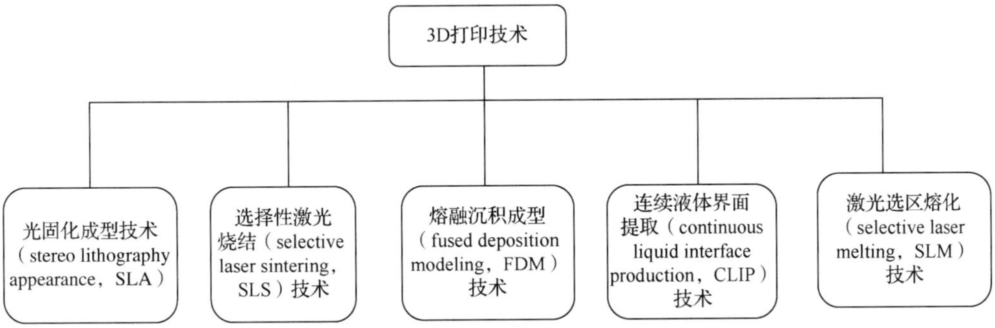

图 1-67　常见 3D 打印的技术分类

3D 打印技术特点比较如表 1-3 所示。

表 1-3　3D 打印技术特点比较

类型	SLA	FDM	SLS	SLM	3DP	3D PolyJet
成型机理	液态光敏树脂的光聚合固化成型	丝状熔融材料冷却固化成型	粉末材料的激光烧结成型	金属粉末材料的激光融合成型	黏结剂黏结粉末材料成型	喷射聚合物固化成型
加工方式	激光	热喷嘴	激光	激光	喷射喷嘴	阵列式喷射喷嘴
零件精度	较高	较低	中等	高	较低	高
表面质量	较好	较差	中等	中等	较差	较好
复杂程度	复杂	中等	复杂	复杂	复杂	复杂
零件大小	中小	中小	中小	中小	中小	中等
材料价格	较贵	较贵	中等	较贵	中等	较贵
材料	光敏树脂、生物材料	ABS、尼龙、石蜡、低熔点合金丝等	高分子材料、石蜡、金属、陶瓷、石膏、尼龙粉末和生物材料	金属粉末、合金粉末	尼龙粉末、陶瓷粉末、塑料粉末及复合材料粉末	光敏聚合物、橡胶材料、复合材料、生物材料
材料利用率	高	较高	高	高	高	高
生产率	高	较低	中等	较低	高	高

续表

类型	SLA	FDM	SLS	SLM	3DP	3D PolyJet
主要优点	制件精度高、表面质量好、强度好、可加工透明件	成型材料广泛、成本低、强度尚可、可成型复杂零件	可加工材料丰富、强度较好、无须支撑、生产效率较高、材料利用率高	成型的零件致密度高、产品机械性能好、精度较高	打印速度快、成本低、可加工多种材料、无须支撑、可制作彩色件	打印质量好、精度高、打印速度快，适合多种材料、多色材料同时打印
主要缺点	成本高、速度慢、需要支撑材料、光敏树脂有一定的毒性和气味	精度较低、速度慢、需要支撑材料	成型时间较长、工件表面较粗糙、成本高、烧结过程有异味	成型速度较慢、制品残余应力大、需要加支撑结构、材料成本高、能耗较高	产品机械性能差、工件表面粗糙、精细度较差	材料价格贵、成型件强度较低、需要支撑结构、产品通常不适合长期使用

注：3DP 即 three dimensional printing，意为三维喷涂黏结；3D PolyJet 即聚合物喷射技术。

6. 3D打印的材料

(1) 3D打印材料概述

材料是3D打印发展的重要物质基础，材料的丰富与否和发展程度决定着3D打印是否能够普及使用或者发展。反过来，材料瓶颈已成为制约3D打印发展的首要问题。

打印材料的使用，受限于打印技术原理和产品应用场合等因素。3D打印所使用的原材料都是为3D打印设备和工艺专门研发的，这些材料与普通材料略有区别，3D打印中使用的材料形态多为粉末状、丝状、片层状和液体状等。

在3D打印的发展过程中，新材料是3D打印的重要推动力。按材料的化学性能、物理状态及形状、成型方法的不同，可将3D打印材料进行如下分类。

1）按材料的化学性能分类。目前，按材料的化学性能的不同，可将3D打印材料分为以下四大类。

① 高分子材料，如液态光敏树脂、塑料（ABS、尼龙等）、丝料、粉料或片材等。

② 无机材料，如石蜡、石膏粉末、陶瓷粉末等。

③ 金属材料，如合金金属粉末、金属薄板材料等。

④ 生物医学材料、复合材料等。

2）按材料的物理状态及形状分类。按材料的物理状态及形状的不同，可将3D打印材料分为以下四大类。

① 液态材料，如光敏树脂等。

② 固态粉末材料，非金属粉（如蜡粉、塑料粉、覆膜陶瓷粉等）、金属粉（如不锈钢粉、钛金属粉等）。

③ 固态薄片材料，如纸、塑料、金属等。

④ 固态丝状材料，如蜡丝、ABS丝料、聚乳酸（poly lactic acid，PLA）丝料等。

3）按材料的成型方法分类。按材料的成型方法的不同，可将3D打印材料分为液态材料和固态材料（固态粉末材料、固态薄片材料、固态丝状材料）。液态材料是SLA工艺中的光敏树脂；固态粉末材料是 SLS 工艺中的非金属粉（蜡粉、塑料粉、覆膜陶瓷粉、覆膜砂等）和金属粉（覆膜金属粉）；固态薄片材料是 LOM 工艺中的纸、塑料、金属铂+黏结剂；固态丝状材料是 FDM 工艺中的蜡丝、ABS 丝料等。

3D 打印的兴起和发展，离不开 3D 打印材料的发展，不同的应用领域所用的耗材种类是不一样的，不同应用领域、不同目标要求对材料性能的要求也是不一样的。3D 打印对材料性能的一般要求：①有利于快速、精确地成型原型零件；②3D 打印成型件应当接近最终要求，应尽量满足对强度、刚度、耐潮湿性、热稳定性能等的要求；③应该有利于后处理工艺。

3D 打印成型件具有四个应用目标：概念型零件、测试型零件、模具型零件和功能型零件。应用目标不同，对成型材料的要求也不同：①概念型零件对材料成型精度和物理化学特性要求不高，主要要求成型速度快；②测试型零件对于成型后的强度、刚度、耐温性、抗蚀性等有一定要求，以满足测试要求，如果用于装配测试，则对成型件有一定的精度要求；③模具型零件要求材料适应具体模具制造要求，如强度、刚度等；④功能型零件要求材料具有一定的力学和化学性能，使打印的成型件具有一定的工作特性，满足正常的工程使用要求。目前可用的 3D 打印材料种类已超过 200 种。

（2）常用 3D 打印材料

1）工程塑料。当前应用最广泛的一类 3D 打印材料是工程塑料。工程塑料是指被用来制作工业零件或外壳的工业用塑料，是强度、耐冲击性、耐热性、硬度及抗老化性均优的塑料。常见的有 ABS、PA（聚酰胺）、PC（聚碳酸酯）、PEEK（聚醚醚酮）等。

① ABS。ABS 无毒无味，呈象牙色，具有优良的综合性能，有极好的耐冲击性，尺寸稳定性好，电性能、耐磨性、抗化学药品性、染色性较好，适合进行成型加工和机械加工。它的正常形变温度超过 90℃，可进行机械加工（如钻孔和攻螺纹）、喷漆和电镀等，是常用的工程塑料之一。ABS 的缺点是热变形温度较低、可燃、耐热性较差。ABS 是 FDM 成型工艺中最常使用的打印材料，具有良好的染色性，目前有多种颜色可以选择，这使得打印出的实物省去了上色的步骤。

3D 打印使用的 ABS 通常做成细丝盘状，通过 3D 打印喷嘴加热熔化成型。由于喷嘴喷出后需要立即凝固，喷嘴加热的温度控制在高出 ABS 熔点 1～2℃，不同的 ABS 熔点也不同。对于不能调节温度的喷嘴，是不能够通配的，因此需要格外注意材料的来源，建议从原厂购买。ABS 是消费级 3D 打印用户最喜爱的打印材料，如打印玩具和创意家居饰品等。ABS 丝材如图 1-68 所示。

图 1-68　ABS 丝材

② PA。PA 又称尼龙，是一种强大而灵活的工程塑料，在化学上属于聚酰胺类物质，耐冲击性大，耐磨性好，耐热性佳，在高温下使用不易热劣化。自然色彩为白色，但很容易上色。PA 在加热后，黏度下降比较快，因此从 3D 打印喷嘴喷出来时，比较容易流动。PA 具有高熔点、不易加热熔化等特性，制作出来的成品在高温下也不易产生变化。

此外，PA 铝粉是 SLS 成型技术的常用材料。PA 铝粉，顾名思义，就是在 PA 粉末中掺杂一部分铝粉，使打印出的成品富有金属的光泽。当铝粉含量增大到 50%时，制成品的热变形温度、拉伸强度、弯曲强度、弯曲模量和硬度比单纯 PA 烧结件分别提高了 87℃、10.4%、62.1%、122.3%和 70.4%。此外，烧结件的拉伸强度、断裂伸长率、冲击强度随着铝粉平均粒径的减小而增大。PA 制品多用于汽车、家电和电子消费品领域。PA 如图 1-69 所示。

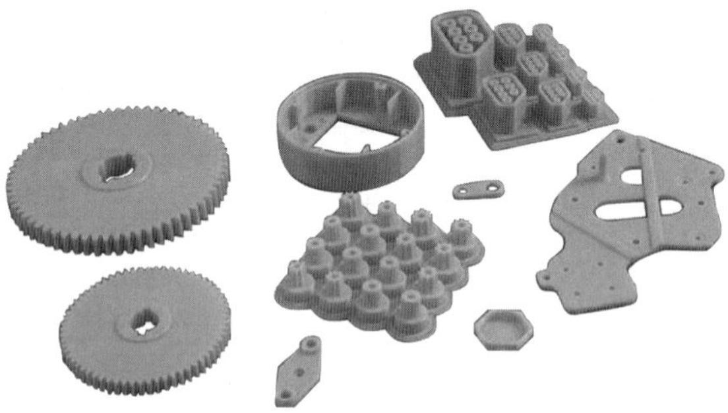

图 1-69　PA

③ PC。PC 是一种无色透明的无定性热塑性材料，无色透明，耐热，抗冲击，阻燃，在普通使用温度内具有良好的机械性能。但它的耐磨性较差，一些用于易磨损部位的聚碳酸酯器件需要对表面进行特殊处理。

PC 是真正的热塑性材料，具备高强度、耐高温、抗冲击、抗弯曲等工程塑料的所有特性，可作为最终零部件材料使用。使用 PC 制作的样件，可以直接装配使用。PC 的颜色较为单一，只有白色，其强度比 ABS 高出 60%左右，具备超强的工程材料属性，广泛应用于电子消费品、家电、汽车制造、航空航天和医疗器械等领域。

此外，PC-ABS 复合材料也是一种应用广泛的热塑性工程塑料。PC-ABS 兼具了 ABS 的韧性和 PC 的高强度及耐热性，大多应用于汽车、家电及通信行业。

使用 PC 制作的样件强度较高，可以实现真正热塑性部件的生产，可用于手机外壳、计算机和商业机器壳体、电气设备、草坪园艺机器、汽车零件仪表板及车轮盖等。PC 如图 1-70 所示。

④ PEEK。PEEK 是一种具有耐高温、自润滑、易加工和高强度等优异性能的特种工程塑料，可用于航空航天、核工程和高端的机械制造等高技术领域。它可加工制造成各种机械零部件，如汽车零部件、飞机发动机零部件、自动洗衣机转轮、医疗器械零部件等。PEEK 具有优异的耐磨性、生物相容性、化学稳定性，以及杨氏模量最接近人骨等优点，是理想的人工骨替换材料，适合长期植入人体。基于 FDM 原理的 3D 打印技术安全方便，无须使用激光器，后处理简单。PEEK 如图 1-71 所示。

图1-70 PC

图1-71 PEEK

2）生物塑料。3D打印生物塑料主要有PLA（聚乳酸纤维）、PETG（聚对苯二甲酸乙二醇酯-1,4-环己烷二甲醇酯）、PCL（聚己内酯）等。生物塑料具有良好的生物可降解性，可用于医疗领域。

① PLA。PLA是一种可生物降解的材料，它的机械性能及物理性能良好，适用于吹塑、热塑等各种加工方法，加工方便、用途广泛。此外，它还具有较好的相容性，良好的光泽性、透明度、抗拉强度及延展度等，制成的薄膜具有良好的透气性。因此，PLA可以根据不同业界的需求，制成各式各样的应用产品。

PLA塑料熔丝是一种常用的3D打印材料。相较于ABS，PLA在一般情况下不需要预先加热床，更易使用且更加适合低端的3D打印设备。PLA可降解的特性，使得它在消费级3D打印设备生产中成为较受欢迎的一种环保材料。PLA不但有多种颜色可供选择，而且有半透明的红、蓝、绿色，以及全透明的材料，但通用性不高。PLA如图1-72所示。

图1-72 PLA

② PETG。PETG是一种透明塑料，也是一种非晶型共聚酯，具有较好的透明度、耐化学药剂能力和抗应力白化能力。它可很快热成型或挤出吹塑成型，黏度比丙烯酸（亚克力）好。PETG制品高度透明，抗冲击性能优异，特别适宜成型厚壁透明制品。PETG可以被广泛应用于板片材、高性能收缩膜、瓶用及异型材等市场。

PETG是以甘蔗和乙烯生产的生物基乙二醇为原料合成的生物基塑料。这种材料具有较好的热成型性、韧性和耐候性，热成型周期短、温度低、成品率高。PETG作为一种新型的 3D 打印材料，兼具 PLA 和 ABS 的优点。在 3D 打印时，PETG 的收缩率非常小，并且具有良好的疏水性，无须在密闭空间里贮存。因为 PETG 的收缩率小、温度低，在打印过程中几乎没有气味，所以 PETG 在 3D 打印领域具有更为广阔的开发应用前景。

③ PCL。PCL 具有良好的生物降解性和生物相容性，并且无毒性，被广泛用作医用生物降解材料及药物控制释放体系。

PCL 是一种可降解聚酯，熔点较低，只有 60℃左右。与大部分生物材料一样，人们常常把它用作特殊用途，如制作药物传输设备、缝合剂等。同时，PCL 还具有形状记忆性。在 3D 打印中，因为它熔点低，所以并不需要很高的打印温度，从而达到节能的目的。在医学领域，PCL 可被用来打印心脏支架等。

3）光敏树脂。光敏树脂即 ultraviolet rays（UV）树脂，由聚合物单体与预聚体组成，其中加有光（紫外光）引发剂（或称光敏剂）。在一定波长的紫外光（250～450nm）照射下，光敏树脂能立刻引起聚合反应完成固化。光敏树脂一般为液态，可用于制作高强度、耐高温、防水的材料。常见的光敏树脂有 somos evolve 128 材料（somos NEXT 的升级版）、somos 10122 材料、somos 19120 材料和环氧树脂。

① somos evolve 128 材料。somos evolve 128 是一种高度耐用且具有较好韧性的光固化 3D 打印材料，能够产出高精度、高细节度的部件，易于成型。它的外观和质感与传统热塑性塑料成品几乎没有区别，是制造用于功能测试的部件和原型的理想材料，有助于在产品开发过程中节省时间、资金和材料。somos evolve 128 是用于航空、汽车、医疗、消费产品和电子行业的出色材料。

② somos 10122 材料。somos 10122 材料看上去更像真实透明的塑料，具有优秀的防水性和尺寸稳定性，同时具有包括 ABS 和 PBT（聚对苯二甲酸丁二酯）在内的多种类似工程塑料的特性，这些特性使它很适合被用在汽车、医疗及电子类产品领域。

③ somos 19120 材料。somos 19120 材料为粉红色材质，是一种铸造专用材料。该材料成型后可直接代替精密铸造的蜡膜原型，避免开发模具的风险，大大缩短生产周期，拥有低留灰烬和高精度等特点。

④ 环氧树脂。环氧树脂是一种便于铸造的激光快速成型树脂，它含灰量极低（800℃时的残留含灰量<0.01%），可用于熔融石英和氧化铝高温型壳体系，而且不含重金属锑，可用于制造极其精密的快速铸造型模。

光敏树脂如图 1-73 所示。

4）无机材料。无机材料主要有陶瓷材料、彩色石膏材料、橡胶类材料、红蜡材料和金属材料。

① 陶瓷材料。陶瓷材料具有高强度、高硬度、耐高温、低密度、化学稳定性好、耐腐蚀等优异特性，在航空航天、汽车、生物等行业有着广泛的应用。但陶瓷材料硬而脆的特点使其加工成型尤其困难，特别是复杂陶瓷件须通过模具来成型。模具加工成本高、开发周期长，难以满足产品不断更新的需求。

3D 打印用的陶瓷粉末是陶瓷粉末和某一种黏结剂粉末所组成的混合物。由于黏结剂粉末的熔点较低，激光烧结时只是将黏结剂粉末熔化而使其与陶瓷粉末黏结在一起。在激光烧结之后，需要将陶瓷制品放入温控炉中，在较高的温度下进行后处理。陶瓷粉末和黏结剂粉末的配比会影响陶瓷零部件的性能。

图 1-73　光敏树脂

若黏结剂粉末分量多，则烧结比较容易，但在后处理过程中零件收缩比较大，会影响零件的尺寸精度。若黏结剂粉末分量少，则不易烧结成型。颗粒的表面形貌及原始尺寸对陶瓷材料的烧结性能而言非常重要，陶瓷颗粒越小，表面越接近球形，陶瓷层的烧结质量越好。

陶瓷粉末在激光直接快速烧结时液相表面张力大，在快速凝固过程中会产生较大的热应力，从而形成较多微裂纹。目前，陶瓷直接快速成型工艺尚未成熟，国内外正处于研究阶段，还没有实现商品化。

陶瓷材料如图 1-74 所示。

② 彩色石膏材料。彩色石膏材料是一种全彩色的 3D 打印材料，是基于石膏的，易碎、坚固且色彩清晰的材料。基于在粉末介质上逐层打印的成型原理，3D 打印成品在处理完毕后，表面可能出现细微的颗粒效果，外观很像岩石，在曲面表面可能出现细微的年轮状纹理。因此，彩色石膏材料多应用于动漫玩偶等领域。彩色石膏材料如图 1-75 所示。

图 1-74　陶瓷材料

图 1-75　彩色石膏材料

③ 橡胶类材料。橡胶类材料具备多种级别弹性材料的特征，这些材料所具备的硬度、断裂伸长率、抗撕裂强度和拉伸强度，使其非常适合用于要求防滑或具有柔软表面的应用领域。3D 打印的橡胶类产品主要有消费类电子产品、医疗设备，以及汽车内饰、轮胎、垫片等。橡胶类材料如图 1-76 所示。

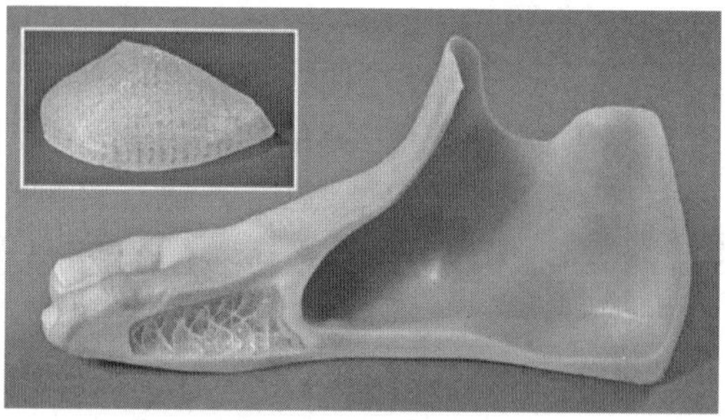

图 1-76　橡胶类材料

④ 红蜡材料。红蜡材料具有高精度和高表现力等优点，使用该材料打印的模型图案精细、表面质量光滑。红蜡材料适合用于打印精度要求高的小尺寸模型，也可用于快速铸造、珠宝首饰、微型医疗器械等领域。红蜡材料如图 1-77 所示。

图 1-77　红蜡材料

⑤ 金属材料。近年来，3D 打印技术逐渐应用于实际产品的制造，其中，金属材料的 3D 打印技术发展尤其迅速。金属材料如图 1-78 所示。

图 1-78　金属材料

3D 打印所使用的金属粉末一般要求纯净度高、球形度好、粒径分布窄、氧含量低。目前，应用于 3D 打印的金属粉末材料主要有钛合金、钴铬合金、不锈钢和铝合金材料等，还有用于打印首饰的金、银等贵金属粉末材料。

金属 3D 打印材料的应用领域相当广泛，如石化工程应用、航空航天、汽车制造、注塑模具、轻金属合金铸造、食品加工、医疗、造纸、电力工业、珠宝、时装等。采用金属粉末进行快速成型是激光快速成型由原型制造到快速直接制造的趋势，它可以大大加快新产品的开发速度，具有广阔的应用前景。在金属粉末的选区烧结方法中，常用的金属粉末有以下几种：金属粉末和有机黏结剂的混合体，按一定比例将两种粉末混合均匀后进行激光烧结；两种金属粉末的混合体，其中一种熔点较低，在激光烧结过程中起黏结剂的作用。单一的金属粉末，对单元系烧结，对于高熔点的金属，若想在较短的时间内达到熔融温度，则需要很大功率的激光器。直接金属烧结成型存在的最大问题是组织结构多孔，导致制件密度低、机械性能差。

5）黑色金属。黑色金属主要有工具钢、不锈钢、高温合金。

① 工具钢。工具钢的适用性来源于其优异的硬度、耐磨性和抗形变能力，以及在高温下保持切削刃的能力。模具H13热作工具钢就是其中一种，它能够承受不确定时间的工艺条件。马氏体钢（以马氏体300为例）又称马氏体时效钢，在时效过程中的高强度、韧性和尺寸稳定性都是众所周知的。由于高硬度和耐磨性，马氏体300的适用范围很广，可用于注塑模具、轻金属合金铸造等。同时，其被广泛应用于航空航天，制作高强度机身部件和赛车零部件。

② 不锈钢。不锈钢是不锈耐酸钢的简称，耐空气、蒸汽、水等弱腐蚀介质。具有不锈性的钢种被称为不锈钢；而耐化学腐蚀介质（酸、碱、盐等）腐蚀的钢种被称为耐酸钢。两者在化学成分上的差异使它们的耐腐蚀性不同，不锈钢一般不耐化学腐蚀介质腐蚀，而耐酸钢一般具有不锈性。

奥氏体不锈钢316L：具有高强度和耐腐蚀性，可应用于航空航天、石化等多种工程领域，也可应用于食品加工和医疗等领域。

马氏体不锈钢15-5PH：又称马氏体时效（沉淀硬化）不锈钢，具有很高的强度、良好的韧性及耐腐蚀性，而且可以进一步硬化，是无铁素体。目前，它被广泛应用于航空航天、石化、食品加工、造纸和金属加工等领域。

马氏体不锈钢17-4PH：在温度高达315℃时仍具有高强度和高韧性，而且耐腐蚀性超强，伴随激光加工状态可以具有极佳的延展性。

不锈钢是最廉价的金属打印材料，经3D打印出的高强度不锈钢制品表面略显粗糙，并且存在麻点。不锈钢具有不同的光面和磨砂面，常被用作珠宝、功能构件和小型雕刻品等的3D打印。不锈钢材料如图1-79所示。

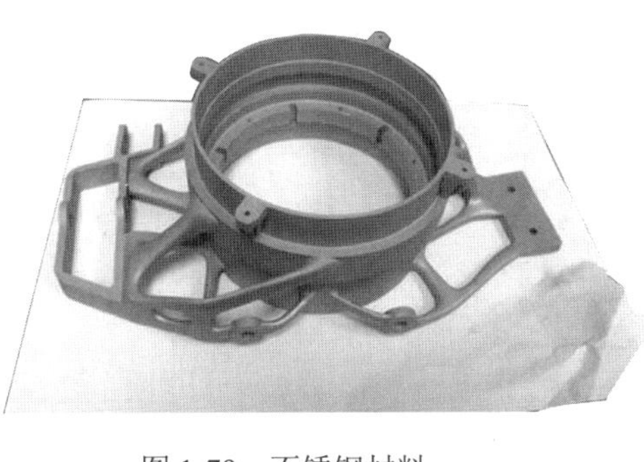

图1-79 不锈钢材料

③ 高温合金。高温合金具有优异的高温强度，良好的抗氧化和耐热腐蚀性能，良好的抗疲劳性能、断裂韧性等综合性能，已成为军、民用燃气涡轮发动机热端部件不可替代的关键材料。

6）合金材料。应用最为广泛的合金材料主要有钛合金、钴铬合金、镍合金、铝合金、铜合金等。

① 钛合金。钛是一种重要的结构金属。钛合金因具有强度高、耐腐蚀性好、耐热性好等特点而被广泛用于制作飞机发动机压气机部件，以及火箭、导弹和飞机的各种结构件。钛合金零件强度非常高，尺寸精确，能制作的最小尺寸可达 1mm，而且其零部件性能优于锻造工艺。钛合金如图 1-80 所示。

② 钴铬合金。钴铬合金是一种以钴和铬为主要成分的高温合金，它的抗腐蚀性能和机械性能都非常优异，用其制作的零部件强度高、耐高温，其零部件机械性能优于锻造工艺。钴铬合金主要应用于整形外科、航空航天、发电和牙科领域。钴铬合金如图 1-81 所示。

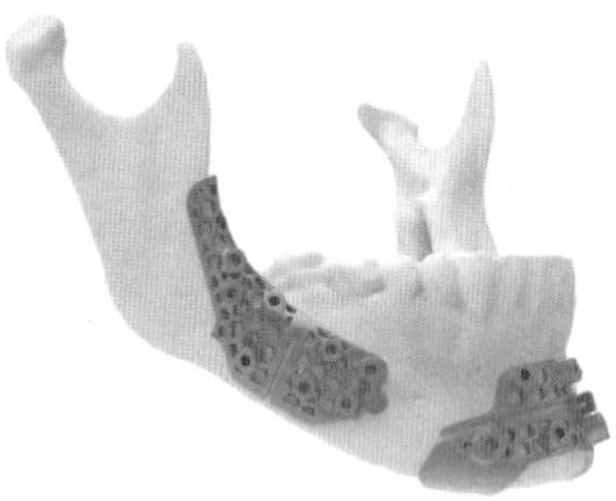

图 1-80　钛合金

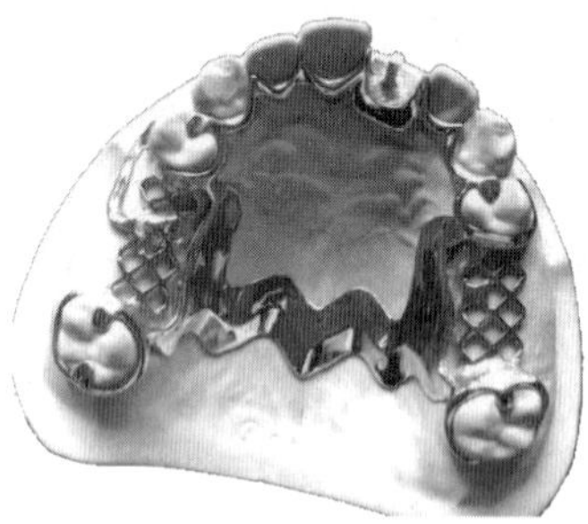

图 1-81　钴铬合金

③ 镍合金。镍合金具有良好的抗拉伸、抗疲劳性能，在 700℃的高温下具有高蠕变断裂强度，能够被加工、电火花腐蚀、焊接、微喷丸、抛光及涂层。镍合金可用于航空燃气涡轮发动机零件的制造和石油、化工等工业零部件的制造，用作电力和工业配件等也有良好的应用潜力。镍合金如图 1-82 所示。

④ 铝合金。目前，应用于金属 3D 打印的铝合金主要有铝硅 12 和镁铝合金两种。铝硅 12 是具有良好的热性能的轻质增材制造金属粉末，可应用于生产薄壁零件，如换热器或其他汽车零部件；镁铝合金因其质轻、强度高的优越性能而在制造业的轻量化生产中得到了大量应用。铝合金如图 1-83 所示。

图 1-82　镍合金

图 1-83　铝合金

⑤ 铜合金。应用于市场的铜合金俗称青铜，具有良好的导热性和导电性，以及壁薄、形状复杂的特征，可以结合设计自由度产生复杂的内部结构和冷却通道，适合加工具有快速冷却需求的零件产品，如半导体器件，也可以用于生产微型换热器。铜合金如图 1-84 所示。

图 1-84　铜合金

（3）3D 打印材料的选择

传统的制造机器在切割或模具成型过程中不能轻易地将多种原材料融合在一起，而随着多材料 3D 打印技术的发展，人们有能力将不同原材料融合在一起。以前无法混合的原材料混合后将形成新的材料，这些材料色调种类繁多，具有独特的属性或功能。

在零件使用过程中通常会有几个方面的考虑：成本、外观、细节表现力、力学性能、化学稳固性、温度适应范围等。基于零件模型的制作目的，可使用外观验证模型或结构验证模型对 3D 打印材料进行选择。

1）外观验证模型。外观验证模型是由工程师设计制作，用于验证产品外观的手板模型或直接使用且对外观要求高的模型。外观验证模型是可视的、可触摸的，它可以很直观地以实物的形式把设计人员的创意展现出来，避免了“画出来好看而做出来不好看”的弊端。外观验证模型制作在新品研发、产品外形推敲的过程中是必不可少的。

基于外观验证模型的需求，建议选用光敏树脂类 3D 打印材料（包括高韧性光敏树脂和透明树脂两种材料）。

2）结构验证模型。在产品设计过程中，从设计方案到量产一般需要制作模具。模具制作的费用很高，比较大的模具价值数十万美元乃至几百万美元，如果在开模的过程中发现结构不合理或其他问题，则会造成损失。使用 3D 打印制作结构验证模型能避免这种损失，降低开模风险。

基于结构验证模型的需求，对精度和表面质量要求不高的，建议选择机械性能较好、价格低廉的材料，如 PLA、ABS 等。

如果对外观和结构强度要求都比较高，则建议使用尼龙 3D 打印材料。

3D 打印的主要成本在于 3D 打印材料，要根据自己的需求选择合适的材料。

7．3D 打印技术的应用

（1）工业制造

3D 打印技术在工业制造领域的应用不言而喻，其在产品概念设计、原型制作、产品评审和功能验证等方面有着明显的应用优势。运用 3D 打印技术能够快速、直接、精确地将设计思想转化为具有一定功能的实物样件。对于制造单件、小批量金属零件或某些特殊复杂的零件来说，其开发周期短、成本低的优势尤为突出，能使企业在竞争激烈的市场中占有先机。3D 打印技术在工业制造中的应用如图 1-85 所示。

（2）医疗

3D 打印技术在医疗领域发展迅速，市场份额不断提升。3D 打印技术为患者提供了个性化治疗的条件，可以根据患者的个人需求定制模型假体，如假牙、义肢等，甚至人造骨骼也已成为现实。3D 打印技术在医疗中的应用如图 1-86 所示。

图 1-85　3D 打印技术在工业制造中的应用

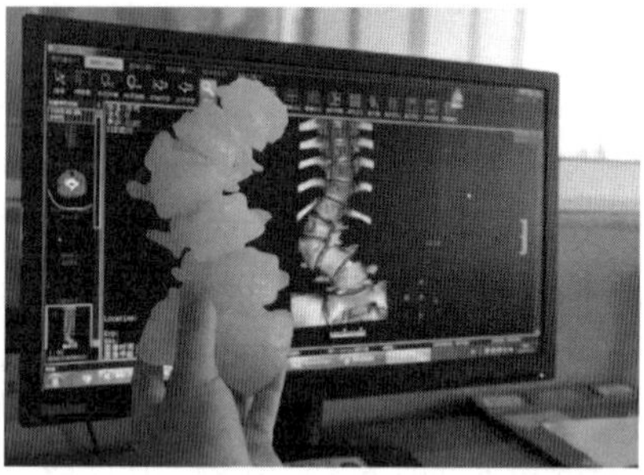

图 1-86　3D 打印技术在医疗中的应用

此外，通过 3D 打印技术可以得到患者的软、硬组织模型，为医生提供准确的病理模型，帮助医生更好地了解病情，合理进行手术规划和方案设计。另外，研究人员正在研究将生物 3D 打印应用于组织工程和生物制造，期望通过 3D 打印机打印出与患者自身需要完全一样的组织工程支架，在接受组织液后，可以成活，形成有功能的活体组织。这为解决器官移植的来源问题提供了可能。

生物 3D 打印尽管有如此诱人的应用前景，但会涉及伦理和社会问题，这些都需要制定法律来加以限制。当然，这还只是一种设想，要想变为现实，还需要做很多的科研工作。

（3）航空航天

在航空航天领域会涉及很多形状复杂、尺寸精细、性能特殊的零部件、机构的制造。3D 打印技术可以直接制造这些零部件，并制造一些传统工艺难以制造的零件。3D 打印技术在航空航天中的应用如图 1-87 所示。

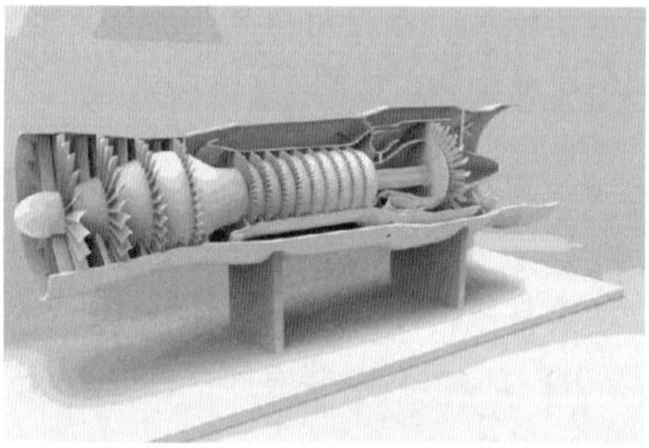

图 1-87　3D 打印技术在航空航天中的应用

（4）文化创意

3D 打印独特的技术优势使它成了那些形状结构复杂、材料特殊的艺术表达的很好的载体，不仅可以生成模型艺术品，还可以生成电影道具、角色等。3D 打印技术在文化创意中的应用如图 1-88 所示。

（5）艺术设计

对于很多基于模型的 DIY 手办、鞋类、服饰、珠宝和玩具等，3D 打印技术可以很好地展示设计人员的创意。

设计人员可以利用 3D 打印技术快速地将自己所设计的产品变成实物，方便快捷地将产品模型提供给客户和设计团队观看，提供及时沟通、交流和改进的可能，缩短了产品从设计到市场销售的时间，以达到全面把控设计使其顺利进行的目的。快速成型使更多的人有机会展示丰富的创造力，使艺术家可以在最短的时间内释放出崭新的创作灵感。3D 打印技术在艺术设计中的应用如图 1-89 所示。

图 1-88　3D 打印技术在文化创意中的应用

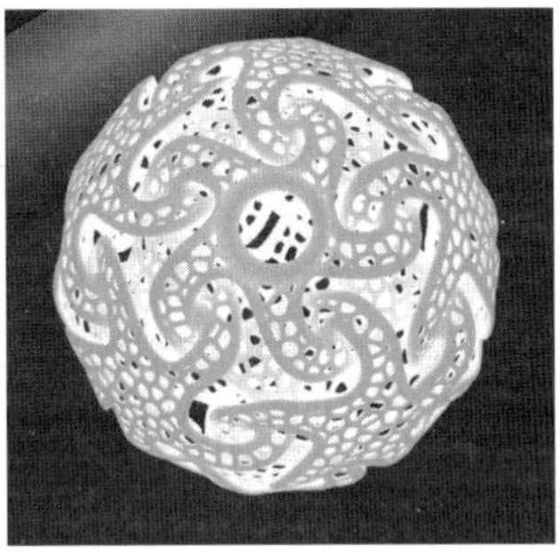

图 1-89　3D 打印技术在艺术设计中的应用

（6）建筑工程

设计建筑物或者进行建筑效果展示时，常会制作建筑模型。传统建筑模型采用外包加工手工制作而成，手工制作工艺复杂、耗时较长、人工费用过高，而且只能做简单的外观展示，无法还原设计人员的设计理念，更无法进行物理测试。

3D 打印可以方便、快速、精确地制作建筑模型，展示各式复杂结构和曲面，百分百还原设计人员的创意，不仅可进行外观展示及风洞测试，还可用于建筑工程及施工模拟。有的巨型 3D 打印设备甚至可以直接打印建筑物本身。3D 打印技术在建筑工程中的应用如图 1-90 所示。

（7）教育

在教育领域，3D 打印技术既可以为教学提供模型用于验证科学假设，又可以覆盖不同的学科实验和教学。在一些中学、职业院校和普通高校，3D 打印技术已经被用于教学和科研。3D 打印技术在教育中的应用如图 1-91 所示。

图 1-90　3D 打印技术在建筑工程中的应用

图 1-91　3D 打印技术在教育中的应用

（8）个性化定制

个性化定制是根据个体的需要的喜好采用定制化的方式进行产品设计与制造。传统的生产方式往往需要大规模生产相同或类似的产品，而个性化定制能更好地满足每个人的个性化需求。3D 打印技术作为一种快速、灵活和准确的制造工艺，为个性化定制提供了无限的可能性。在拥有数据模型的条件下，使用 3D 打印技术可以定制个性化的产品，如动漫玩具、家居生活用品、灯饰等。3D 打印技术的个性化定制产品如图 1-92 所示。

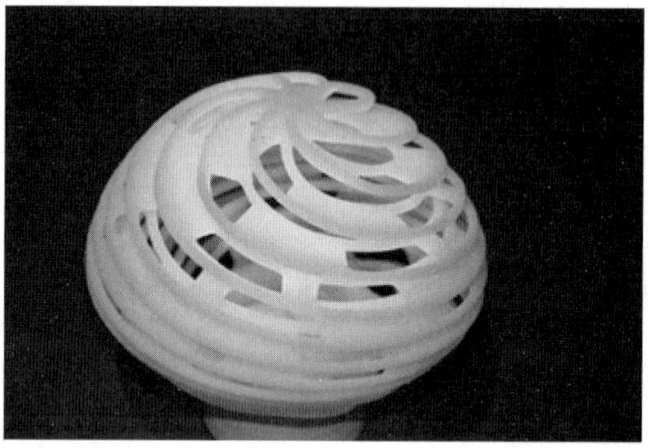

图 1-92　3D 打印技术的个性化定制产品

虽然 3D 打印技术可以应用于个性化的珠宝设计、医疗器材设计、鞋类设计等诸多领域，但目前还是有许多困难没有得到完美解决，它的普及和推广受到一定限制。随着 3D 打印材料的开发、工艺方法的改进、智能制造技术的发展，新的信息技术、控制技术和材料技术的不断更新，3D 打印技术必将迎来自身的技术跃进，其应用领域也将不断扩大和深入。

8．光固化成型技术

（1）光固化成型技术的原理

光固化成型技术又称立体光刻造型技术。它主要采用液态光敏树脂原料，通过 3D 设计软件（CAD）设计出三维数字模型，利用离散程序将模型进行切片处理，设计扫描路径，按设计的扫描路径照射到液态光敏树脂表面，分层扫描并固化叠加，从而形成三维工件原型。当成型开始时，工作平台在液体表面下的一个确定的深度，聚焦后的光斑在液体表面上按计算机的指令逐点扫描固化。当一层扫描完成后，未被照射的地方仍然是液态树脂，首先升降台带动平台下降一层高度，刮板在已成型的层面上涂满一层树脂并刮平，然后进行下一层的扫描，新固化的一层树脂牢固地粘在前一层上，如此重复，直到整个零件制造完毕，得到一个三维实体模型。光固化成型技术原理示意图如图 1-93 所示。

（2）光固化成型典型设备与原料

1）光固化成型设备。光固化成型设备由光学系统、树脂容器、数字控制和数字软件系统组成，主要包括激光器、激光扫描装置和液槽、升降台和刮刀。光固化成型典型设备如图 1-94 所示。

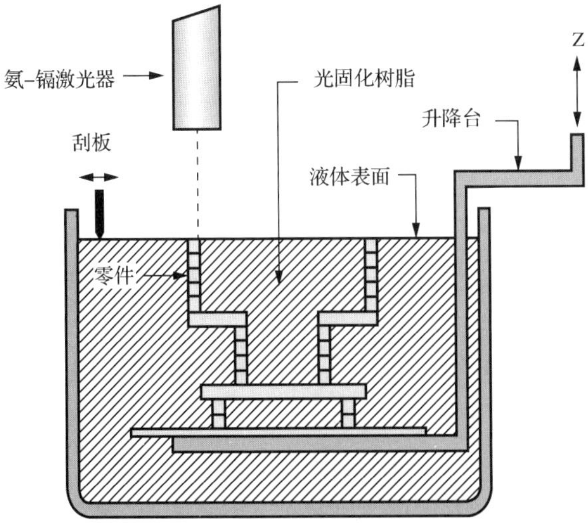

图 1-93　光固化成型技术的原理示意图

图 1-94　光固化成型典型设备

2）光固化成型原料。光固化成型原料主要包括光固化实体材料和支撑材料。

① 光固化实体材料。光固化实体材料主要是指光敏树脂。光敏树脂一般为液态，由齐聚物、反应性稀释剂和光引发剂组成。这种材料在一定波长的紫外线（250～300nm）照射下能立刻引起聚合反应完成固化，可用于制作高强度、耐高温、防水的材料。

② 支撑材料。光固化成型技术常被用来进行复杂结构零件的制造，这些零件通常会出现镂空或者悬空的设计，为了避免在打印过程中产生变形影响制品的外形，需要用支撑材料填补零件的镂空部分。打印完成时再对支撑材料进行清除，最后得到完整的制品。对支撑材料的要求是便于去除且不能损坏实体模型。常用作支撑材料的有相变蜡支撑材料和光固化支撑材料。

（3）光固化成型技术的优点

1）光固化成型技术是较早出现的 3D 打印工艺，成熟度高、成型速度较快、系统稳定性好，能够呈现较高的精度和较好的表面质量。

2）能制造结构复杂的原型件，如具有中空结构的模型。

3）为实验提供试样，可以对计算机仿真计算的结果进行验证与校核。

4）可联机操作，远程控制，成型过程自动化程度高，有利于生产的自动化。

（4）光固化成型技术的缺点

1）光固化成型设备要对液态物质进行操作，对工作环境要求较高。

2）成型件多为树脂类，强度、硬度、耐热性有限，液态树脂固化后的性能不如常用的工程塑料，一般较脆、易断裂，不适合机械加工。

3）液态光敏树脂具有一定的毒性，并且需要避光保存，以防止提前发生聚光反应。

4）成型过程中伴随的物理变化和化学变化可能导致工件变形，因此成型工件需要有支撑结构，只有这样才能确保成型工件的每个结构部位都能可靠定位。

5）成型尺寸有限制，不适合制作体积庞大的工件。

6）光固化成型系统造价高昂，设备运转和维护成本高。

（5）光固化成型技术的应用

1）制造模具。用光固化成型技术快速制成的立体树脂模可以代替蜡模进行结壳，型壳焙烧时去除树脂模，得到中空型壳，即可浇注出具有高尺寸精度和几何形状、表面光洁度较好的合金铸件，也可直接用来制造注射模的型腔。

2）对样品形状及尺寸设计进行直观分析。采用光固化成型技术可以快速制造样品，供设计人员和用户直观测量，并可迅速反复修改和制造，可大大缩短新产品的设计周期，使设计符合预期的形状和尺寸要求。

3）产品性能测试与分析。在塑料制品加工企业，由于光固化成型制件有较好的机械性能，可用于制品的部分性能测试与分析，提高制品设计的可靠性。

4）进行单件或小批量产品的制造。在一些特殊行业，有些制件只需单件或小批量生产，这样的产品通过先制模再生产，成本高、周期长，一般可用光固化成型技术直接进行成型，成本低、周期短。

5）在医学上的应用。光固化成型技术为不能制作或难以用传统方法制作的人体器官模型提供了一种新的方法。基于 CT（computer tomography，计算机断层扫描）图像的光固化成型技术是应用于假体制作、复杂外科手术的规划、口腔颌面修复的有效方法。

1.3 任务实施：绘制吹风机模型并打印

绘制如图 1-95 所示的吹风机的三维模型。

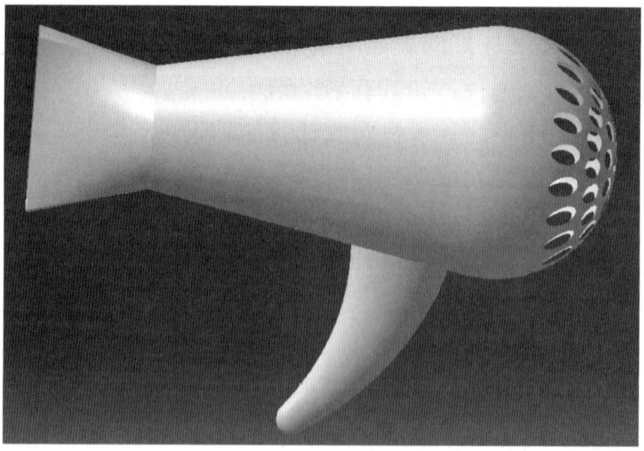

图 1-95　吹风机的三维模型

1.3.1　吹风机身绘制

1）选择创成式外形设计模式。打开 CATIA V5 R20，选择菜单栏中的【开始】→【形状】→【创成式外形设计】命令，如图 1-96 所示。

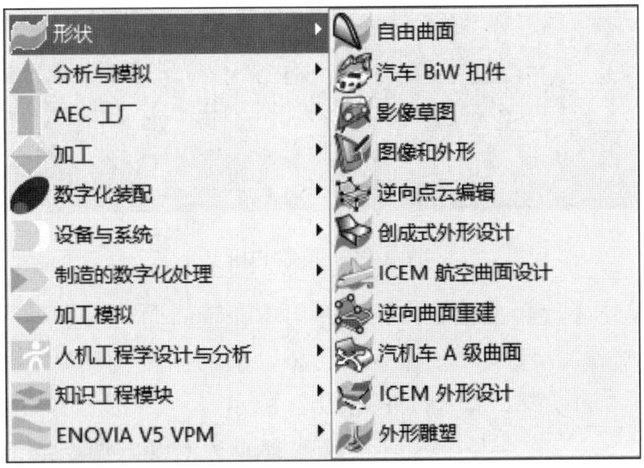

图 1-96　选择创成式外形设计模式

2）在模型目录中选择【xy 平面】选项。将光标移至模型目录中，选择【xy 平面】选项，会显示被选取状态，以不同颜色区分，如图 1-97 所示。

3）进入草图绘制模式。在工具箱中单击【草绘】按钮，进入草图绘制模式。所谓草图绘制模式，是在特定的平面上绘制与实体模型相关联的二维图形，即暂时中止实体模型，而切换至二维图形的绘图模式。在草图绘制模式中产生的二维图形，将以拉伸、旋转或扫掠的方式，建立出实体模型的特征。草图工具如图 1-98 所示。

（a）【xy 平面】选项　　（b）显示被选状态

图 1-97　选择【xy 平面】选项

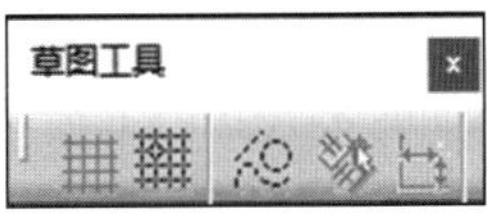

图 1-98　草图工具

4）草绘轮廓。首先单击【轮廓】按钮，然后单击起点和终点绘制直线，最后选取【草图工具】中的相切弧，绘制与直线相切的圆弧；双击【尺寸约束】按钮，标注尺寸，完成后双击尺寸线，修改尺寸。草绘轮廓如图 1-99 所示。

5）退出草图绘制模式。单击【退出草绘】按钮，退出草图绘制模式，回到创成式外形设计模式。

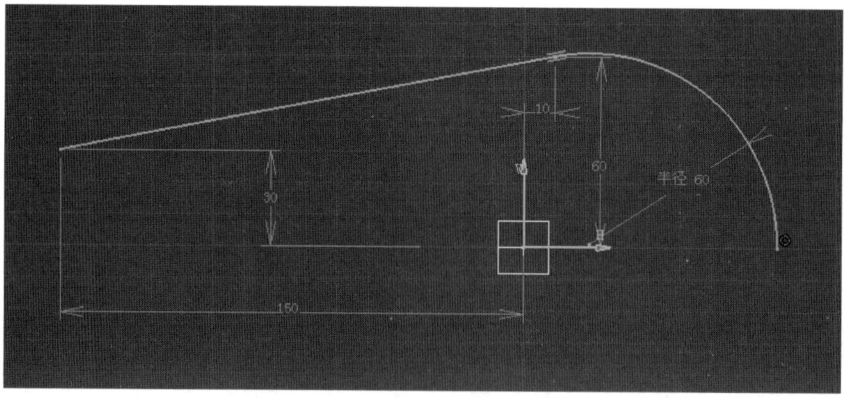

图 1-99　草绘轮廓

6）旋转曲面。单击【旋转曲面】按钮，弹出【旋转曲面定义】对话框，如图 1-100（a）所示，选择草图作为轮廓，选择 *H* 轴作为旋转轴，旋转角度为 360°，单击【确定】按钮，完成吹风机身旋转曲面的绘制，如图 1-100（b）所示。

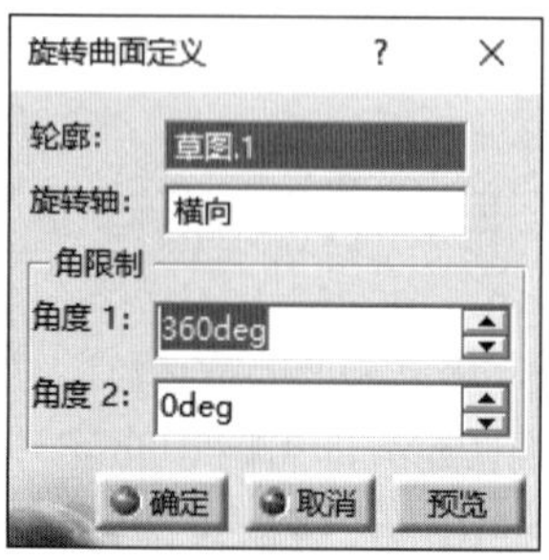

（a）【旋转曲面定义】对话框

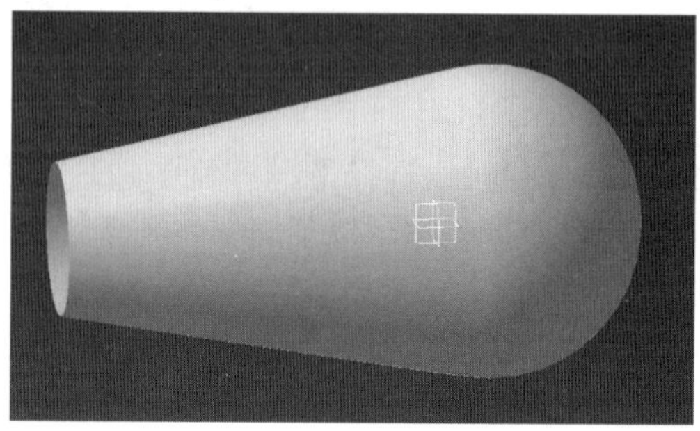

（b）旋转曲面

图 1-100　绘制吹风机机身旋转曲面

1.3.2　吹风嘴绘制

1）选择【yz 平面】选项，单击【平面】按钮，弹出【平面定义】对话框，如图 1-101（a）所示，设置【平面类型】、【参考】、【偏移】（注意方向），单击【确定】按钮。吹风嘴平面如图 1-101（b）所示。

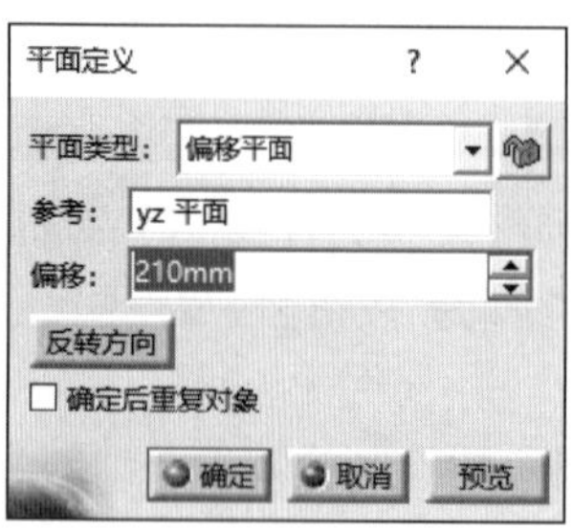

（a）【平面定义】对话框

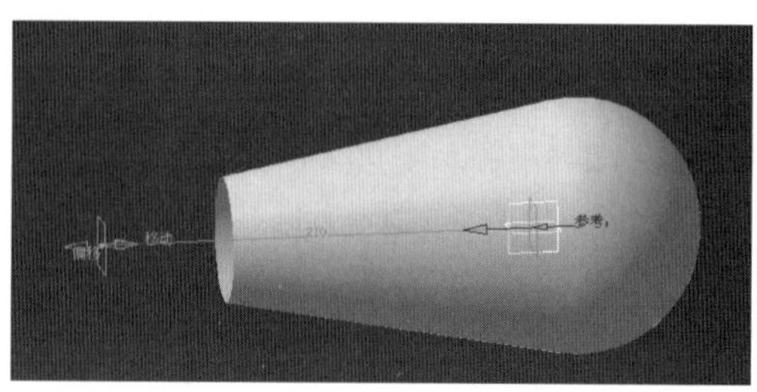

（b）吹风嘴平面

图 1-101　绘制吹风嘴平面

2）选择偏移平面，单击【草绘】按钮，进入草图绘制模式。

3）先单击【矩形】按钮，再单击两对角点，绘制矩形；双击【尺寸约束】按钮，标注尺寸，双击尺寸线，修改尺寸。矩形形状尺寸的长为 20mm、高为 90mm，矩形位置尺寸为长和高的 1/2，即 10mm、45mm。绘制草图如图 1-102 所示。

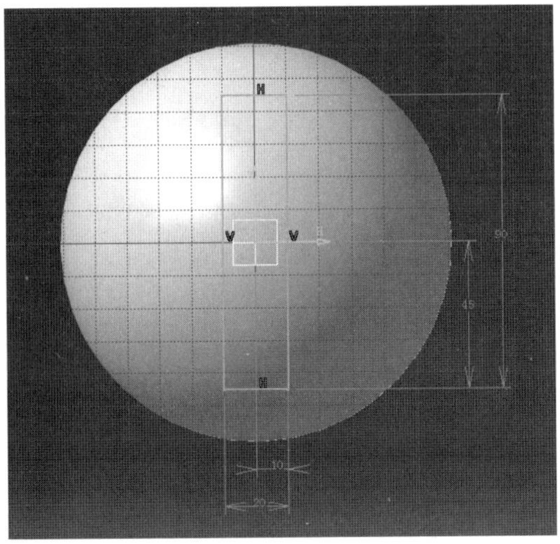

图 1-102　绘制草图

4）单击【退出草绘】按钮，退出草图绘制模式，回到创成式外形设计模式。

5）单击【多截面曲面】按钮，弹出【多截面曲面定义】对话框，如图 1-103（a）所示，选择吹风机身端口的边缘和矩形，单击【确定】按钮，绘制好的多截面曲面如图 1-103（b）所示。

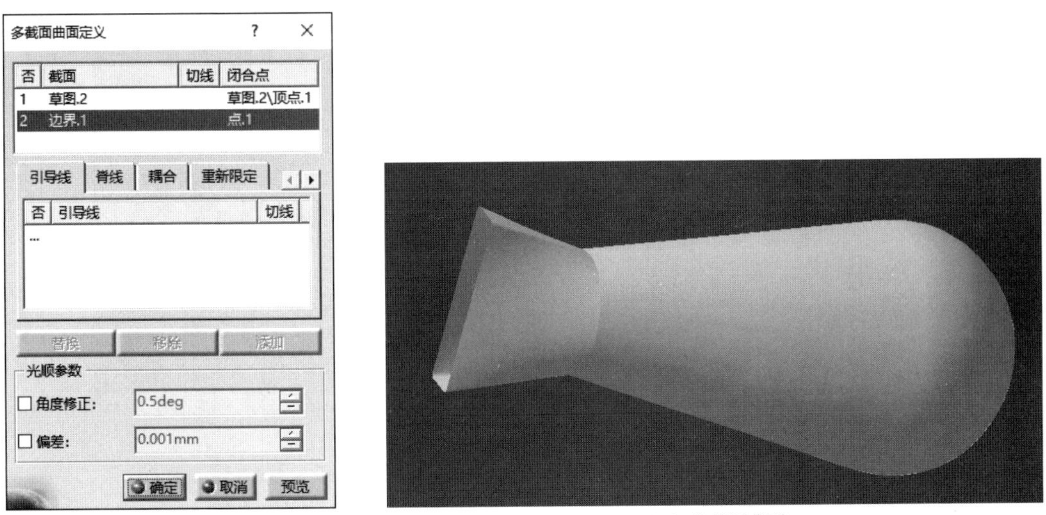

（a）【多截面曲面定义】对话框　　（b）多截面曲面

图 1-103　绘制多截面曲面

1.3.3　散热孔绘制

1）选择【yz 平面】选项，单击【草绘】按钮，进入草图绘制模式。

2）单击【圆】按钮，选择圆心和半径，绘制直径为 10mm 的圆孔。绘制草图如图 1-104 所示。

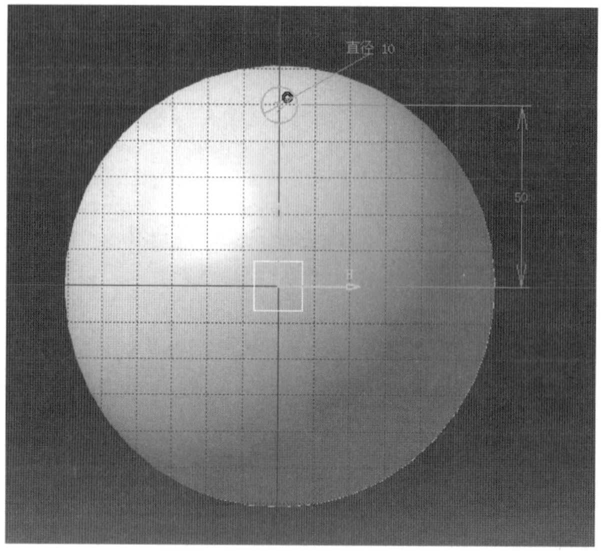

图 1-104　绘制草图

3）单击【退出草绘】按钮，退出草图绘制模式，回到创成式外形设计模式。

4）单击【投影】按钮，弹出【投影定义】对话框，如图 1-105（a）所示，投影类型选择【沿某一方向】，选择$\phi 10$作为投影对象，选择吹风机身为支持面，以 *yz* 平面作为投影方向，单击【确定】按钮，完成投影。绘制好的投影曲面如图 1-105（b）所示。

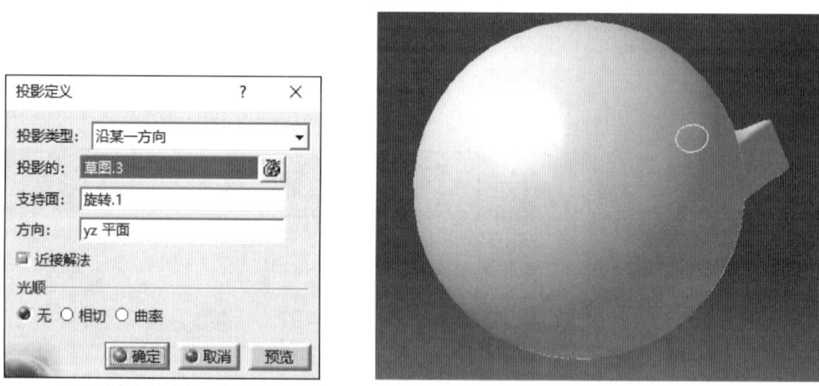

（a）【投影定义】对话框　　（b）投影曲面

图 1-105　绘制投影曲线

5）单击【分割】按钮，弹出【分割定义】对话框，如图 1-106（a）所示，选择吹风机身为要切除的元素，选择投影线为切除元素，先单击【预览】按钮（如果切割方向相反，则单击【另一侧】按钮），再单击【确定】按钮。绘制好的分割曲面如图 1-106（b）所示。

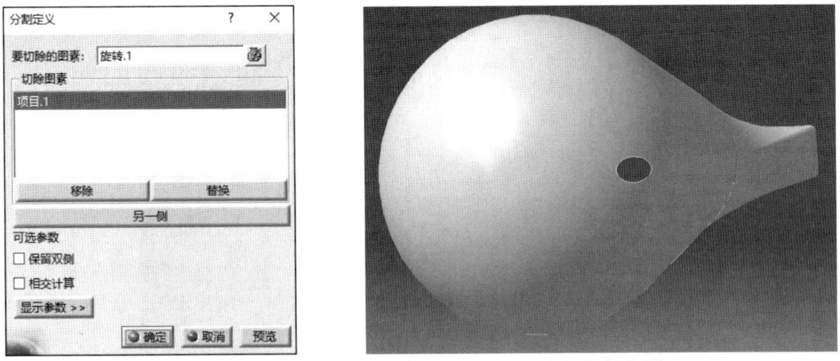

（a）【分割定义】对话框　　（b）分割曲面

图 1-106　绘制分割曲面

6）选择投影曲线，单击【圆形阵列】按钮，弹出【定义圆形阵列】对话框，如图 1-107（a）所示，设置如图 1-107（a）所示的参数，单击【确定】按钮。绘制好的圆形阵列如图 1-107（b）所示。

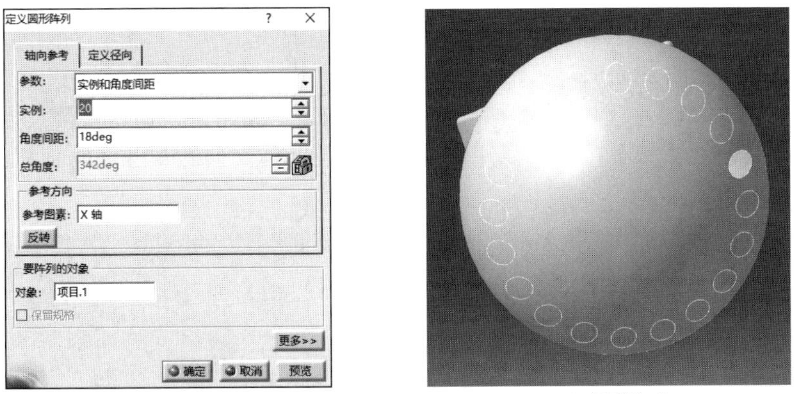

（a）【定义圆形阵列】对话框　　（b）圆形阵列

图 1-107　定义圆形阵列

7）单击【分割】按钮，弹出【分割定义】对话框，如图 1-108（a）所示，选择吹风机身为要切除的元素，选择圆形阵列线为切除元素，先单击【预览】按钮（如果切割方向相反，则单击【另一侧】按钮），单击【确定】按钮。绘制好的阵列曲面如图 1-108（b）所示。

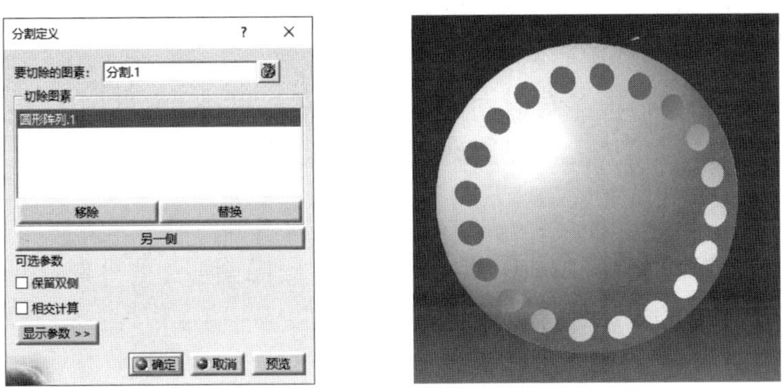

（a）【分割定义】对话框　　（b）阵列曲面

图 1-108　绘制阵列曲面

8）分割吹风机身的其他孔，结果如图 1-109 所示。

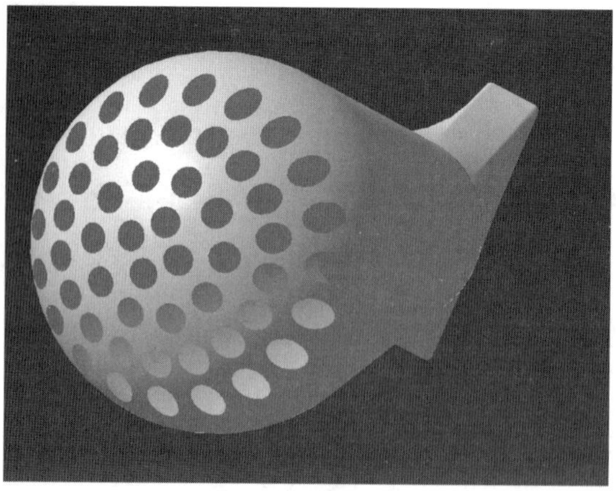

图 1-109　阵列其他孔

1.3.4　手柄绘制

1）选择【zx 平面】选项，单击【草绘】按钮，进入草图绘制模式。

2）单击【样条线】按钮，绘制样条曲线；单击【倒圆角】按钮，对两条样条曲线进行倒圆角；单击【尺寸约束】按钮，标注尺寸，双击尺寸线，修改尺寸。绘制草图如图 1-110 所示。

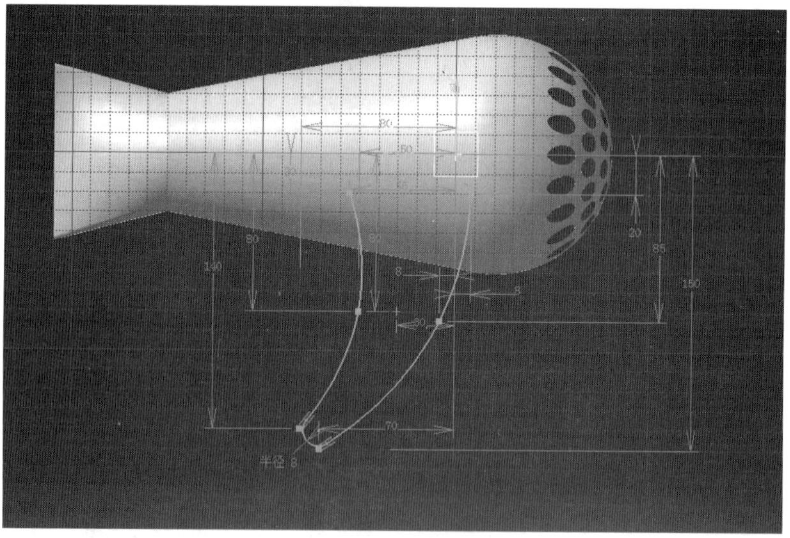

图 1-110　绘制草图

3）单击【退出草绘】按钮，退出草图绘制模式，回到创成式外形设计模式。

4）单击【平面】按钮，选择样条曲线，并选取一个端点作为参考平面。绘制平面如图 1-111 所示。

5）选取参考平面，单击【草绘】按钮，进入草图绘制模式。

6）单击【椭圆】按钮，选取长轴和短轴，绘制椭圆，如图 1-112 所示。

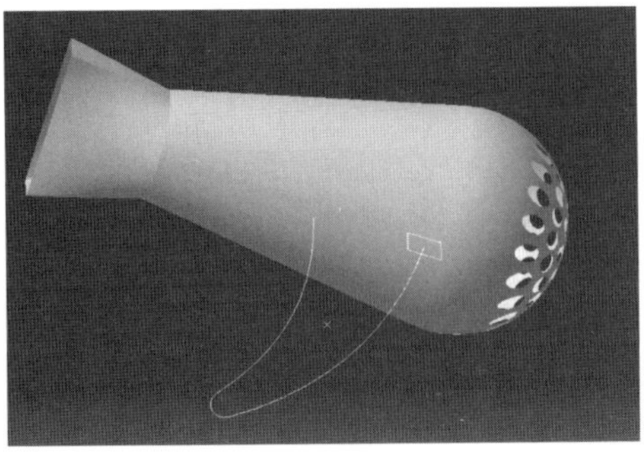

图 1-111　绘制平面

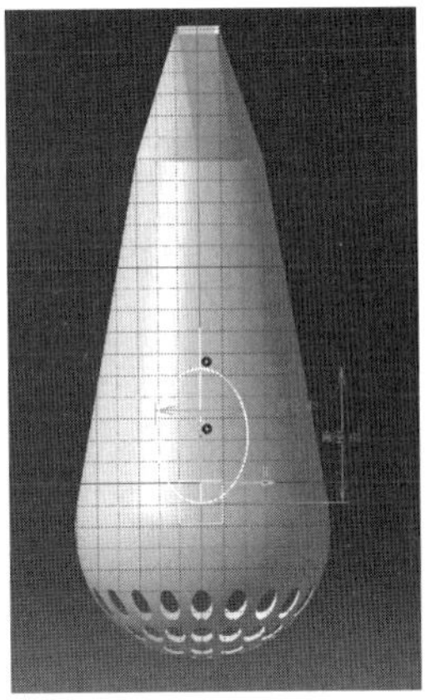

图 1-112　绘制椭圆

7）单击【退出草绘】按钮，退出草图绘制模式，回到创成式外形设计模式。

8）单击【点】按钮，弹出【点定义】对话框（图 1-113），选取椭圆，单击【确定】按钮，完成椭圆中心点的绘制。

9）单击【点】按钮，弹出【点定义】对话框，选取样条曲线，单击【确定】按钮，完成样条曲线点的绘制，如图 1-114 所示。

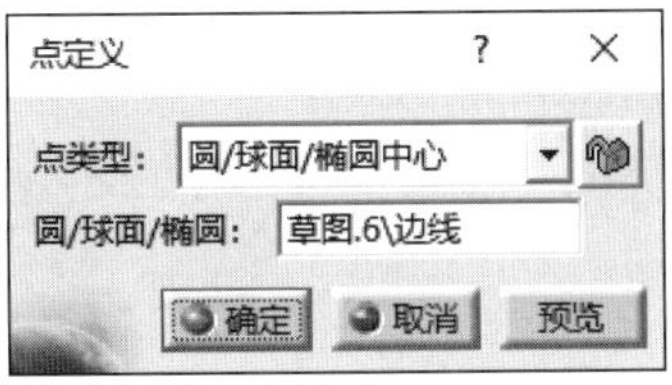

图 1-113　【点定义】对话框

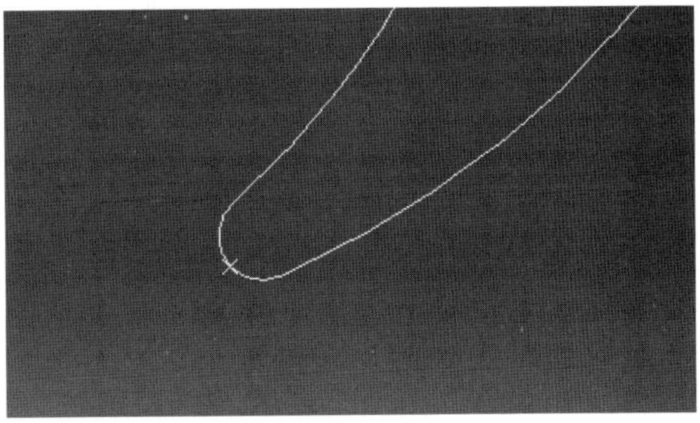

图 1-114　绘制点

10）单击【样条线】按钮，选取已知三点，绘制样条曲线，如图 1-115 所示。

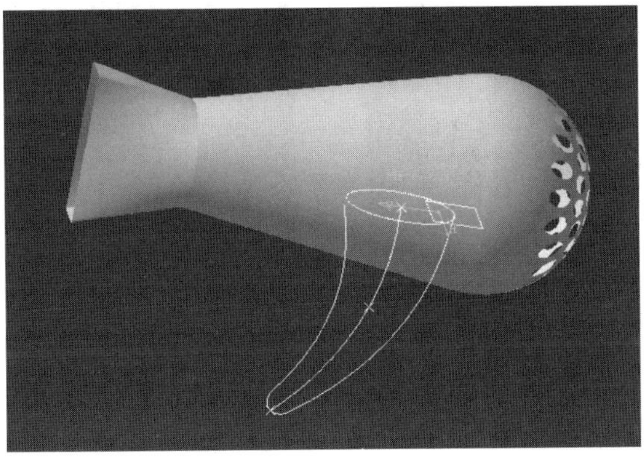

图 1-115　绘制样条曲线

11）单击【分割】按钮，选择草图中绘制的样条曲线为要切除的元素，以曲线上的点为切除元素，选择保留双侧，单击【确定】按钮，完成样条曲线的分割。

12）单击【扫掠曲面】按钮，弹出【扫掠曲面定义】对话框，设置参数如图 1-116 所示，单击【确定】按钮，完成手柄的扫掠操作，如图 1-117 所示。

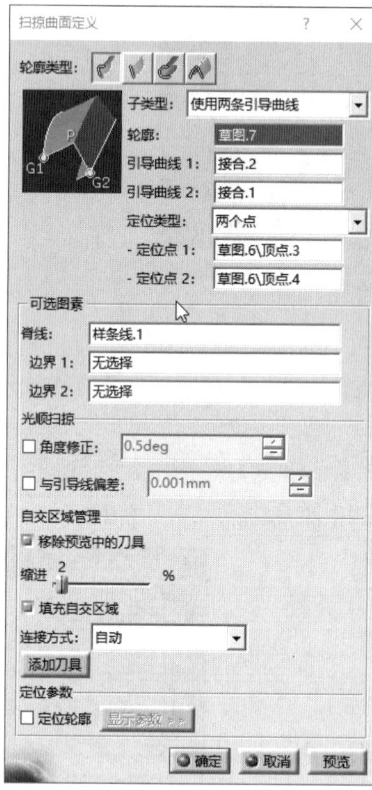

图 1-116　扫掠参数设置

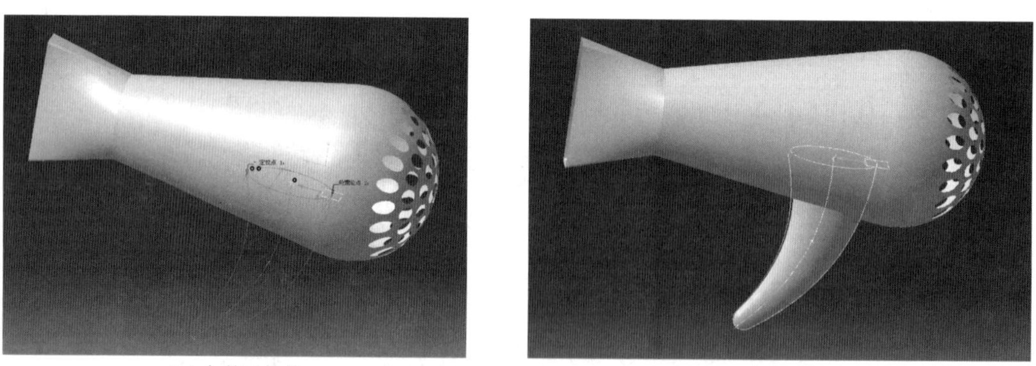

（a）扫掠手柄前　　（b）扫掠手柄后

图 1-117　扫掠手柄

13）选择曲线，右击，隐藏线条。

14）单击【分割】按钮，选择手柄为要切除的元素，以吹风机身为切除元素，单击【确定】按钮，完成手柄的分割。完成的吹风机模型如图 1-118 所示。

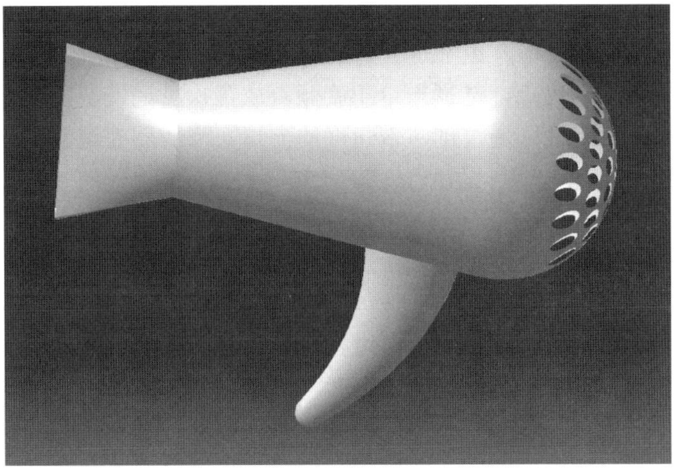

图 1-118 完成的吹风机模型

1.3.5 吹风机模型 3D 打印

1. 应用 Magics 软件进行吹风机切片

(1) 导入文件

在 Magics 中导入设计数模。

(2) 检查修复

将吹风机的数模放置在虚拟的加工平台上，打开修复向导，对零件的数模进行诊断和修复。三维数模在格式转化及软件切换过程中，会不可避免地产生一些错误，常见的错误有法向错误、间隙错误、特征丢失错误等。Magics 的修复向导功能强大，可以轻松修复翻转三角形、坏边、洞等缺陷，软件自动进行分析和修复，使之成为完好的 STL 文件。

(3) 零件摆放

单独制造的零件放置在加工平台中央即可，至于具体摆放角度和方向会根据零件结构及支撑结构来确定。

(4) 生成支撑

在快速成型制造中，大多数零件需要用到支撑。支撑的作用不仅仅是支撑零件、提供附加稳定性，更是为了防止零件变形。零件变形可能是由热应力、喷嘴温度及平台温度过高或者添加材料时刮板的横向扰动引起的，通过支撑结构，以最少的接触点完成热量传递，可以获得表面质量较好的零件，也方便零件的后处理。

Magics 有自动生成支撑的功能模块，可以自动、简单、快捷地生成支撑结构。支撑的适用性和可靠性对于零件的最终表面质量至关重要。

在生成支撑前，需要设置零件的加工方向，加工方向决定着支撑的生成，而支撑会对表面质量带来影响，这一点在光固化成型中尤为明显。首先设置的是零件的加工底面。

以吹风机较为平滑的面作为设置底面水平放置，支撑水平架构在吹风机底部。但是底部的支撑结构较薄且竖直放置，在制件取出和后处理时较难进行，不易移除，在去除支撑的过程中有破坏零件的风险。

以竖直方向放置，产生的支撑最少，有利于节省支撑材料，但是支撑相对不够稳定，可能会在加工过程中出现变形，也不是合适的选择。

综合两种放置方式的优点，选择一定角度倾斜放置吹风机模型，增加底部支撑的厚度和宽度，提高支撑的稳定性。通过创建带角度的支撑，降低后处理的复杂性。重新选好底面后自动生成支撑结构。

2．吹风机的 3D 打印

1）得到切片数据后，即可转入快速成型设备开始加工。将切片数据导入 SLA 快速成型设备。可在设备上模拟整个零件的制作过程，检查是否有不当之处以便及时修改，这样可以看到系统预估的加工时间，方便安排生产。

2）整个 SLA 快速成型过程几乎不需要人工操作，单击【开始】按钮即开始加工，设备系统界面实时反映总加工高度、当前加工高度、支撑速度、填充速度、轮廓速度及扫描线间距等参数，方便操作人员实时监控加工过程。在加工平台上，可以清晰地看到激光的扫描路线。

3）另有形象化的加工进程演示界面，直观展示当前加工状态，以便及时发现有无加工失误之处，可以及时暂停。光敏树脂经激光照射固化，层层叠加成型，最终制成产品。

4）整个快速制造过程大约持续 4h，大大节省了制造时间。快速成型的最后一步是沥干附着在表面的多余材料，转至后处理平台，等待进行去除支撑、清洗、二次固化和打磨等后处理工序。

3．吹风机的后处理

（1）去除支撑

1）吹风机的支撑包括外部的支撑和内部悬空部分的支撑。两部分的支撑都是块状支撑，整体呈蜂窝形。去除支撑前先用酒精浸泡 3～5min。外部的支撑和部分内部悬空部分的支撑只需要用手轻轻掰掉即可去除。

2）处理支撑时要戴防护手套。内部悬空部分的支撑待使用酒精清洗时边洗边去除。

（2）清洗

1）从快速成型设备上取下的产品表面附有黏腻的光敏树脂，需要进行清洗，清洗剂一般使用高纯度的工业酒精。为了节约酒精和清洗彻底，一般施行三次清洗。第一次清洗使用已多次使用过的酒精。

2）先用刷子、清洁布等对吹风机的外表面和腔体内部进行大致清洗，再用小刮刀除去内部悬空部分的支撑。

3）去除所有支撑后，再次清洗。先大致清洗表面的附着物，再换较为干净的酒精进行第二次清洗，并用小刮刀仔细地将内部悬空部分遗留的较难去除的支撑进一步去除干净。

4）再换干净的酒精进行第三次清洗。

5）清洗后用高压气枪冲刷干净。清洗剂可以循环使用，但一般不超过三次。在清洗过程中要注意相关的防护措施，避免受到伤害。

（3）二次固化

为保证树脂固化完全，有时会使用紫外线进行二次固化。把清洗干净的吹风机模型放入紫外线灯箱，固化 30～40min。

（4）打磨

固化完毕后，进行最后的打磨即可完成。打磨分为手工打磨和机器打磨：首先用砂纸进行手工打磨，对内外表面进行修整；然后用喷砂机打磨吹风机，修整手不能触到的部分，对整个吹风机进行最后的磨光。

考核评价

吹风机的造型设计与 3D 打印评价表如表 1-4 所示。

表 1-4 吹风机的造型设计与 3D 打印评价表

工作任务名称：吹风机的造型设计与 3D 打印

<table>
<tr><th>评价项目</th><th>考核内容</th><th>考核标准</th><th>配分</th><th>小组评分</th><th>教师评分</th><th>企业评分</th><th>总评</th></tr>
<tr><td rowspan="7">任务完成情况评定（80 分）</td><td>任务分析</td><td>正确率为 100%得 5 分；
正确率为 80%得 4 分；
正确率为 60%得 3 分；
正确率小于 60%得 0 分</td><td>5</td><td></td><td></td><td></td><td></td></tr>
<tr><td>建模</td><td>操作规范、熟练得 10 分；
操作规范、不熟练得 5 分；
操作不规范得 0 分</td><td>10</td><td></td><td></td><td></td><td></td></tr>
<tr><td>数据处理</td><td>参数设置正确得 20 分；
参数设置不正确得 0 分</td><td>20</td><td></td><td></td><td></td><td></td></tr>
<tr><td rowspan="2">打印成型</td><td>操作规范、熟练得 10 分；
操作规范、不熟练得 5 分；
操作不规范得 0 分</td><td rowspan="2">30</td><td></td><td></td><td></td><td></td></tr>
<tr><td>加工质量符合要求得 20 分；
加工质量不符合要求得 0 分</td><td></td><td></td><td></td><td></td></tr>
<tr><td rowspan="2">后处理</td><td>处理方法合理得 5 分；
处理方法不合理得 0 分</td><td rowspan="2">15</td><td></td><td></td><td></td><td></td></tr>
<tr><td>操作规范、熟练得 10 分；
操作规范、不熟练得 5 分；
操作不规范得 0 分</td><td></td><td></td><td></td><td></td></tr>
<tr><td rowspan="4">职业素养（20 分）</td><td>劳动保护</td><td>按规范穿戴防护用品</td><td rowspan="4">每违反一次，扣 5 分，扣完为止</td><td></td><td></td><td></td><td></td></tr>
<tr><td>纪律</td><td>不迟到、不早退、不旷课等</td><td></td><td></td><td></td><td></td></tr>
<tr><td>表现</td><td>积极、主动、互助、负责、有改进精神等</td><td></td><td></td><td></td><td></td></tr>
<tr><td>6S 规范</td><td>符合 6S 管理要求</td><td></td><td></td><td></td><td></td></tr>
<tr><td>总分</td><td colspan="7"></td></tr>
<tr><td>学生签名</td><td></td><td>教师签名</td><td colspan="2"></td><td colspan="2">日期</td><td></td></tr>
</table>

注：6S 规范指整理（seiri）、整顿（seiton）、清扫（seiso）、清洁（seiketsu）、素养（shitsuke）、安全（safety）六个项目，因均以“S”开头，故简称 6S。

自主练习

绘制如图 1-119 所示的茶壶。

图 1-119　茶壶

项目2 风扇的逆向设计与 3D 打印

◎ 项目导读

某公司要求逆向重构一款风扇，并采用 3D 打印的方式将其打印出来，以方便检验和测试，经研究决定利用 LCD（liquid crystal display，液晶显示）技术进行 3D 打印。风扇结构相对简单，但需要较为光滑的表面，因此选择 LCD 的 3D 打印方法来进行模型制造。

◎ 知识目标

1．熟悉逆向工程的工作流程。
2．理解 LCD 技术原理。

◎ 能力目标

1．能阅读任务单，准确理解工作任务。
2．能应用 CATIA 软件绘制风扇的三维模型。
3．能应用 Magics 软件进行数据处理。
4．能正确操作 LCD 设备打印风扇。
5．能进行 LCD 产品后处理。

◎ 素养目标

1．培养专注、细致、严谨、负责的工作态度。
2．树立规则意识、效率意识，规范操作、讲求实效。

视频：重构风扇模型（一）

视频：重构风扇模型（二）

2.1 工作任务：风扇项目团队与任务单

2.1.1 组建团队及任务分工

组建团队及任务分工如表 2-1 所示。

表 2-1 组建团队及任务分工

团队名称	团队成员	工作任务

2.1.2 发放任务单

任务单如表 2-2 所示。

表 2-2 任务单

产品名称	风扇	编号		时间	5 天
序号	零件名称	规格	图形	数量/件	设计要求
1	风扇		根据客户要求绘制三维图	1	（1）准确绘制风扇三维模型； （2）完成风扇模型的 3D 打印
2					
备注	请在指定时间内完成		完成日期		
生产部意见			日期		

2.2 知识准备：逆向工程关键技术与应用

逆向工程（reverse engineering，RE）目前已应用于产品的复制、仿制、改进及创新设计，是消化吸收先进技术和缩短产品设计开发周期的重要支撑手段，广泛应用于机械、航空航天、汽车、医疗、艺术、文物保护等领域。本项目通过阐释逆向工程的定义、工作流程、关键技术、常用软件、应用领域、发展趋势等，使读者对逆向工程有整体的认识。

2.2.1　逆向工程的定义

传统的产品设计通常先进行概念设计生成图样，再制造出产品，其流程为构思—设计—产品，称之为正向设计。产品的逆向设计则先根据零件或原型生成图样，再制造出产品。

逆向工程也称反求工程、反向工程，其思想最初来自从油泥模型到产品实物的设计过程。逆向工程并不是简单意义的仿制，而是以设计方法学为指导，以现代设计理论、方法、技术为基础，运用各种专业人员的设计经验、知识和创新思维，对已有产品进行解剖、分析、重构和再创造的过程。

广义的逆向工程包括几何形状逆向、工艺逆向和材料逆向等诸多方面，是一个复杂的系统工程。目前，大多数有关逆向工程的研究和应用集中在几何形状逆向上，即重构产品实物的 CAD 模型和完成最终产品的制造，又被称为实物逆向工程。

目前，实物逆向工程已成为 CAD/CAM 领域的一个研究热点，并发展成为一个相对独立的领域。在这一意义下，可将逆向工程定义为：将实物转变为 CAD 模型的相关的数字化技术、几何模型重构技术和产品制造技术的总称。

2.2.2　逆向工程的工作流程

逆向工程的工作流程可分为数据采集、数据处理、模型重构和实物制造几个阶段，如图 2-1 所示。

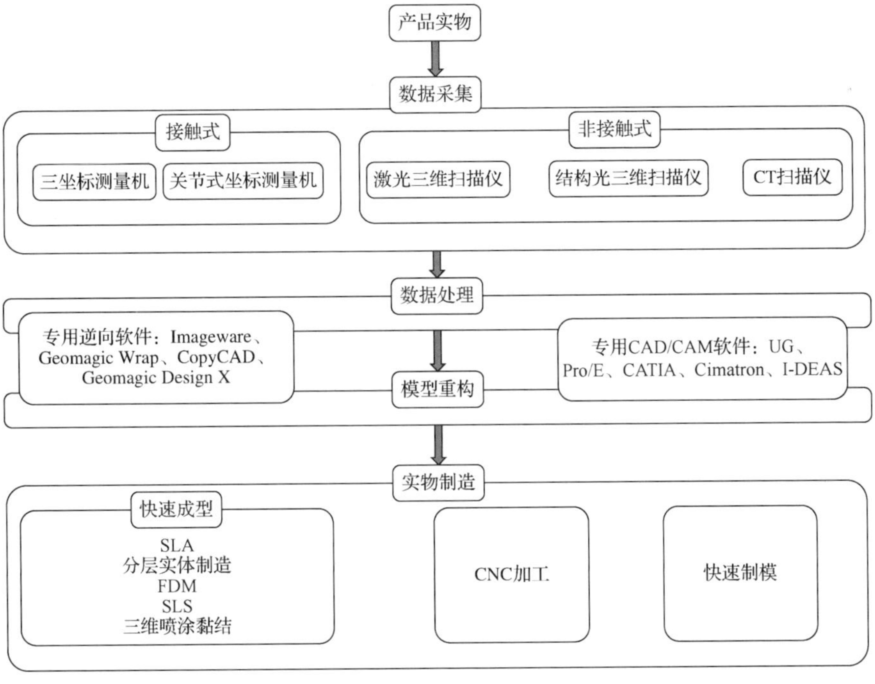

图 2-1　逆向工程的工作流程

1. 数据采集

数据采集是逆向工程的第一步，也是后续工作的基础。数据采集设备的方便快捷、操作的简易程度、数据的准确性与完整性是衡量测量设备的重要指标，也是保证后续工作高质量完成的重要前提。

目前产品表面三维数据的获取主要通过三维测量技术实现，通常采用三坐标测量机（coordinate measuring machine，CMM）、激光三维扫描仪、拍照式三维扫描仪等装置来获取产品的三维表面坐标值。

产品的三维数据采集是基础，采集数据的好坏直接影响到原型CAD模型重构的质量。

2. 数据处理

通过三维扫描仪、三坐标测量机得到的测量坐标点数据，在CAD模型重构之前必须进行格式转换、噪声滤除、平滑、对齐、合并、插值补点等一系列的数据处理。

对于海量的复杂点云数据还要进行数据精简，按测量数据的几何属性进行数据分割处理，采用与几何特征匹配的方法获取样件原型所具有的设计和加工特征。

1）杂点删除。由于在测量过程中常需要一定的支撑或夹具，在进行非接触光学测量时，会把支撑或夹具扫描进去，这些都是扫描体外的杂点，需要删除。

2）多视角数据拼合。无论是接触式还是非接触式的测量方法，要获得样件表面所有的数据，都需要进行多方位扫描，得到不同坐标下的多视角点云。多视角数据拼合就是把不同视角的测量数据对齐到同一坐标系下，从而实现多视角数据的合并。数据对齐方式一般有扫描过程中自动对齐和扫描后通过手动注册对齐，如果是扫描过程中自动对齐，则一般在扫描件表面贴上专用的拼合标记点。数据扫描设备自带的扫描软件一般有多视角数据拼合的功能。

3）数据简化。当测量数据的密度很高时，光学扫描设备常会采集到几十万、几百万甚至更多的数据点，存在大量的冗余数据，严重影响后续算法的效率，因此需要按一定要求减少数据量，即数据简化。

4）数据填充。被测实物本身的几何拓扑原因或者在扫描过程中受到其他物体的阻挡，导致存在部分表面无法测量，以及所采集的三维点云数据存在缺损的现象，因而需要对数据进行填充。

5）数据平滑。实物表面粗糙或者在扫描过程中发生轻微震动等，导致扫描的数据中包含一些噪声点。这些噪声点将影响曲面重构的质量。通过数据平滑处理，可提高数据的光滑程度，改善曲面重构质量。

3. 模型重构

模型重构是在获取了处理好的测量数据后，首先根据数据对各面片进行曲面拟合，然后在面片间求交、拼接和匹配，使之成为连续光顺的曲面，从而获得样件原型CAD模型的过程。三维模型的重构是后续处理的关键步骤，要完成这一步骤，设计人员不仅需要熟练掌握软件的操作，还需要熟悉逆向造型的方法步骤，并且要洞悉产品原设计人员的设计思路，在此基础上有所创新，结合实际情况进行造型。

4．实物制造

三维数据模型重构完成以后，可以采用三种方法进行实物制造：快速成型制造、2D 图纸加工或者无图纸加工、快速制模。实物制造是将 CAD 模型转化为产品实物的途径，也是逆向工程中最关键的环节，其能够充分发挥逆向工程系统的优势，拓宽其应用领域。

在逆向工程中，数据采集是基础，也是逆向工程整个过程的首要前提，是其余各阶段工作的重要保证，因为测量数据的好坏直接影响到原型 CAD 模型重构的质量。数据处理是关键，从测量设备获取的点云数据不可避免地会带入误差和噪声，而且数据量庞大，只有通过数据处理才能提高精度和曲面重构的算法效率。模型重构是整个过程中最复杂的一环，是后续产品加工制造、工程分析和产品再设计等的基础。

2.2.3　逆向工程的数据采集技术

数据采集是指通过特定的测量方法和设备，将物体表面形状转换成几何空间坐标点，从而得到逆向建模及尺寸评价所需数据的过程。选择快速而精确的数据采集系统，是实现逆向设计的前提条件，它在很大程度上决定了所设计产品的最终质量，以及设计的效率和成本。常见的数据采集系统有多种形式，其采集原理不同，所能达到的精度、数据采集的效率及投入的成本也不同，一般需要根据所设计产品的类型做出相应的选择。

根据采集时测头是否与被测量零件接触，可将采集方法分为接触式和非接触式两大类。接触式数据采集方法根据所配测头的类型不同，又可以分为触发式和连续扫描式等类型。非接触式数据采集方法则与光学、声学、电磁学等多个领域有关，根据其工作原理不同，可分为光学式和非光学式两种。前者包括激光三角法、结构光法、图像分析法等，后者则包括 CT 测量法、磁共振成像（magnetic resonance imaging，MRI）测量法、逐层切削扫描法等。数据采集方法如图 2-2 所示。

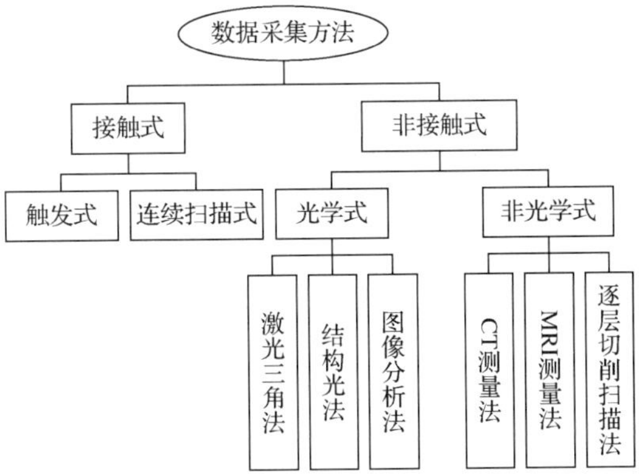

图 2-2　数据采集方法

1．接触式数据采集方法

接触式数据采集方法通过传感测量设备与样件的接触来记录样件表面的坐标位置，主要用于基于特征的 CAD 模型的检测，特别是对仅需少量特征点的由规则曲面模型组成的实物进行测量与检测。该类方法的优点是测量数据不受样件表面光照、颜色及曲率因素的影响，物体边界的测量相对精确，测量精度高；缺点是逐点测量，测量速度慢，不能测量软质材料和超薄型物体，对曲面上探头无法接触的部分不能进行测量，应用范围受到限制，测量过程需要人工干预，接触力大小会影响测量值，测量前后须做测头半径补偿等。接触式数据采集方法主要包括触发式数据采集方法和连续扫描式数据采集方法。

（1）触发式数据采集方法

当采样测头的探针刚好接触样件表面时，探针尖因受力而产生微小变形，触发采样开关，使数据系统记录下探针尖的即时坐标，逐点移动，直到采集完样件表面轮廓的坐标数据。触发式数据采集方法一般适用于样件表面形状检测，或需要数据较少的表面数字化。

（2）连续扫描式数据采集方法

利用测头探针的位置偏移所产生的电感或电容的变化，进行机电模拟量的转换。当采样探头的探针沿样件表面以一定速度移动时，就会发出对应各坐标位置偏移量的电流或电压信号。连续扫描式数据采集方法适用于生产车间环境的数字化，它能保证在较短的测量时间内实现最佳的测量精度。

2. 接触式数据采集设备

在接触式数据采集设备中，三坐标测量机是应用最为广泛的一种设备。

1）三坐标测量机的组成。该设备主要由工作台、移动桥架、中央滑台、轴、测头、电子系统，以及相应的计算机数据处理系统组成，如图 2-3 所示。

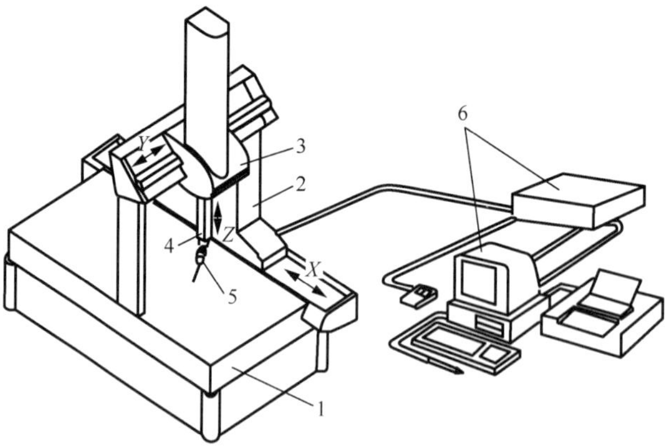

1—工作台；2—移动桥架；3—中央滑台；4—轴；5—测头；6—电子系统。

图 2-3　三坐标测量机的组成

2）三坐标测量机的工作原理。该设备在三个方向上均装有高精度的光栅尺和读数头，首先使电气控制系统沿相应的导轨方向移动，通过测头对被测零件进行接触或扫描，从而达到数据采集的目的；然后通过相应的软件处理，完成零部件的测量或扫描工作。三坐标测量机的通用性强，只要测量机的测头能够接触或感受到的地方，就可准确地测量出它们的几何尺寸和相互位置关系。

3）三坐标测量机的主要机型。该设备的主要机型有桥式测量机、龙门式测量机、关节臂式测量机等，如图 2-4 所示。

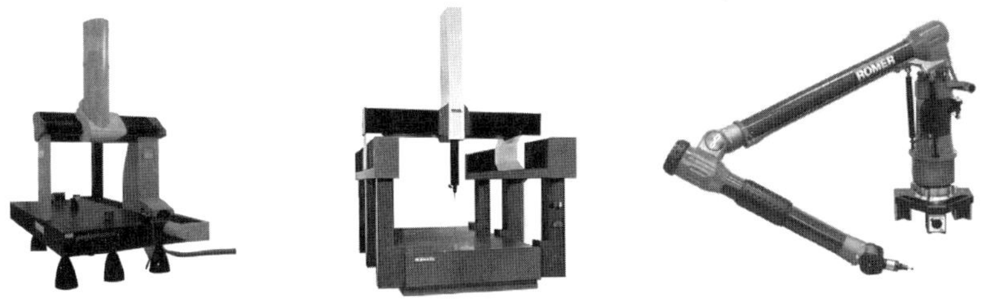

（a）桥式测量机　（b）龙门式测量机　（c）关节臂式测量机

图 2-4　三坐标测量机的主要机型

桥式测量机承载力较大，开放性较好，精度较高，是目前中小型测量机的主要结构形式。龙门式测量机一般作为大中型测量机，要求有好的地基，并且结构稳定、刚性好。关节臂式测量机使用灵活，移动方便。

4）三坐标测量机的测头系统。测头系统是测量机的核心部件，能确保测量机的精度达到 0.1μm。测头系统包括测座、测头、测针三部分。测座分为手动、机动和全自动三种类型；测头分为触发式和扫描式两种类型；测针有各种类型，如针尖、球头、星形等。大部分工件的精密测量使用触发式测头。测头回转如图 2-5 所示。

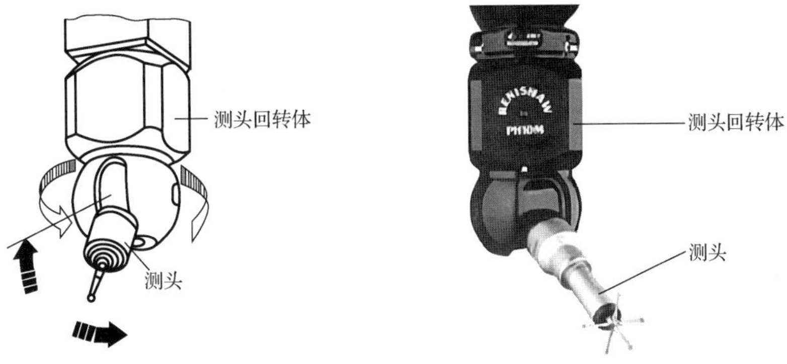

（a）二维测头回转示意图　（b）PH10M测头回转实物照片

图 2-5　测头回转

5）三坐标测量机的计算机数据处理系统。从功能上分，该设备的计算机数据处理系统主要包括通用测量模块、专用测量模块、统计分析模块和补偿模块。通用测量模块的作用是完成整个测量系统的管理，包括测头的校正、坐标系的建立与转换、几何元素的测量、几何公差的评价、文本检测报告的输出。专用测量模块一般包括齿轮测量模块、凸轮测量模块和叶片模块。统计分析模块一般用于工厂，既可以对一批工件测量结果的平均值、标准偏差、变化趋势、分散范围、概率分布等进行统计分析，又可以对加工设备的能力和性能进行分析。补偿模块包括半径补偿模块、垂直度误差补偿模块等，主要用于误差补偿以提高测量精度。

6）三坐标测量机的操作流程。三坐标测量机可以实现工件的高精度全尺寸检测，在测量前需要根据被测工件的尺寸选取合适的测针。针对待测量的元素，如面、圆、圆柱、球体、键槽等，应根据实际需要测量相应的几何量，并进行公差评价与报告输出。三坐标测量机的操作流程如图 2-6 所示。

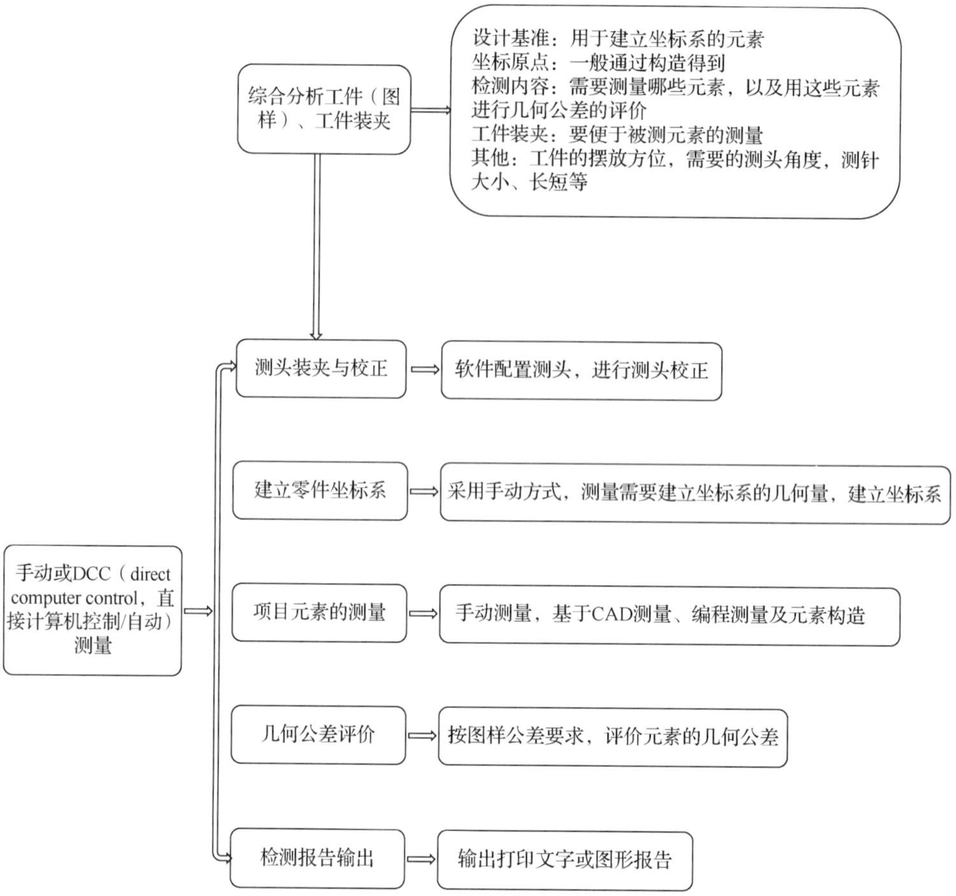

图 2-6　三坐标测量机的操作流程

3．非接触式数据采集方法和设备

非接触式数据采集方法具有高效性和广泛的适用性，并且克服了接触式数据采集方法的一些缺点，因此在逆向工程领域的应用和研究日益广泛。非接触式数据采集设备利用某种与物体表面发生互相作用的物理现象，如光、声和电磁等，来获取物体表面的三维坐标信息。在非接触式数据采集方法中，以应用光学原理发展起来的测量方法应用最为广泛，如激光三角法、结构光法等。由于其测量迅速、不与被测物体接触、具有能测量柔软质地物体等优点，越来越受到人们的欢迎。

（1）激光三角法

激光三角法根据光学三角测距原理，利用光源和光敏元件之间的位置和角度关系来计算被测物体表面点的坐标数据。首先用一束激光以某一角度聚焦在被测物体表面，然后从另一角度对物体表面上的激光进行光斑成像。物体表面激光照射点的位置高度不同，所接受散射或反射光线的角度也不同，用 CCD（charge coupled device，电荷耦合元件）光学探测器测出光斑像的位置，就可以计算出主光线的角度，从而计算出物体表面激光照射点的位置高度。当物体沿激光线方向发生移动时，测量结果将发生改变，从而实现用激光测量物体的位移。激光三角法原理如图 2-7 所示。

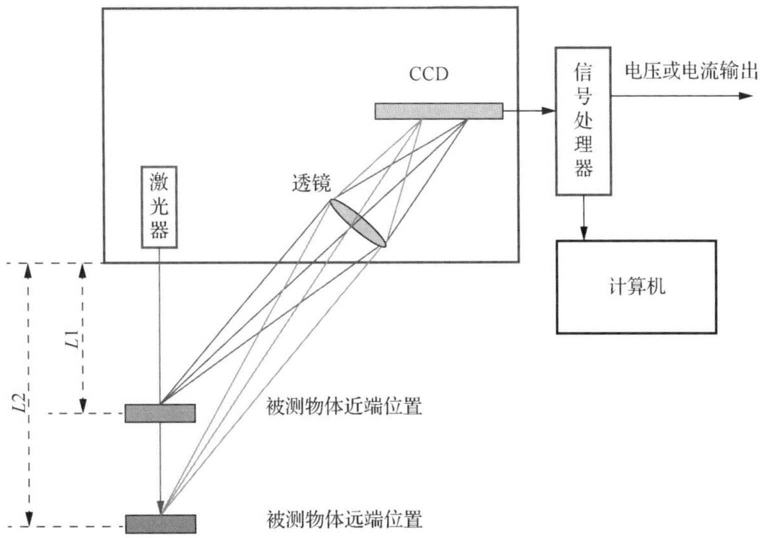

图 2-7　激光三角法原理

采用激光三角法制造的典型设备是手持式激光扫描仪，如图 2-8 所示。

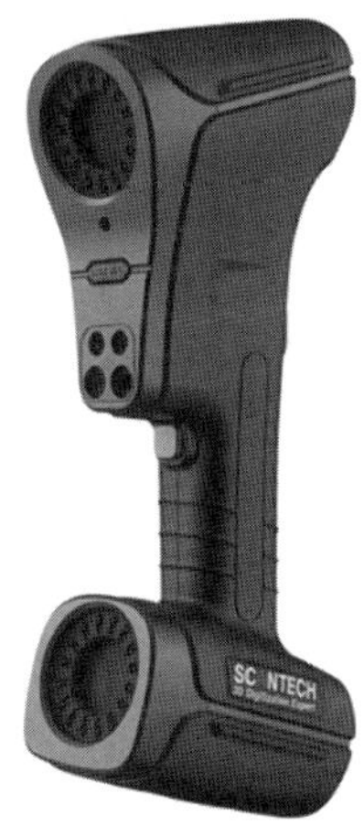

图 2-8　手持式激光扫描仪

（2）结构光法

结构光法是采用集结构光技术、相位测量技术、计算机视角技术于一身的复合三维非接触式测量技术。结构光法采用的是拍照式三维扫描技术，它是一种结合相位和立体视觉的技术，在物体表面投射光栅，用两架摄像机拍摄发生畸变的光栅图像，利用编码光和相移方法获得左右摄像机拍摄图像上每个点的相位。利用相位和外极线实现两幅图像上的点的匹配，计算点的三维空间坐标，以实现物体表面三维轮廓的测量。结构光法原理如图 2-9 所示。

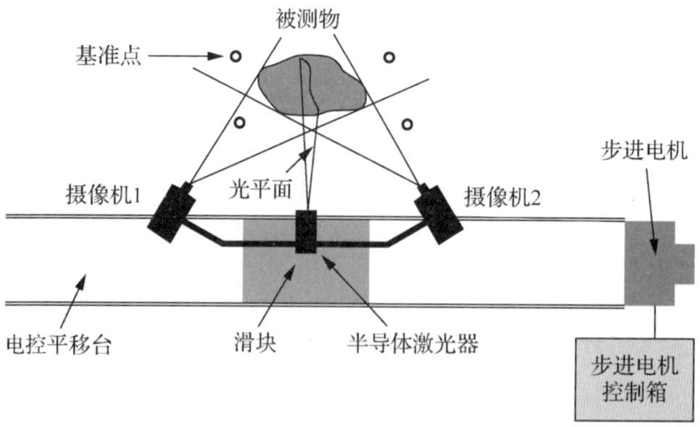

图 2-9　结构光法原理

基于结构光法的扫描设备是目前测量速度和精度最高的扫描测量系统，分区测量技术的进步，使光栅投影测量的范围不断扩大，成为目前逆向测量领域中使用最广泛和最成熟的测量系统。采用结构光法制造的典型设备是拍照式三维扫描仪，如图 2-10 所示。

图 2-10　拍照式三维扫描仪

拍照式三维扫描仪的关键部分包括光栅发射器（用于投射光栅）、CCD 相机（用于拍摄图像）、三脚架（用于安装、固定扫描仪）。

拍照式三维扫描仪的特点如下。

1）扫描精度高、数据量大，在光学扫描过程中可产生极高密度的数据。

2）速度快，单面扫描时间只需要几秒。

3）非接触式扫描，适合任何类型的物体，除可以覆盖接触式扫描的使用范围外，还可以用于对柔性、易碎物体的扫描，以及难于接触或不允许接触的扫描场合。

4）测量过程中可实时显示摄像机拍摄的图像和得到的三维数据结果，具有良好的软件界面。

5）测量结果可输出 ASC 点云文件格式，与相关软件配合，可得到 STL、IGES、OBJ、DXF 等各种数据格式。

6）使用方便，操作简单，对操作人员的技术要求较低。

（3）图像分析法

图像分析法指将一定模式的光照射到被测物体的表面，摄取反射光的图像，通过匹配确定物体上的一点在两幅图像中的位置，由视差计算距离。此种方法的缺点是不能精确地描述复杂曲面的三维形状。

（4）CT 测量法

CT 测量法指通过对产品实物进行层析扫描，获得一系列断层图像切片和数据。通过切片和数据提供的工件截面轮廓及其内部机构的完整信息，可以测量物体表面、内部和隐藏结构特征。工业 CT 是目前最先进的非接触式数据采集方法，已在航空航天、军事工业、核能、石油、电子、机械、考古等领域广泛应用。它的缺点是空间分辨率较低，获得数据需要较长的积分时间，重构图像计算量大、造价高等。

（5）MRI 测量法

MRI 测量法指首先用磁场来标定物体某层面的空间位置，然后用射频脉冲序列照射，当被激发的核在动态过程中自动恢复到静态场的平衡时，把吸收的能量发射出来，利用线圈来检测这种信号并输入计算机，经过处理转换，在屏幕上显示图像。此种方法可以深入物体内部测量且不破坏物体，对工件没有损坏，但仪器造价高，空间分辨率不及 CT 测量法，目前仅适用于生物材料的测量。

（6）逐层切削扫描法

逐层切削扫描法指以极小的厚度逐层切削实物，获得一系列断面图像数据，利用数字图像处理技术进行轮廓边界提取后，再经过坐标标定、边界跟踪等处理得到截面上各轮廓点的坐标值。逐层切削扫描法是目前断层测量精度最高的方法，但此种方法会破坏被测实物。

4. 接触式与非接触式数据采集设备对比

逆向设计中常用的接触式与非接触式数据采集设备对比如表 2-3 所示。

表 2-3　接触式与非接触式数据采集设备对比

设备	方法	优点	缺点
三坐标测量机	接触式	精确度高；可直接测量工件的特定几何特性	速度慢；须进行半径补偿；接触力大小影响测量值；接触力造成工件及探头表面磨损
光学扫描仪	非接触式	速度快；不必做探头半径补偿；无接触力，不伤害精密零件表面，可测量柔软工件等	精度一般；陡峭面不易测量，激光无法照射到的地方便无法测量；工件表面明暗程度会影响测量的精度
断层扫描仪	非接触式（破坏）	可以测量具有内腔及其他可测量性较差的样件	要破坏被测物体
工业 CT 测量机	非接触式（不破坏）	可以进行物体内部结构与外形轮廓的测量	测量精度很低，一般在 0.1mm 数量级；设备价格昂贵

各种数据采集设备都有一定的局限性。因此，选择设备时必须注意如下几点。

1）设备整体精度是否可以满足要求。

2）测量速度是否足够快，工作效率是否足够高。

3）测量时是否只有借助其他工具（如标记点、显影剂）才能测量。

4）操作的方便性，是否对操作人员要求较高。

5）要考虑投入成本及后期维护的成本。

6）是否只有对产品进行破坏才能完成全部数据的测量。

7）数据输出的格式与其他后续处理软件的接口是否完整。

综合考虑产品的自身特性、精度要求、制造材质等多项因素之后，在满足使用要求的基础上对设备进行合理的评估和选择。基于自身特点，集成各种数字化方法和传感器，以便扩大测量对象和逆向工程的应用范围，提高测量效率并保证测量精度，已成为国内外研究的趋势和重点。

2.2.4　逆向工程的数据处理技术

随着逆向工程及其相关技术理论研究的深入，其成果的商业化应用也逐渐受到重视，而逆向工程应用的关键是开发专用的逆向工程软件及结合产品结构设计软件。

Geomagic Wrap 软件由美国 Raindrop（雨滴）公司出品，2013 年被 3D Systems 收购。该软件拥有强大的点云处理能力，能够轻易地根据扫描所得的点云数据创建完美的多边形模型和网格，并可自动转换成非均匀有理 B 样条（non-uniform rational B-spline，NURBS）曲面，可直接用于 3D 打印、制造、艺术和工业设计等方面。

Geomagic Wrap 软件是除 Imageware 外应用最为广泛的逆向工程软件，是目前市面上进行点云处理与三维曲面构建功能最强大的软件。Geomagic Wrap 软件界面如图 2-11 所示。鼠标应用如图 2-12 所示。

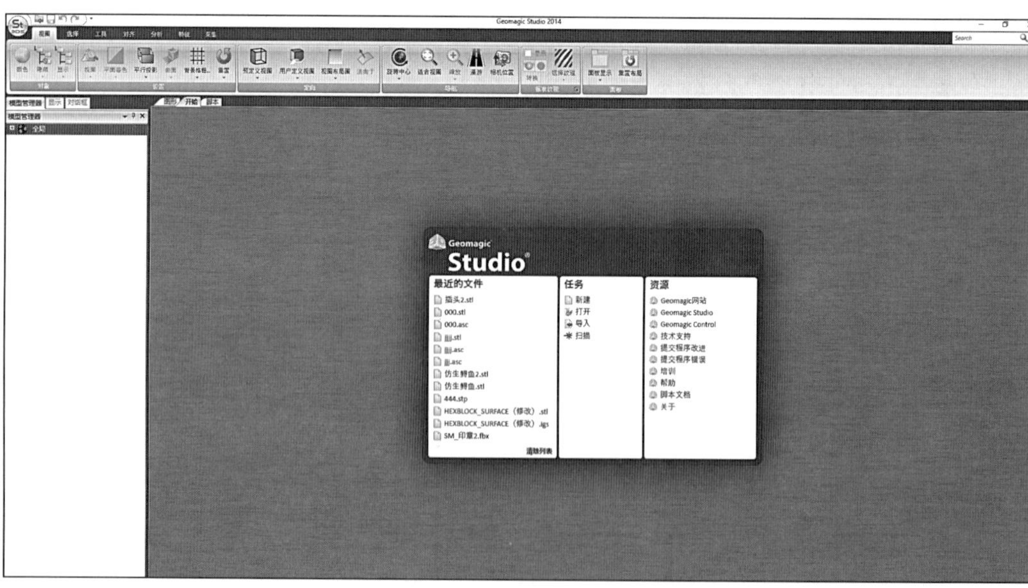

图 2-11　Geomagic Wrap 软件界面

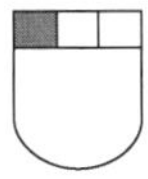	左键	在图形区域的活动对象上选择区域
	Ctrl+左键	取消选择区域
	Alt+左键	移动光源
	Shift+左键	激活模型（当同时处理几个模型时）
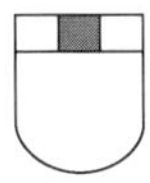	滚轮或中建	缩放
	Ctrl+中键	设置多个激活模型（必须是同样的数据类型）
	Alt+中键	平移
	Shift+Ctrl+中键	在当前平面上移动模型
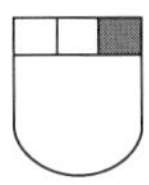	右键	右击获得快捷菜单
	Ctrl+右键	旋转
	Alt+右键	平移
	Shift+左键	缩放

图 2-12　鼠标应用

Geomagic Wrap 软件提供了四大数据模块，包括基础模块、点处理模块、多边形处理模块、精确曲面模块。Geomagic Wrap 软件的工作流程如图 2-13 所示。

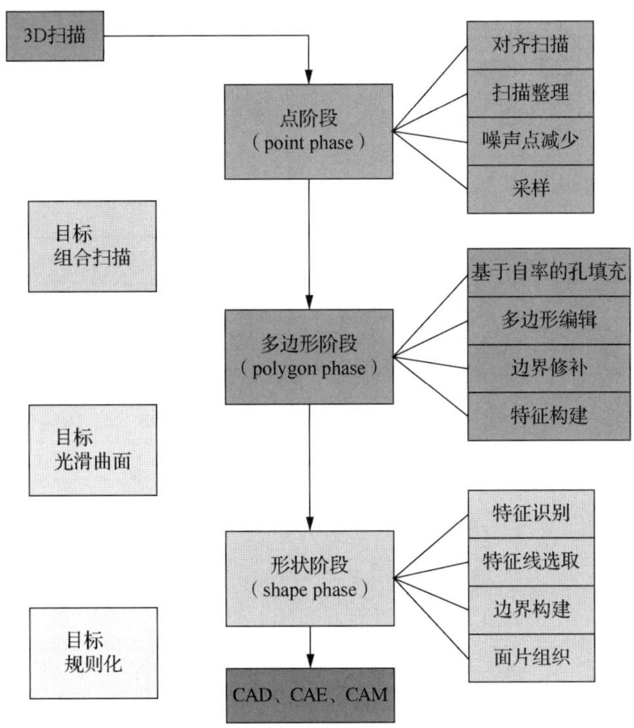

图 2-13　Geomagic Wrap 软件的工作流程

注：CAE 的英文全称为 computer aided engineering，即计算机辅助工程。

1. 基础模块

基础模块的主要作用：提供基础操作环境，包括文件保存、显示控制、数据结构等。

2．点处理模块

点处理模块的主要作用：优化扫描数据（去除体外孤点、减少噪声等）；拼接多个扫描数据；降低数据密度；将扫描数据封装成三角面片。

3．多边形处理模块

多边形处理模块的主要作用：清除、删除钉状物，减少噪点光顺三角网格；减少三角面片数目；自动填充模型中的孔，并清除不必要的特征；加厚、抽壳、偏移三角网格；创建、编辑边界。

4．精确曲面模块

精确曲面模块的主要作用：自动拟合曲面；编辑处理轮廓线；构建曲面片，并对曲面片进行移动、松弛等处理。

Geomagic Wrap 软件常用图标如表 2-4 所示。

表 2-4　Geomagic Wrap 软件常用图标

序号	图标	说明
1	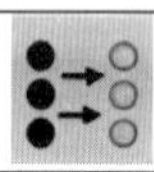	着色：为了更加清晰、方便地观察点云的形状，对点云进行着色
2	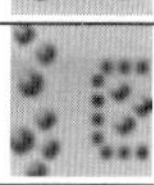	选择断开组件连接：同一物体上具有一定数量的点形成点群，并且彼此间分离
3		选择体外弧点：选择与其他绝大多数的点云具有一定距离的点。（敏感性：低数值选择远距离点，高数值选择的范围接近真实数据）
4	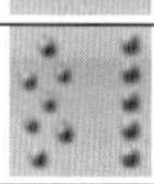	减少噪声：由于逆向设备与扫描方法的不同，扫描数据存在系统差和随机误差，其中有一些扫描点的误差比较大，超出允许的范围，这就是噪声点
5	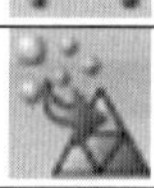	封装：对点云进行三角面片化
6	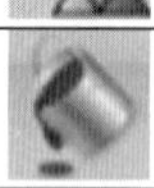	填充孔：修补因点云缺失而造成的漏洞，可根据曲率趋势补好漏洞
7		去除特征：选择有特征的区域，应用该图标可以去除特征，并使该区域与其他部位形成光滑的连续状态
8		网格医生：集成了删除钉状物、补洞、去除特征、开流形等功能，对于简单数据能够快速处理完成

2.2.5　逆向工程的模型重构技术

实物的三维 CAD 模型重构是整个逆向工程过程中最关键、最复杂的一环，因为后续的模具设计、数控加工、快速原型制造、虚拟制造仿真、CAE 分析和产品的再设计等应用都需要 CAD 数学模型的支持，这些应用都不同程度地要求重构的 CAD 模型能准确地还原实物样件。产品模型重构的精度受两个因素的影响：一是设备硬件，包括数字化设备和造型软件；二是操作人员（包括测量和造型人员）的经验。整个环节具有工作量大、技术性强的特点。目前，成熟的模型重构方法可根据数据类型、数据来源、造型方式分类：按数据类型，可分为有序点的重构和散乱点的重构；按数据来源，可分为基于 CMM 的重构、基于激光点云的重构、基于 CT 数据的重构和基于光学测量数据的重构；按造型方式，可分为基于曲线的模型重构和基于曲面的直接拟合。

1. 曲线拟合

曲线是构建曲面的基础，在逆向工程中，对于给定的一组型值点，如果构造出的曲线偏离原始型值点，则称之为逼近或拟合。样条曲线是一条通过一系列型值点的曲线，但让样条通过每个型值点时，样条会产生波动。因此，在生成样条时不必强制样条通过每个型值点，而是设定一个允许误差值，根据允许误差值在每个型值点周围划出一个区域，只要样条经过每个区域，就是合乎要求的样条曲线。允许误差值设得越小，生成的样条曲线就越容易产生波动；允许误差值设得越大，样条曲线会越光顺。但光顺与偏离原始型值点的关系是矛盾的，一方面光顺就是要修改原始型值点，而另一方面又希望型值点尽量少修改。对这个问题的处理，要根据具体情况而定。

（1）逼近法拟合曲线

首先指定一个允许误差值，并设定曲线控制顶点的数目，用最小二乘法求出一条曲线后，计算测量点到曲线的距离作为点到曲线的误差值。若最大的距离值大于逼近误差值，则须增加控制顶点的数目，重新拟合曲线，直到测量点的误差值小于逼近误差值。

（2）插值法拟合曲线

插值法拟合曲线就是要构造一条曲线通过所有测量点。这种方式的优点是曲线与点数据的误差值为零；缺点是当点数据量过大时，则曲线控制点相对增多，同时不能除去由于测量带来的坏点（噪声点）。因此，使用插值法拟合曲线时，应先进行数据平滑处理以去除测量坏点。

2. 曲面重构

按曲面构造分，曲面重构主要有两种方法。第一种是以三角 Bezier 曲面为基础的曲面构造方法，具有构造灵活、边界适应性好的特点。这种方法的不足之处在于所构造的曲面模型不符合产品描述标准，并与通用的系统通信困难，此外，有关三角 Bezier 曲面的一些计算方法的研究还不太成熟。第二种是以 B 样条或 NURBS 曲面为基础的曲面构造方法，这种方法能够在一个系统中严格地以统一数学模型定义产品几何形状，使得系统精简，并可采用统一的数据库，易于数据管理。B 样条及 NURBS 曲面表示是目前成熟的商品化 CAD/CAM 系统中广泛采用的曲面表示方法。NURBS 曲面可以应用四边参数曲面片插值、拉伸、旋转、放样或蒙皮、扫掠、混合和四边界方法构造，也称矩形域的参数曲面或四边曲面，以此为基础，已形成一套完整的曲面延伸、求交、裁减、变换、光滑拼接及曲面光顺等算法。

按造型方式分，曲面重构有基于曲线的曲面重构方法和基于测量点直接拟合的曲面造型方法。

（1）基于曲线的曲面重构方法

基于曲线的曲面重构方法的原理是在数据分块的基础上，首先由测量点插值或拟合组成曲面的网格样条曲线；然后利用系统提供的放样、混合、扫掠和四边曲面等曲面造型功能进行曲面模型重构；最后通过延伸、求交、过渡、裁减等操作，将各曲面片光滑拼接或缝合成整体的复合曲面模型。

基于曲线的曲面重构方法实际上是通过组成曲面的网格曲线来构造曲面的，是原设计的模拟，在预知曲面特征信息（如原曲面类型、构建方式等）时，能准确地获取原模型的几何拓扑特征，对规则形状物体而言是一种有效的模型重构方法。如果模型是由自由曲面组成的复合曲面，则其几何拓扑信息难以从实物及数据模型中估计。采用基于曲线的曲面重构方法须反复交互选取曲面造型方式，使构建的曲面片满足光滑和精度的要求。

基于曲线的曲面重构方法要求截面扫描测量，截面尽量和曲面的母线或曲面扫掠轨迹线垂直，测量数据点分布均匀，最好是对 U、V 两个方向都进行截面扫描。但这在曲面数学模型未知的情况下较难做到。

（2）基于测量点直接拟合的曲面造型方法

基于测量点直接拟合的曲面造型方法的原理是直接建立满足数据点的插值或拟合曲面，既能处理规则点，也能直接拟合散乱点。它有如下的优点：在大量的数据点上工作，支持面对点的最佳拟合，最终的曲面表达式较为简洁。曲面一般选取 B 样条表示，在曲面重构中，能够构造出作为标准的 B 样条曲面。

在模型重构之前，造型人员应详细了解模型的前期信息和后续应用要求。前期信息包括实物样件的几何特征、数据特点（类型、完整性）等；后续应用要求包括结构分析、加工、制作模具、快速原型等。了解了这些，就可以选择正确有效的造型方法、支撑软件，保证模型精度和模型质量。

在实践中，进行模型重构时选择哪种造型方法取决于测量数据的类型、模型的几何特征及曲面的复杂性。基于曲线的曲面重构方法较适合用于有序的测量数据，并且外形是以某种确定的造型方式生成的曲面模型。这种方法的不足之处在于：如果曲线分布较密，曲面造型通过所有的曲线，则不能保证曲面的光滑性；如果选定曲线的数量较少，则又难以保证曲面的精度。对曲面片的直接拟合造型来说，数据分块的准确显得十分重要，因为如果用一张曲面片去拟合由两个及两个以上的曲面类型组成的曲面，则最终拟合曲面一般是不光滑的。另外，须指出的是，这两种方法并不是独立的，在实际造型时，对同一个实物模型也许会使用两种造型方法（针对不同的曲面片）。

3．基于特征的模型恢复技术

在产品设计过程中，一般以零件的力学性能、流体动力学性能或美观性要求作为设计的评价指标，产品几何形状、造型方法及设计参数的确定必须满足设计要求。要使逆向工程产品满足这些要求，就需要在逆向工程 CAD 建模过程中尽量还原产品原始设计参数。原始设计参数还原是逆向工程的基础，如何从测量数据点中确定原始设计参数是一个特征识别问题。参考特征造型的特征定义方法，原始设计参数可定义为几何特征参数、形状特征参数、精度特征参数、性能特征参数、制造特征参数等。

要按照原始设计方案进行逆向工程 CAD 建模，就需要基于测量数据提取产品特征设计参数，并进行特征重构和特征运算，进而完成产品数字化模型重构。与正向设计中的曲面造型方法相对应，在三维模型重构中，实物的几何特征和形状特征识别是建模的关键，它能为设计人员提供准确的几何信息，可以对测量数据直接进行修正以消除误差。单纯依据测量数据，有时会得到错误的模型，如直线的拟合和圆孔直径的确定。对于具有直线和圆弧等构成的实物棱线及轮廓特征、等半径倒圆特征、对称特征、圆特征，以及由平面、柱、锥、球、环等基本体素拼合而成的零件而言，特征提取较简单。但对于具有二次曲线（抛物线）特征、变半径倒圆特征、椭圆孔特征等，特别是具有复杂曲面外形的零件而言，其外形是由一些基本子曲面通过光滑连接、修整、裁减、过渡拼合而成的，其设计和数学模型较为复杂，提取这类零件的特征是特征建模的难点。常用软件包括 CATIA、Geomagic Design X、Geomagic Qualify 等。

（1）CATIA

CATIA 是由法国达索（Dassault Systemes）公司推出的一套集成应用软件包，其功能覆盖了产品设计的各个方面：计算机辅助设计、计算机辅助工程、计算机辅助制造。CATIA 既提供了支持各种类型的协同产品设计的必要功能，也可以进行无缝集成，完全支持“端到端”的企业流程解决方案。

作为世界领先的 CAD/CAM 软件，CATIA 在过去的二十多年中一直保持着骄人的业绩，并有着强劲的发展趋势。CATIA 在汽车、航空航天领域的统治地位不断增强。同时，CATIA 也大量地进入了汽车、摩托车、机车、通用机械、家电等行业。国际上一些著名的公司（如空中客车、波音等飞机制造公司，宝马、克莱斯勒等汽车制造公司）都将 CATIA 作为它们的主流软件。国内十多家大的飞机研究所和飞机制造厂选用了 CATIA，一汽集团、二汽集团、上海大众集团等十多家汽车制造厂也都选用了 CATIA 作为新车型的开发平台。

（2）Geomagic Design X

Geomagic Design X 的前身是韩国 INUS 公司出品的逆向工程软件 RapidForm。它提供了新一代运算模式，可实时根据点云数据运算出无接缝的多边形曲面，使它成为 3D Scan 后处理的最佳接口。Geomagic Design X 能使工作效率提升，也能使 3D 扫描设备的应用范围扩大，并改善扫描品质。

1）Geomagic Design X 的主要功能如下。

① 多点云数据管理功能。高级光学 3D 扫描仪会产生大量的数据，因为数据量非常庞大，所以只有使用昂贵的计算机硬件才能运算。Geomagic Design X 提供的记忆管理技术可缩短数据处理的时间。

② 多点云处理功能。Geomagic Design X 可以迅速处理庞大的点云数据，不论是稀疏点云还是跳点，都可以将其轻易地转换成非常好的点云。同时该软件还提供过滤点云工具及分析表面偏差技术，从而消除 3D 扫描仪所产生的不良点云。

③ 快速点云转换成多边形曲面的计算功能。Geomagic Design X 提供了一种特别的计算技术，可以快速根据点云计算出多边形曲面。Geomagic Design X 能处理无顺序排列的点

数据及有顺序排列的点数据。

④ 彩色点云数据处理功能。Geomagic Design X 支持彩色3D扫描仪，可以生成最佳化的多边形，并将颜色信息映象在多边形模型中。在曲面设计过程中，颜色信息将完整保存，可以运用RP成型机做出有颜色信息的模型。Geomagic Design X 还提供上色功能，通过实时上色编辑工具，用户可以直接编辑模型，得到自己喜欢的颜色。

⑤ 点云合并功能。Geomagic Design X 提供了手动合并多个视角点云数据的功能，用户可以方便地对点云数据进行各种各样的合并。

2）Geomagic Design X 的应用界面如下。

双击桌面上的 Geomagic Design X 快捷方式图标，进入操作界面，由菜单栏、工具面板、工具栏、特征树、模型树、显示/帮助/视点、精度分析、属性等部分组成。

① 菜单栏：包含程序中所有的功能，如文件操作等。

② 工具面板：由面片、领域组、点云、面片草图、草图、3D面片草图、3D草图等七部分构成，每种模式都有其对应的工具栏，便于创建和编辑特征。

③ 工具栏：在工具栏中，根据模型显示区的实体或曲线可以激活相应命令。例如，创建实体时，布尔运算、剪切实体等编辑实体的命令就会显示为激活状态。在工具栏区域右击，在弹出的快捷菜单中选择【自定义】选项，可以定制工具栏。

④ 特征树：Geomagic Design X 使用参数化履历建模的模式。

⑤ 模型树：分类显示所有创建的特征，可以用来选择和控制特征实体的可见性。

⑥ 显示/帮助/视点：显示、帮助、视点、特征树和模型树都在同一个窗口显示，使用该窗口上方的对应名称的按钮就可实现显示、帮助、视点、特征树和模型树工具条的切换。

⑦ 精度分析：对于检查实体、面片、草图的质量来说非常重要。在创建曲面之后，可直接检查扫描数据和所创建的曲面之间的偏差。精度分析在模式、面片模式及2D/3D草图模式下均可用。

⑧ 属性：选择一个特征之后，属性是可见的且可以更改。例如，选择一个面片之后，可在属性窗口内查看其边界框大小，面片的颜色可以更改，实体的材质也可以更改。

（3）Geomagic Qualify

设计、制造与检测是机械工程技术领域的三大重要环节。计算机辅助设计、分析和制造技术的应用日益普及，工业产品对于三维检测技术的要求也不断提高，是推动检测技术发展的动力。检测技术也从人工检测发展到了以计算机辅助检测（computer aided inspection，CAI）为主的阶段。

计算机辅助检测是一项具有广泛应用前景的新兴技术，对检测手段的柔性化、自动化具有重要意义。它的特点是测量精度高、柔性好、效率高，尤其是对于复杂零件的检测，更是传统测量方法所无法比拟的。

计算机辅助检测一般通过采用高效率的三维扫描设备，最大限度地采集工件表面的三维数据，并将此数据与实物的CAD模型进行比对，从而获得信息丰富全面的公差彩图检测结果，可方便地得出工件的误差情况。依据分析结果，可以通过改进产品制造工艺或设计方案的方法来提高工件的加工质量、生产效率，降低工件的报废率，从而获得更好的经济效益。

计算机辅助检测可以归纳为四个步骤：①数据采集；②预处理；③对比分析；④生成

报告。计算机辅助检测步骤如图 2-14 所示。

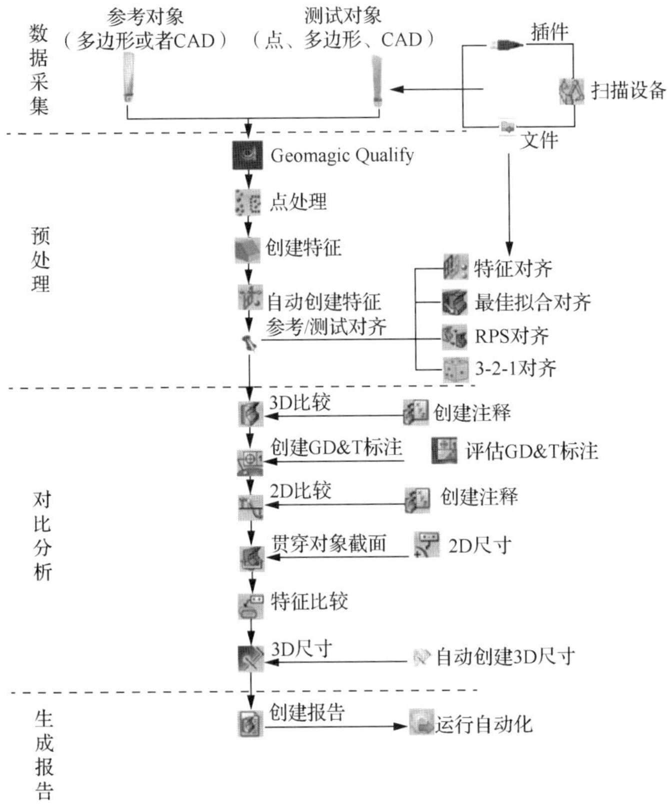

图 2-14 计算机辅助检测步骤

Geomagic Qualify 是由美国 Geomagic 公司提供的计算机辅助检测软件。该软件通过在 CAD 模型与实际生产零件之间进行快速、明了的图形比较，可对零件进行首件检验、在线或车间检验、趋势分析、2D 和 3D 几何测量，并生成自动化报告等，从而快速并准确地完成检测任务。

1）Geomagic Qualify 的主要优点如下。

① 显著节约了时间和资金。可以在数小时（而不是原来的数周）内完成检验和校准，因而可极大地缩短产品开发周期。

② 改进了流程控制。可以在内部进行质量控制，而不必受限于第三方。

③ 提高了效率。Geomagic Qualify 是一种为设计人员提供的易用和直观的工具，设计人员不再需要分析报告表格，检测结果直接以图文的形式显示在操作人员眼前。

④ 改善了沟通。自动生成的、适用于 Web 的报告改进了制造过程中各部门之间的沟通。

⑤ 提高了精确性。Geomagic Qualify 允许用户检查由几万个点定义的面的质量，而由 CMM 定义的面可能只有几十个点。

⑥ 使统计过程控制（statistical process control，SPC）自动化。针对多个样本进行的自动统计过程控制可深入分析制造过程中的偏差趋向，并且可用来验证产品的偏差趋向。

2）Geomagic Qualify 的处理过程如下。

① 点云处理。点云处理包括噪点删除、数据采样和点云拼接等操作。操作时可通过手选将一些多余的点删除，也可利用【非连接项】、【体外孤点】命令让软件自动选择多余的点，通过手动将其删除。数据采样通过简化点云数据，可以在保持精度的同时加快检测过程。点云拼接指将零件的各部分点云数据拼接成一个完整的点云数据。

② 对齐操作。经过处理的点云数据在与 CAD 模型比较前，应将它们尽可能重合在一起，这样就可以通过对比看出各处的偏差。因此，应该首先通过坐标变换把两者统一到同一个坐标系下。完成对齐操作主要有以下两种方法。

a．最佳拟合：该方法主要用于对齐由自由曲面组成的零件，因为这类零件比较难创建一些基准和特征，其原理是基于点的对齐。

b．基准/特征对齐：该方法多用于有规则外形的零件，通过在 CAD 模型和点云上创建对应的基准或特征的重合，达到 CAD 模型和点云的对齐。对齐时应当约束模型的 6 个自由度，这样可使对齐实现完全约束，若所创建的基准或特征达不到完全约束，则可通过最佳拟合功能，完成对齐操作。在使用该方法时，应先在 CAD 模型上创建基准或特征，再利用自动创建命令在点云上创建对应的基准或特征。

③ 比较分析。比较分析是质量检测的中心，可以对零件点云数据实行具体的检测操作。在此之前所做的工作都是为比较分析做准备的，其目的是得到一个更能反映零件实际情况的结果。

a．二维分析：可以对模型的指定截面进行质量分析，进行尺寸标注或生成偏差图。

b．三维分析：通过 3D 比较，生成彩色的偏差图，结果显示为 CAD 模型或点云上的偏差，编辑偏差色谱，进行通过/不通过分析，以及偏差和文本标注，对预定义的位置设置检测等。通过边界比较可分析边界处的偏差情况，在钣金件的回弹分析方面有较大的用途。

c．评估：通过创建特征和基准对零件进行三维尺寸分析。评估形位公差可分析平面度、圆柱度、面轮廓度、线轮廓度、位置度、垂直度、平行度、倾斜度和全跳动。

④ 生成报告。Geomagic Qualify 可以自动生成 HTML、PDF、MS Word 和 Excel 格式的多种报告，其中适用于 Web 的报告可以让各部门共享检测结果。

2.2.6 逆向工程的应用领域

在制造业领域内，逆向工程有着广泛的应用背景，已成为产品开发中不可缺少的一环，其应用领域包括以下几个方面。

1．新产品研发

在对产品（如汽车、飞机等）外观有工业美学特别要求的领域，首先需要设计人员利用油泥、黏土或木头等材料制作出产品的比例模型，将所要表达的意向以实体的方式表现出来；然后利用逆向工程将实体模型转化为 CAD 模型，进而得到精确的数字定义。油泥模型如图 2-15 所示。

图 2-15　油泥模型

2．产品的仿制和改型设计

利用逆向工程对现有产品进行表面数据采集、数据处理，从而获得与实物相符的 CAD 模型，并在此基础上进行产品改型和设计、误差分析，生成加工程序等，这是常用的产品设计方法。这种设计方法是在借鉴国内外先进设计理念和方法的基础上提高自身设计水平和理念的一种手段，被广泛应用于家用电器、玩具等产品外形的修复、改造和创新设计。仿生设计如图 2-16 所示。

图 2-16　仿生设计

3．快速模具制造

对现有模具进行逆向数据采集，重构 CAD 模型并生成数控加工程序，既可以提高模具的生产效率，又可以降低模具的制造成本，还可以以实物零件为对象，逆向反求其几何 CAD 模型，并在此基础上进行模具设计。快速模具制造如图 2-17 所示。

图 2-17　快速模具制造

4．文物、艺术品的保护、监测和修复

利用逆向工程可以对文物及艺术品进行表面数据采集，将表面数据保存于计算机中以待需要时调取；还可以对文物或艺术品进行定期数据采集，通过两次模型的比较，找到破坏点，从而制定相应的保护措施，或者进行相应的修复。文物数据采集如图 2-18 所示。

（a）东汉铜奔马模型　　（b）三维扫描图

图 2-18　文物数据采集

5．医学领域

逆向工程技术结合 3D 打印技术可以根据人体骨骼和关节的形状进行假体的设计、制作、植入，以及外科手术规划等。骨骼数据采集如图 2-19 所示。

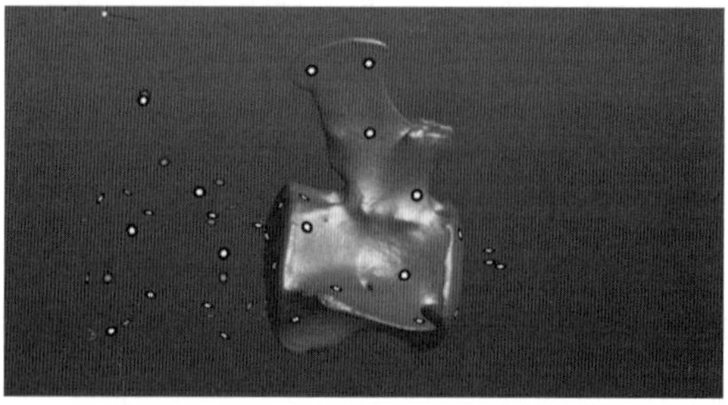

图 2-19　骨骼数据采集

综上所述，逆向工程是一种以先进产品的实物、样件、软件作为研究对象，应用现代设计方法学、生产工程学、材料学和有关专业知识进行系统分析和研究，探索掌握其关键技术，进而开发出同类的更为先进的产品的技术，已经得到了广泛的应用。它不仅可以消化和吸收实物原型，通过修改和再设计制造新的产品，还可以使得那些以实物为制造基础的产品有可能在设计和制造的过程中充分利用 CAD、CAM、CAE、快速成型制造（rapid prototyping manufacturing，RPM）、产品数据管理（product data management，PDM）及计算机集成制造系统（computer integrated manufacturing system，CIMS）等先进制造及管理技术。逆向工程是一项开拓性、实用性和综合性很强的技术，具有广阔的市场前景。

2.2.7 逆向工程存在的问题及发展趋势

1. 逆向工程存在的问题

（1）测量结果存在误差和遗漏

在数据测量时需要根据实物的几何特点进行测量路径规划，这是一种无指导下的行为，测量结果难免会出现一些误差和遗漏。因此，寻求数据测量最佳路径仍是今后研究的重要内容。

（2）复杂曲面重构困难

由多个子曲面拼合而成的组合曲面，由于其表面特征识别的难度增大，影响了后续的数据分割和造型处理。尽管三角曲面插值是解决异形的有效方法，但三角曲面模型和四边形模型兼容问题仍有待解决。

（3）曲面光顺和精度难统一

曲面光顺和精度保证是一对对立的矛盾。曲面光顺一般是针对曲面片，没有一个整体曲面光顺的方法，在大多数情况下，调整曲面的光顺度后的曲面精度反而变差。进行模型评价时，应根据零件的使用要求进行曲面光顺和精度的选择。

（4）CAD 软件技术不完善

尽管现在已有多种专用的逆向软件进入市场，但目前软件的数据处理技术、造型技术仍不完善。可以这么说，仍没有一种令操作人员得心应手的软件，模型质量的高低仍直接受操作人员的经验、水平的影响。

（5）技术的通用性受限

不同的测量方式、设备或软件都有其具体的应用范围，但多数企业和研究单位只能选配一种方式、设备或软件，如选择接触式测量或非接触式测量等，因而使技术的通用性受到一定限制。

（6）操作人员专业性要求高

逆向工程的应用仍是一项专业性很强的工作，各个过程都需要专业的人才，需要经验丰富的工程师，特别是对三维模型重构人员有更高的要求。除要了解产品特点、制造方法、熟练使用 CAD 软件和逆向造型软件外，还要熟悉上游的测量设备，甚至必须参与测量过程，以了解数据特点，并且了解下游的制造过程，包括制造设备和制造方法等。

2. 逆向工程的发展趋势

逆向工程在各个领域都发挥着重要作用，其关键技术也在不断更新和进步。逆向工程的发展趋势将集中在以下几个方面。

（1）测量方法选用与测量方案规划合理化

随着工业设计过程中对逆向工程软硬件需求的不断增大，各类逆向工程设备大量出现，这些设备各具特色，如何在实际应用中合理地使用它们是实际工程中的一个难点。在逆向工程中，如何根据逆向工程对象在精度、测量速度和测量成本方面的要求，制订最佳的测量方案，确保实施逆向工程的质量是逆向工程的一个重要环节。

（2）大规模散乱数据处理过程的高精确性和智能化

根据规则设定参数，通过程序控制，自动根据曲率进行特征识别，从散乱点云中提取出关键点数据，通过对关键点的处理完成模型重构，将大大提高数据处理效率。因为特征提取技术根据规则对数据进行聚类，所以一些先进的智能化算法将被应用到逆向工程的数据处理中，如蚁群算法、遗传算法和神经网络算法等。

（3）曲面重构智能化

通过散乱数据直接进行曲面重构，并自动补偿残缺数据，使重构曲面逼近真实曲面；对测量数据中包含的几何特征进行智能识别和智能提取，以达到对于对象模型的更高层次结构特征信息的表达；还有特征几何的自动分离、拼接。通过点云数据直接计算生成多面体模型的数值控制（numerical control，NC）加工代码，将是逆向工程发展的重要方向，其过程省去了烦琐的数据处理和曲面重构工作，但对计算精度和硬件要求将是一大考验。

（4）逆向工程的集成化

近年来迅速发展起来的基于点的绘制（point based rendering，PBR）和基于点的造型（point based model，PBM）为大规模数据的实时绘制与造型开辟了新途径，同时大大推动了逆向工程的集成化进程。

（5）工业设计逆向工程系统化

逆向工程对工业设计过程中色彩的运用、材质的选取，以及设计意图、造型规律的识别帮助甚少。使用新的数码摄像测量技术可以帮助解决工业设计过程中色彩和材质表现等方面信息的反求问题；通过从原型结构比例、表面曲率分布及与各类模板对比等角度出发分析设计意图与造型规律，可使工业设计过程中的逆向工程形成一个完整的技术系统，更好地服务企业的实际应用。

2.3 任务实施：重构风扇模型并打印

2.3.1 风扇数据采集

采用 Win3DD 单目三维扫描仪采集风扇点云数据。单目三维扫描仪如图 2-20 所示。

图 2-20　单目三维扫描仪

1．扫描前的准备工作

（1）喷粉

因为风扇为暗黑色，在不喷粉的状态下很难直接进行扫描，所以需要在零件表面喷涂一层薄薄的显像剂。

在对风扇表面进行喷粉时，喷粉距离约为 300mm，在满足扫描喷粉要求的前提下尽可能薄且均匀。显像剂喷涂过多，不仅会在物体表面留痕，还会造成物体厚度增加，影响扫描精度。

（2）粘贴标志点

1）标志点要尽量贴在工件的平面区域或曲率较小的曲面，并且距离工件边界较远一些。

2）标志点不能贴在一条直线上，并且一定要避免对称粘贴。

3）公共标志点至少为四个，图像质量、拍摄角度等多方面原因，使有些标志点不能被正确识别，因而建议用尽可能多的标志点，一般以 5～7 个为宜。

4）粘贴的标志点要保证扫描策略的顺利实施，并在长、宽、高方面合理分布。

2．设备标定

（1）设备调整

进行扫描前须对扫描仪进行精度校准，设备精度达到采集要求标准后方可进行数据采集。本任务在采集数据时选用白光单目扫描仪，设备调整按以下步骤进行。

1）启动 Win3DD 扫描系统。

2）启动专用计算机、硬件系统，使扫描系统预热 5～10min，以保证标定状态与扫描状态尽可能相近。

3）先单击桌面快捷图标启动软件，再单击【扫描标定切换】按钮进入软件标定界面。设备标定界面如图 2-21 所示。

4）调整扫描距离。

5）根据界面左上角的标定指示操作，开始标定。

6）将标定板放置在视图中央，通过调整硬件系统的高度及俯仰角，使两个十字叉尽可能重合。

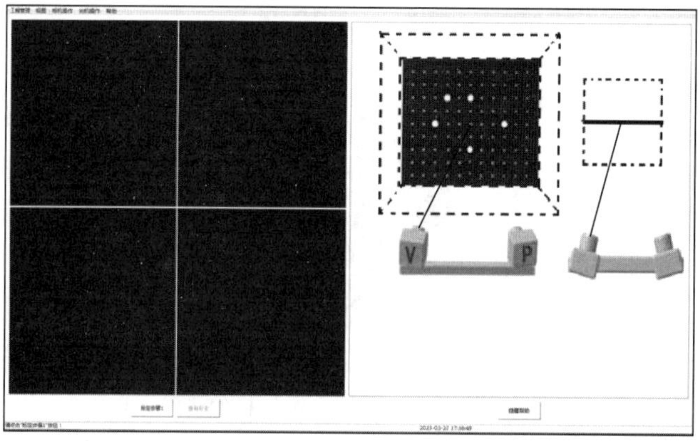

图 2-21　设备标定界面

（2）标定过程

1）将标定板水平放置，调整扫描距离后单击【标定步骤 1】按钮，完成第 1 步，如图 2-22 所示。

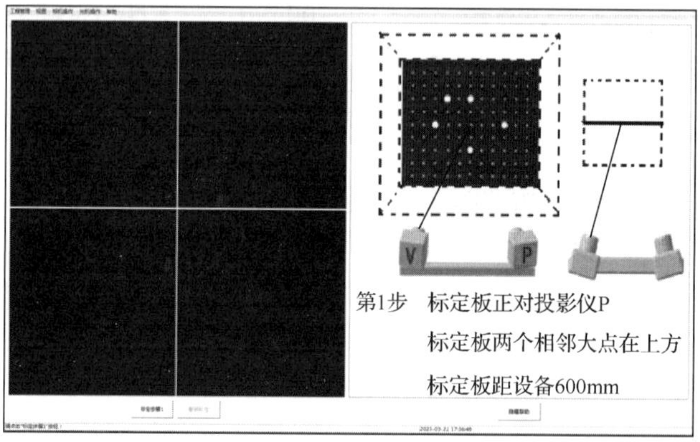

图 2-22　标定步骤 1

2）标定板不动，调整三脚架，使硬件系统高度升高 40mm，满足要求后单击【标定步骤 2】按钮，完成第 2 步，如图 2-23 所示。

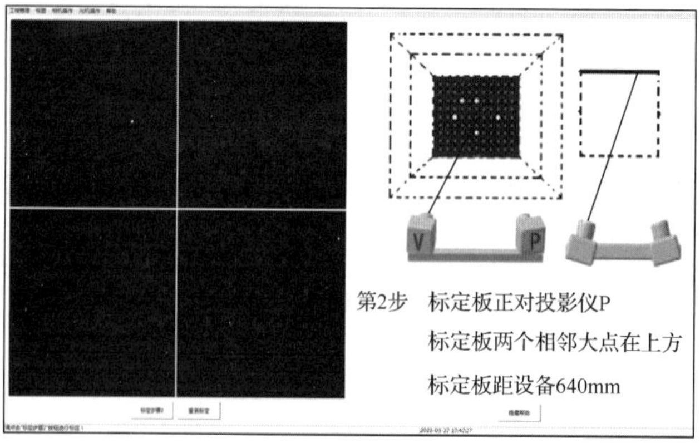

图 2-23　标定步骤 2

3）标定板不动，先调整三脚架，使硬件系统高度降低 80mm，单击【标定步骤 3】按钮，再调整三脚架，将硬件系统高度升高 40mm，完成第 3 步，如图 2-24 所示。

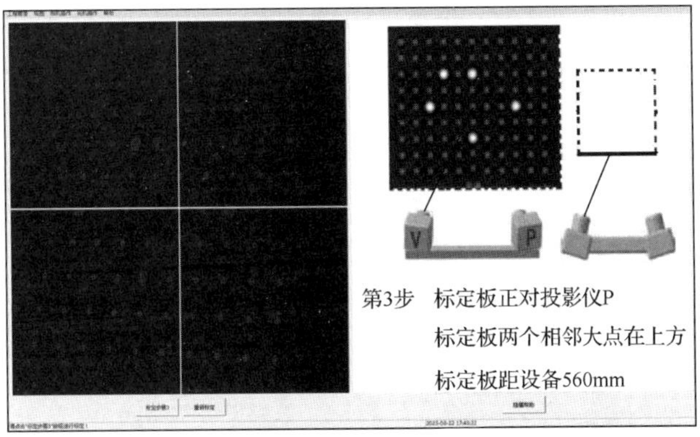

图 2-24　标定步骤 3

4）硬件系统高度不变，将标定板旋转 90°，垫起与相机同侧下方一角，角度约为 20°，让标定板正对光栅投射器，完成第 4 步，如图 2-25 所示。

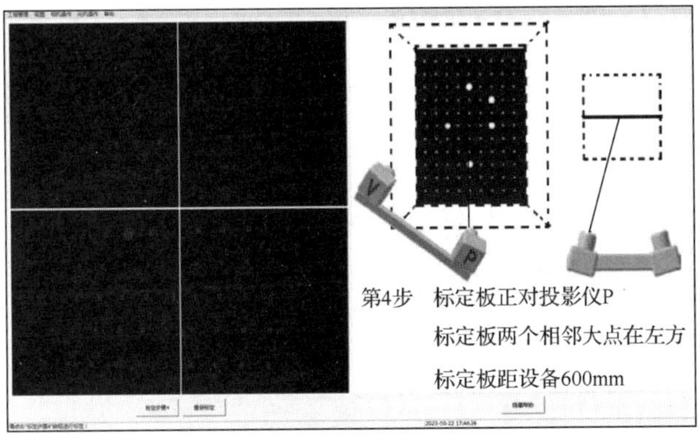

图 2-25　标定步骤 4

5）硬件系统高度不变，垫起角度不变，将标定板沿同一方向旋转 90°，完成第 5 步，如图 2-26 所示。

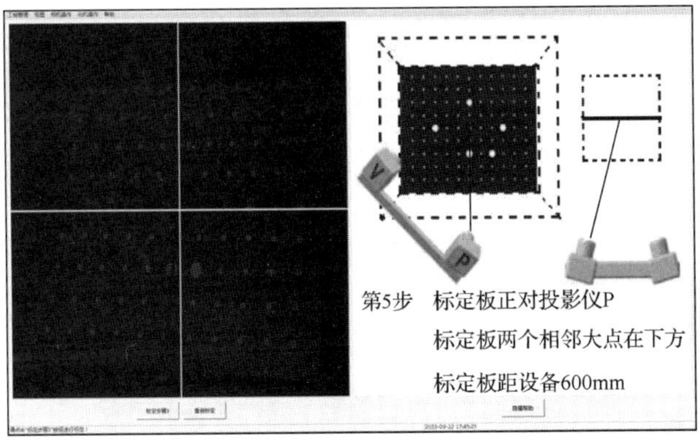

图 2-26　标定步骤 5

6）硬件系统高度不变，垫起角度不变，将标定板沿同一方向旋转 90°，完成第 6 步，如图 2-27 所示。

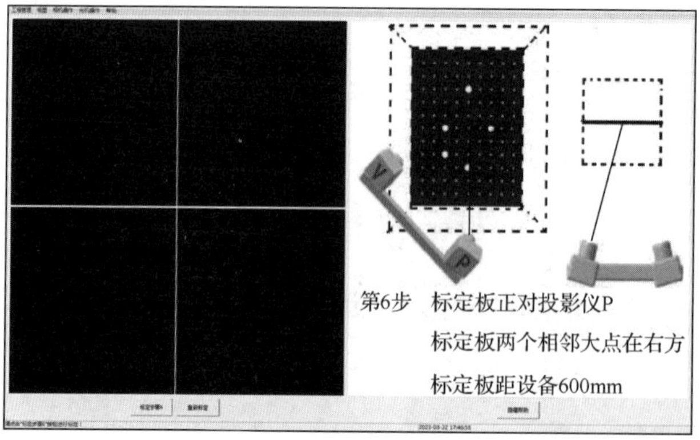

图 2-27 标定步骤 6

7）硬件系统高度不变，将标定板沿同一方向旋转 90°，垫起与相机异侧一边，角度约为 30°，让标定板正对相机，完成第 7 步，如图 2-28 所示。

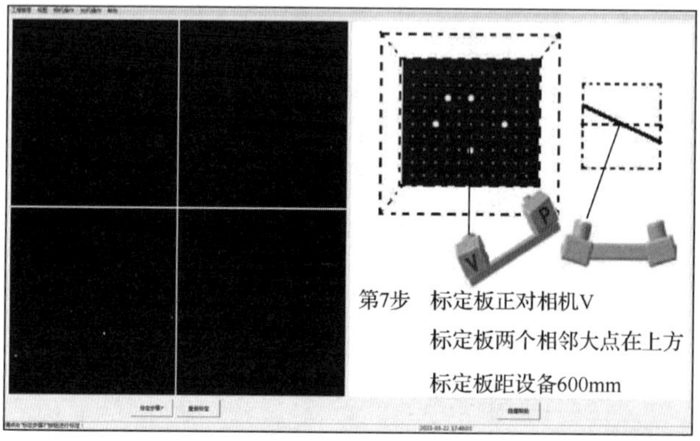

图 2-28 标定步骤 7

8）硬件系统高度不变，垫起角度不变，将标定板沿同一方向旋转 90°，完成第 8 步，如图 2-29 所示。

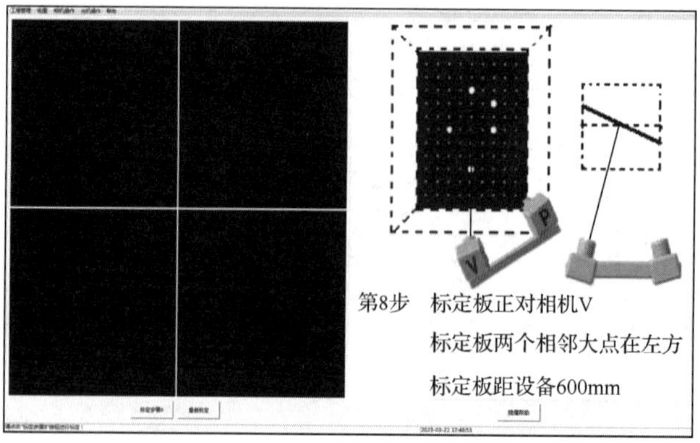

图 2-29 标定步骤 8

9）硬件系统高度不变，垫起角度不变，将标定板沿同一方向旋转 90°，完成第 9 步，如图 2-30 所示。

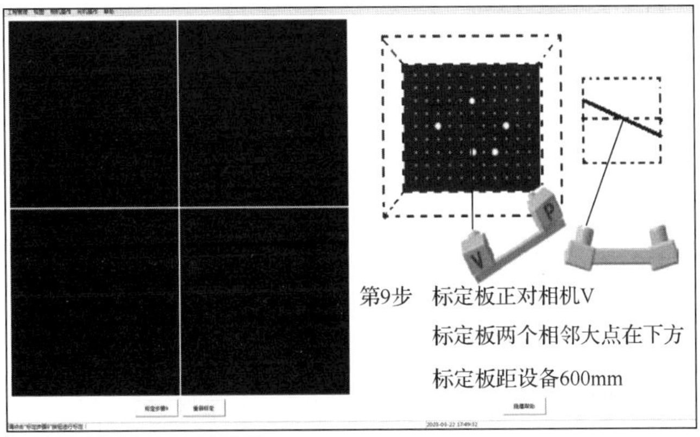

图 2-30　标定步骤 9

10）硬件系统高度不变，垫起角度不变，将标定板沿同一方向旋转 90°，完成第 10 步，如图 2-31 所示。

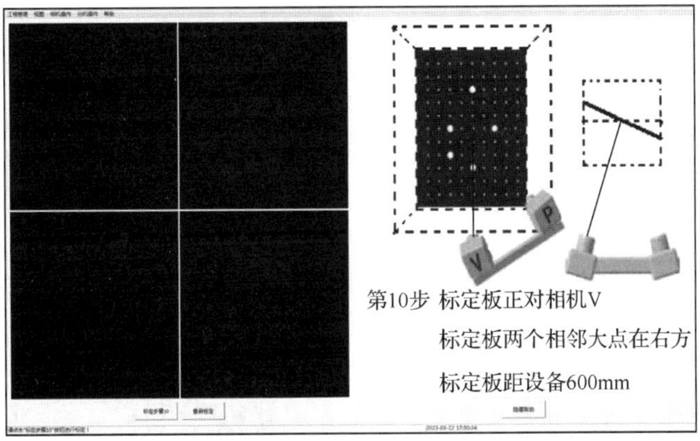

图 2-31　标定步骤 10

当十步全部完成后，标定信息显示区会给出标定结果。

标定不成功会提示“标定误差较大，请重新标定”。

3．扫描

（1）新建工程

单击【新建工程】按钮，弹出如图 2-32 所示的对话框。

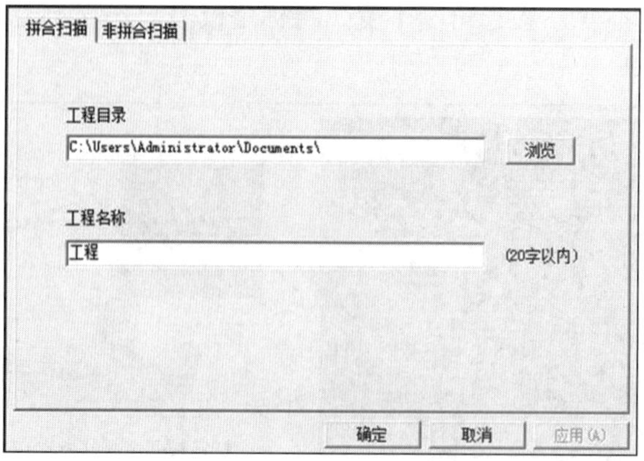

图 2-32　新建工程

（2）测量距离

1）在扫描视窗范围内放置一张 A4 纸，调整扫描距离，直到视图中显示的黑白十字基本重合，如图 2-33 所示。

2）取下 A4 纸，将被扫描物体放置在扫描视窗范围内，单击【开始扫描】按钮，运行单帧扫描，如图 2-34 所示。

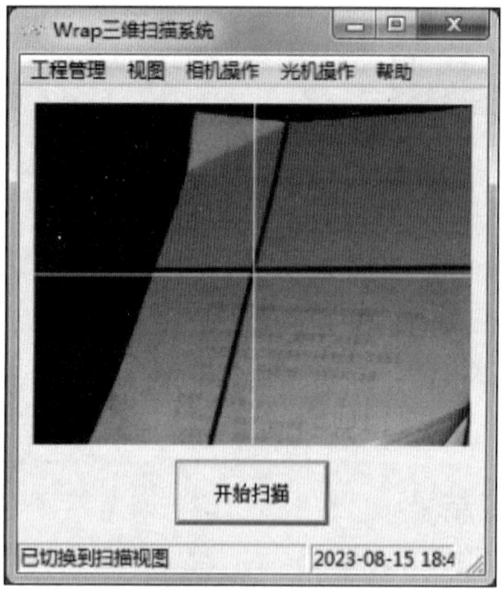

图 2-33　调整扫描距离

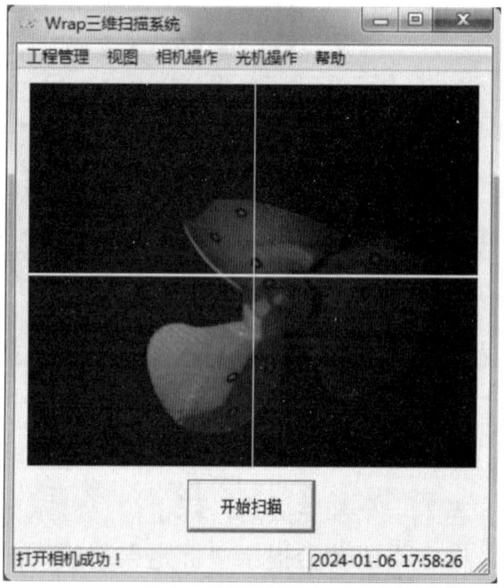

图 2-34　单帧扫描

3）当前帧的数据完整度检查如图 2-35 所示。每次单帧扫描完成后，都应该检查当前扫描数据是否完整，如需补充，可适当调整角度再次扫描。

4）当需要再次扫描时，重复单帧扫描步骤继续进行下次扫描，如果本次扫描所提取出的标志点与之前提取出的标志点的公共点少于三个，则扫描软件会弹出提示对话框，如图 2-36 所示。此时不会进行拼接处理，需要调整被扫描工件，然后重新进行本次扫描。

图 2-35　当前帧的数据完整度检查

图 2-36　提示对话框

（3）保存点云数据

单击【保存】按钮或选择【工程管理】下拉菜单中的【点云另存为】选项，对点云进行保存处理。保存点云数据如图 2-37 所示。

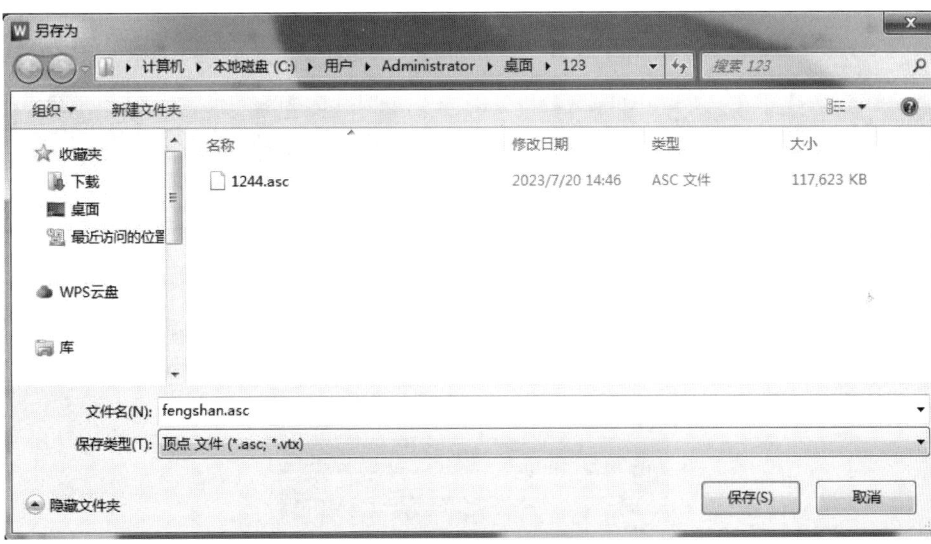

图 2-37　保存点云数据

（4）退出软件

项目工作全部完成后，退出扫描软件。

如果有未保存的点云数据，则扫描软件会弹出提示对话框，如图 2-38 所示。然后关闭扫描系统与专用计算机，待扫描系统的散热风扇停止后切断扫描系统与专用计算机的电源。

图 2-38　提示对话框

2.3.2 风扇数据处理

1. 点云阶段数据处理

应用 Geomagic Wrap 软件将扫描杂点去除，完成数据封装，获得多边形数据。

（1）打开文件

打开 Geomagic Wrap 软件，将“fengsan.asc”文件拖入界面，选择比率（100%）和单位（mm），进入软件界面。

（2）去除杂点

1）着色。选择【着色】→【着色点】选项，点云数据由黑色变成绿色。

2）删除非连接项。选择【选择】→【非连接项】选项，弹出如图 2-39 所示的【选择非连接项】对话框。根据点云数据的完整性选择合适数值，以不改变零件特征为宜，本次选择低分隔，设置尺寸为 5，单击【确定】按钮将数据中的非连接项删除。

3）删除体外孤点。选择【选择】→【体外孤点】选项，弹出如图 2-40 所示的【选择体外孤点】对话框。以删除较多杂点为目标，合理调整敏感度值。本次设置敏感度为 85，单击【确定】按钮，将点云中被选中的杂点删除。

图 2-39 【选择非连接项】对话框

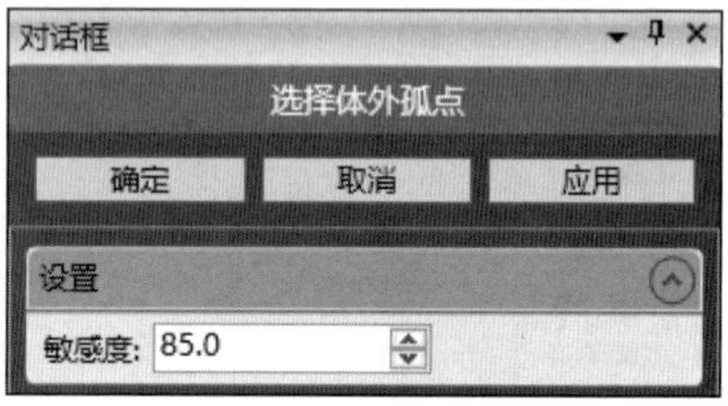

图 2-40 【体外孤点】对话框

4）减少噪声。单击【减少噪音】按钮，弹出如图 2-41 所示的【减少噪音】对话框，单击【确定】按钮去除点云中的噪声点。

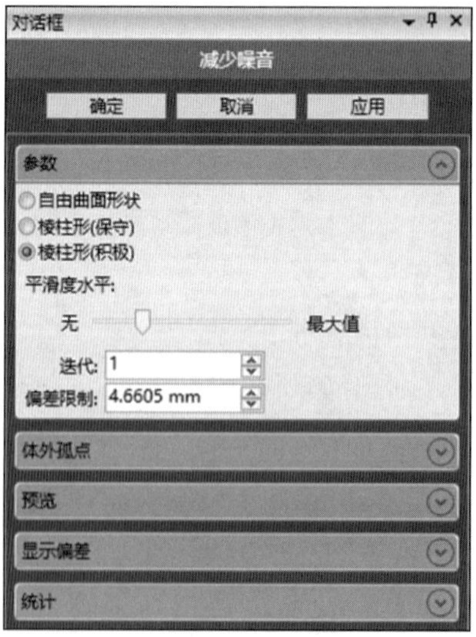

图 2-41 【减少噪音】对话框

（3）封装点云数据

单击【封装】按钮，弹出如图 2-42 所示的【封装】对话框，选择自动降低噪声，选中【最大三角形数】复选框，单击【确定】按钮，数据由点云转换为多边形界面，如图 2-43 所示。

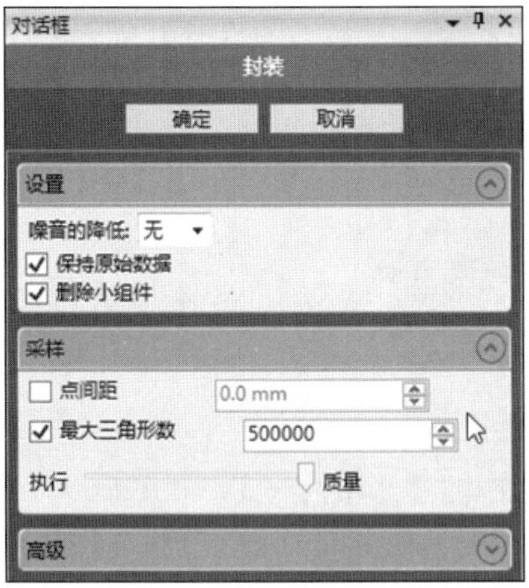

图 2-42　【封装】对话框

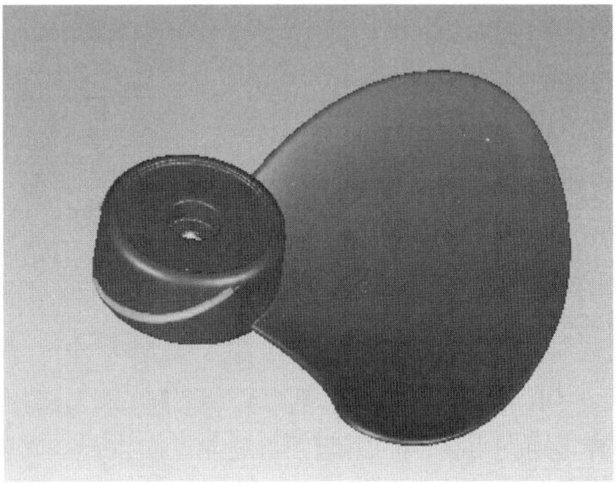

2-43　封装

2．多边形阶段数据处理

多边形阶段的数据表面有众多粘贴标志点形成的孔洞，以及部分扫描数据缺失形成的孔洞，需要应用【填充孔】命令进行填充修补，使数据完整封闭。此外，针对零件表面凹凸不平的部分，需要应用【删除钉状物】及【去除特征】等命令对数据进行平整光顺。

（1）填充孔洞

1）填充内部孔。针对粘贴标志点形成的孔洞，单击【填充单个孔】按钮，选择【平面】和【内部孔】选项，单击选取要填充的孔，完成孔洞填充。

2）填充边界孔。针对扫描过程中数据缺失形成的边缘孔洞，可单击【填充单个孔】按钮，选择【曲率】和【边界孔】选项，将数据中的其他孔洞填充；也可结合【切线】和【搭桥】选项，在不改变原有特征的情况下合理搭配使用，完成孔洞填充。

（2）平滑曲面

1）删除钉状物。框选要平滑的曲面部分，使用【删除钉状物】命令将多边形网格中的单点尖峰展开。

2）松弛。框选要平滑的曲面部分，使用【松弛】命令处理紧皱网格，使用【砂纸】命令使多边形网格变得更平滑。

3）去除特征。框选要平滑的曲面部分，使用【去除特征】命令将凸起部分数据处理平滑。

3．保存文件

将处理好的数据另存为“fengsan.stl”格式文件。

2.3.3 风扇三维模型重构

应用 CATIA 软件重构如图 2-44 所示的风扇三维模型。

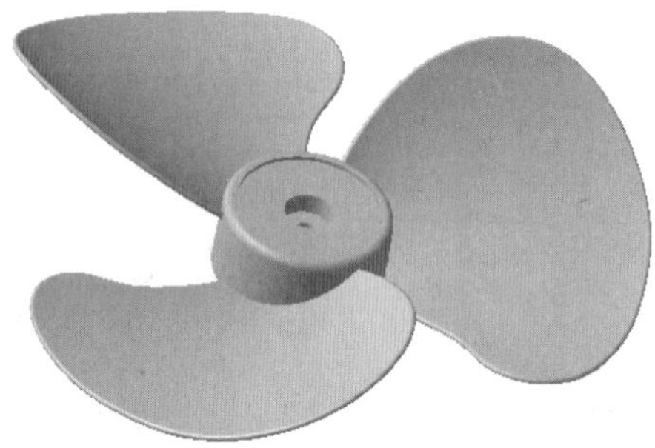

图 2-44　风扇三维模型

1）导入点云。打开 CATIA 软件，先选择菜单栏中的【开始】→【形状】命令，再选择【逆向点云编辑】选项，进入逆向点云编辑模块。在工具栏中单击【点云输入】按钮，弹出点云【输入】对话框（图 2-45），选择光盘文件中的风扇点云文件。风扇点云如图 2-46 所示。

图 2-45　点云【输入】对话框

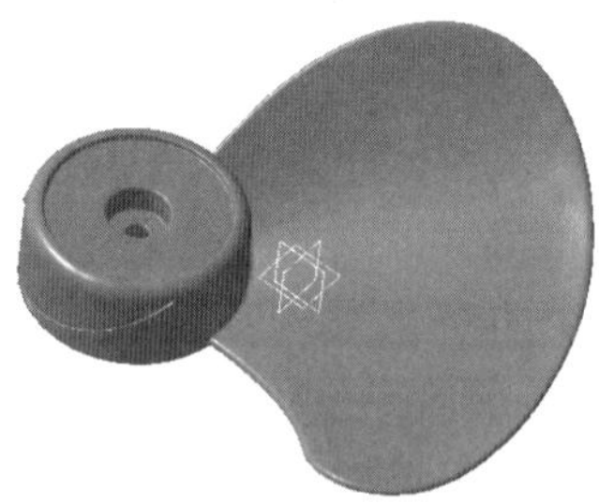

图 2-46　风扇点云

2）在逆向点云编辑模块中，单击【投影至平面】按钮，弹出【投影至平面】对话框（图 2-47），在元素中选择叶片点云，平面选择【xy 平面】。投影点云至平面如图 2-48 所示。

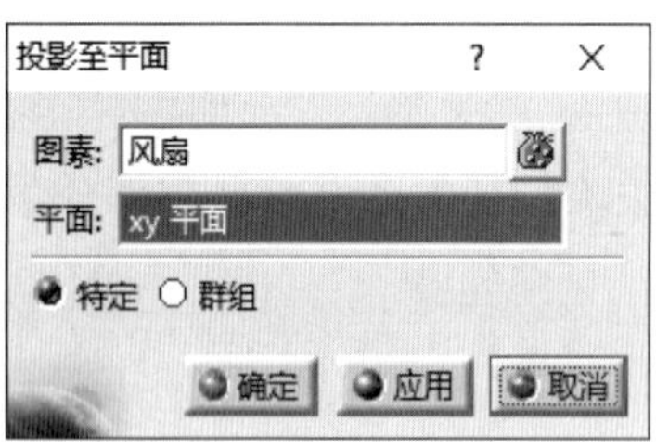

图 2-47　【投影至平面】对话框

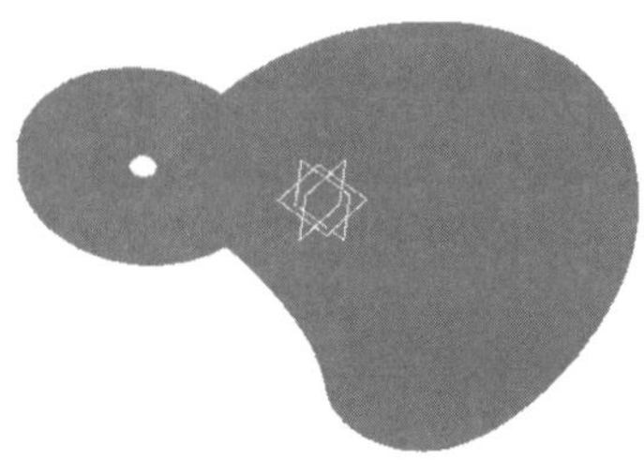

图 2-48　投影点云至平面

3）在零件设计模块中，单击【草绘】按钮，选择【xy 平面】为草绘面，在草图环境下，单击【样条线】按钮，绘制叶片样条曲线。绘制草图如图 2-49 所示，完成后退出草图工作台。

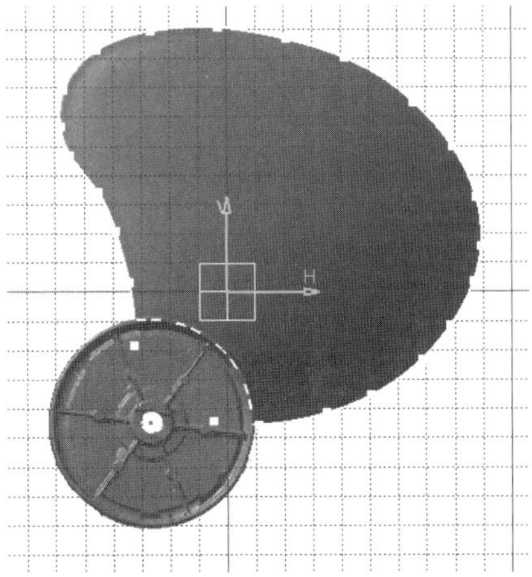

图 2-49　绘制草图

4）在零件设计模块中，单击【凸台】按钮，弹出【定义凸台】对话框（图 2-50），【轮廓/曲面】选择图 2-49 所示的草图，【类型】选择【尺寸】，【第一限制】中的【长度】输入 20mm，【第二限制】中的【长度】输入 48mm，单击【确定】按钮，完成叶片凸台的绘制，如图 2-51 所示。

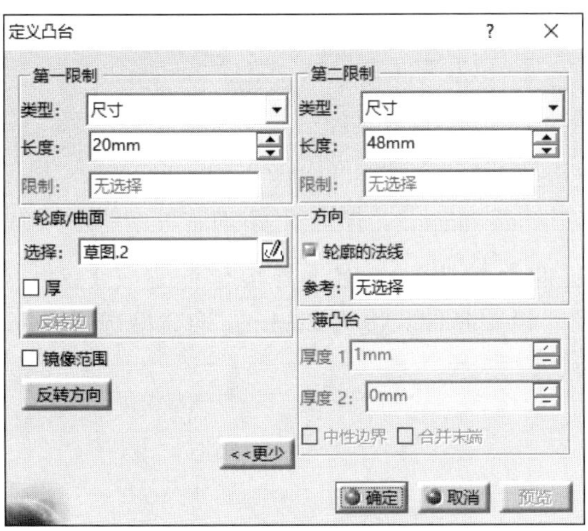

图 2-50　【定义凸台】对话框

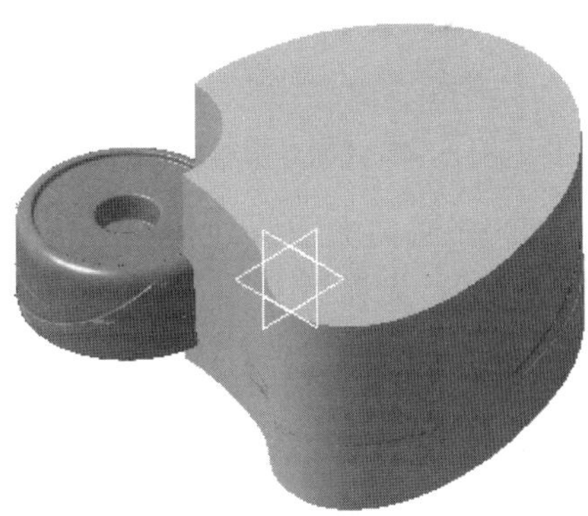

图 2-51　凸台

5）在逆向曲面重建模块中，单击【激活】按钮，弹出【激活】对话框（图 2-52），单击风扇点云，选择刷子方式，将刷子移动到叶片面上，涂刷叶片点云，如图 2-53 所示。

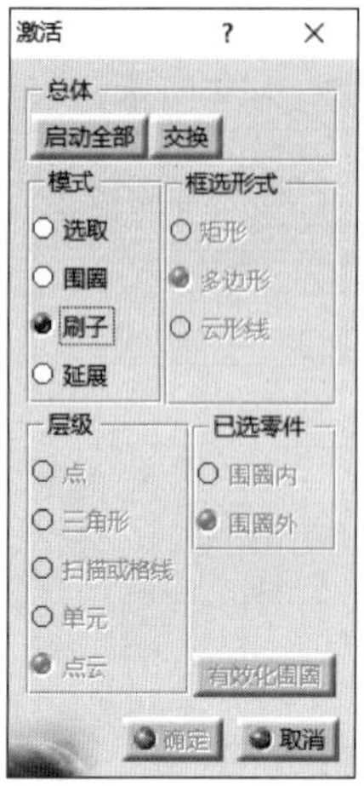

图 2-52 【激活】对话框

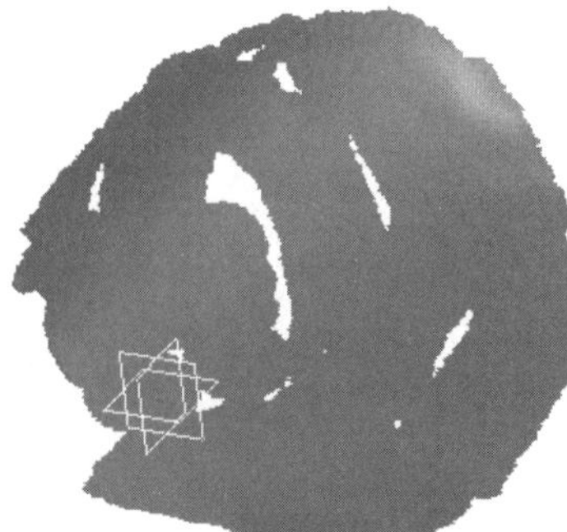

图 2-53 激活点云

6）在逆向曲面重建模块中，单击【高级拟合】按钮，弹出【最佳拟合曲面】对话框（图 2-54），选择图 2-53 所示的点云，在参数中输入公差为 0.1mm，阶数为 4，段数为 20，单击【应用】、【确定】按钮，逆向叶片点云。曲面拟合如图 2-55 所示。

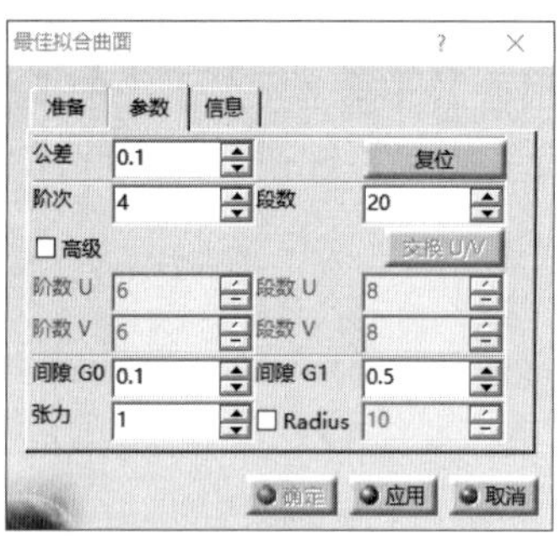

图 2-54 【最佳拟合曲面】对话框

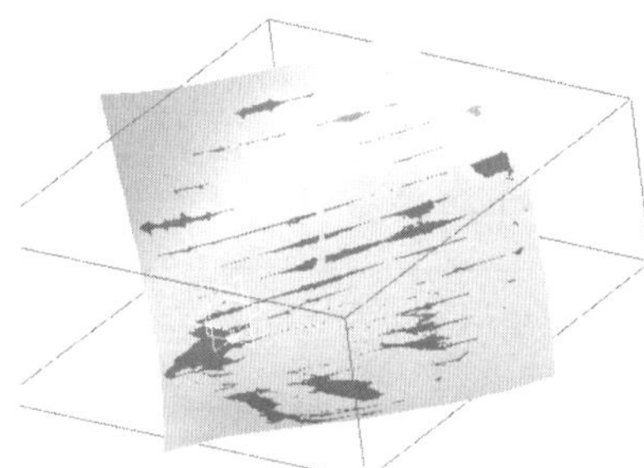

图 2-55 曲面拟合

7）在逆向曲面重建模块中，单击【延伸】按钮，弹出【外插延伸定义】对话框（图 2-56），先选择边界，再选择外插延伸面，设置延伸长度为 20mm，连续性选择曲率，其余三条边采用同样的方法。外插延伸如图 2-57 所示。

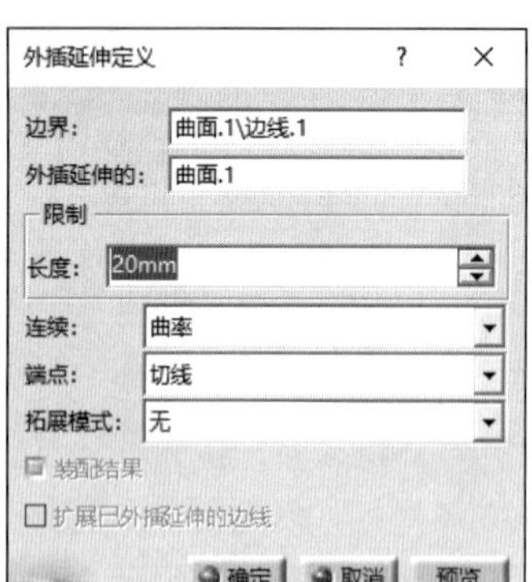

图 2-56 【外插延伸定义】对话框

图 2-57 外插延伸

8）在创成式外形设计模块中，单击【偏移】按钮，弹出【偏移曲面定义】对话框（图 2-58），选择曲面，设置偏移距离为 2.5mm。偏移曲面如图 2-59 所示。

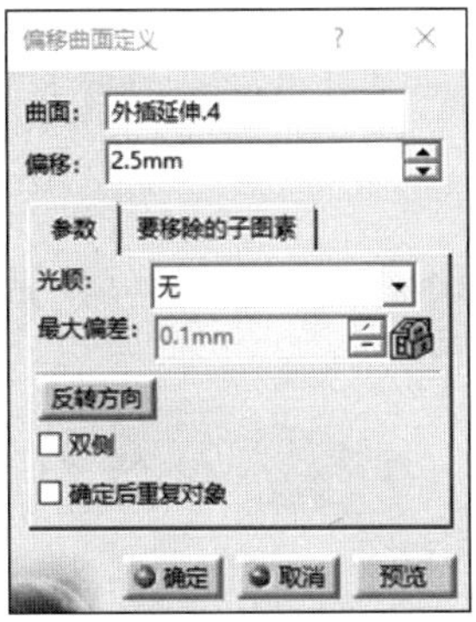

图 2-58　【偏移曲面定义】对话框

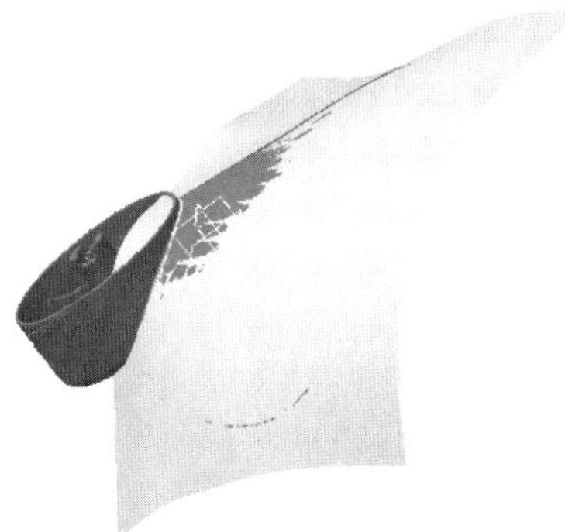

图 2-59　偏移曲面

9）在零件设计模块中，单击【分割】按钮，选择曲面为分割面，对叶片实体进行分割，结果如图 2-60 所示。

图 2-60　分割实体

10）在零件设计模块中，单击【三切线内圆角】按钮，弹出【定义三切线内圆角】对话框（图 2-61），选择叶片上下面为要圆化的面，中间面为移除面，结果如图 2-62 所示。

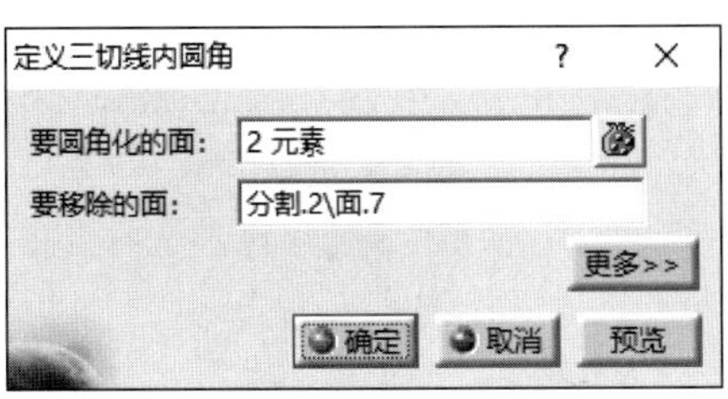

图 2-61　【定义三切线内圆角】对话框

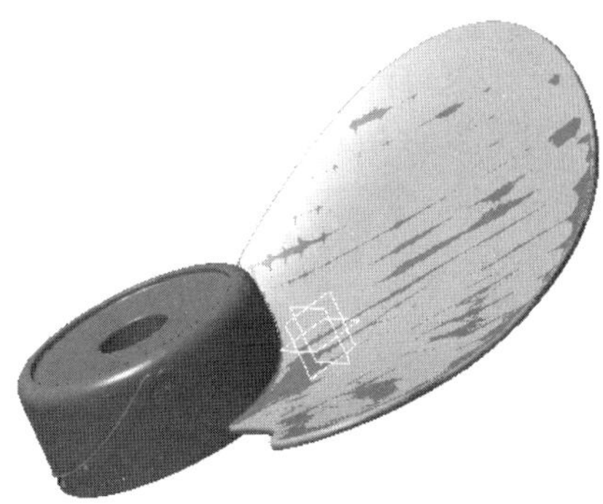

图 2-62　三切线内圆角

11）在逆向曲面重建模块中，单击【激活】按钮，弹出【激活】对话框（图 2-63），单击风扇点云，选择刷子方式，将刷子移动到外圆柱面上，涂刷点云，如图 2-64 所示。

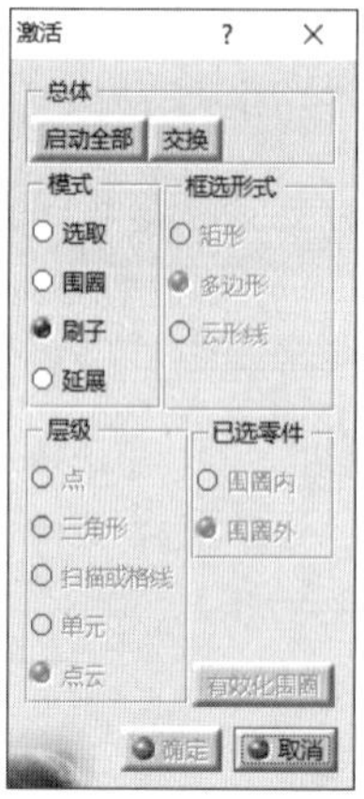

图 2-63 【激活】对话框

图 2-64 激活点云

12）在逆向曲面重建模块中，单击【基本曲面辨识】按钮，弹出【基本曲面辨识】对话框（图 2-65），选择图 2-64 所示的点云，单击【应用】、【确定】按钮，拟合外圆柱面，如图 2-66 所示。

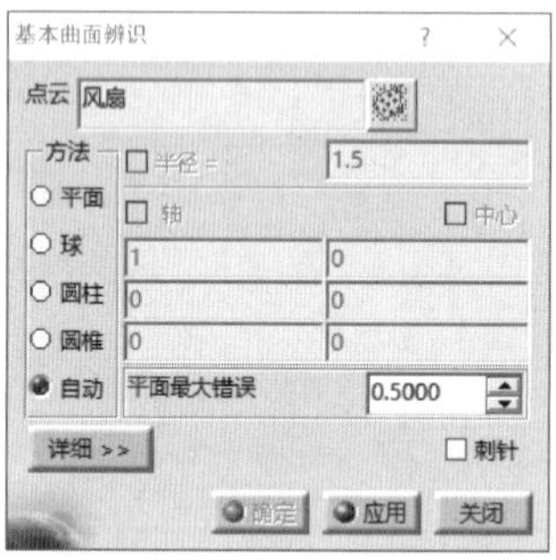

图 2-65 【基本曲面辨识】对话框

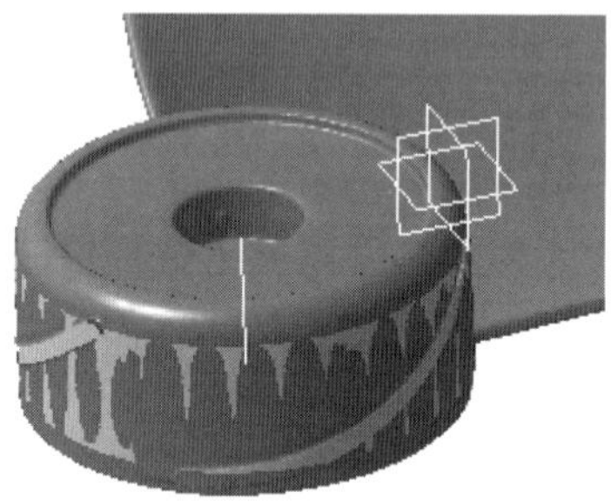

图 2-66 基本曲面拟合

13）在零件设计模块中，单击【圆形阵列】按钮，弹出【定义圆形阵列】对话框（图 2-67），【要阵列的对象】选择【当前实体】，【参考元素】选择图 2-68 中的中心线，【参数】选择【实例和角度间距】，【实例】输入 3，【角度间距】为 120° 。将叶片实体阵列为三个，如图 2-68 所示。

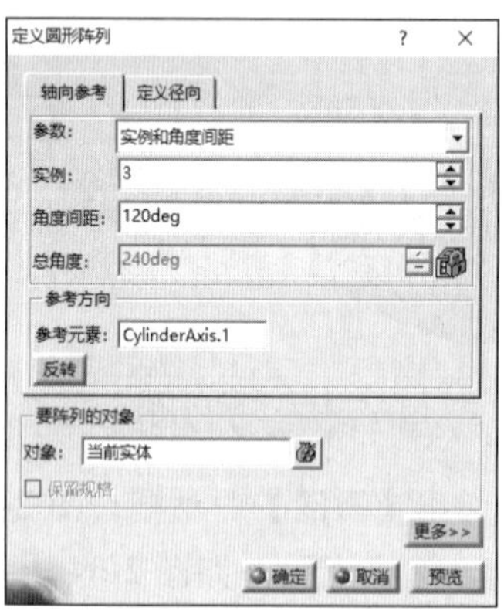

图 2-67 【定义圆形阵列】对话框

图 2-68 圆形阵列

14）在创成式外形设计模块中，单击【平面】按钮，弹出【平面定义】对话框（图 2-69），【平面类型】选择【平行通过点】，【参考】为【yz 平面】，【点】选择中心线端点。绘制平面如图 2-70 所示。

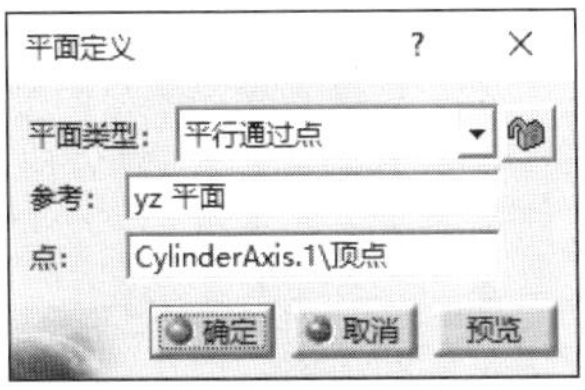

图 2-69　【平面定义】对话框

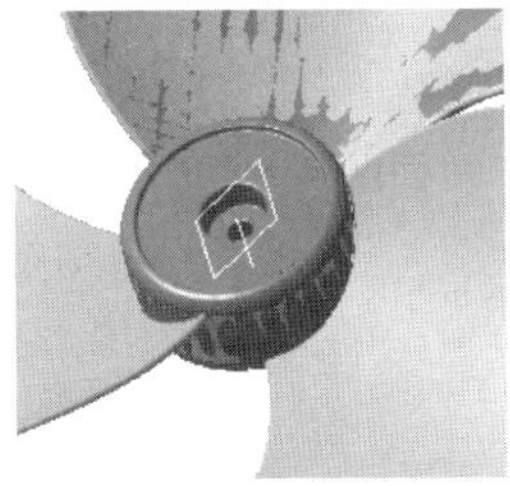

图 2-70　绘制平面

15）在逆向曲面重建模块中，单击【平面型式切面】按钮，弹出【平面型式切面】对话框（图 2-71），选择风扇点云，以图 2-70 所示的平面为切片面。对点云进行切片，结果如图 2-72 所示。

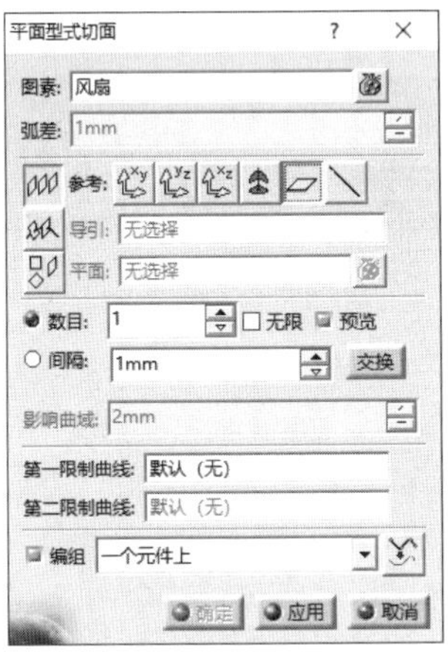

图 2-71　【平面型式切面】对话框

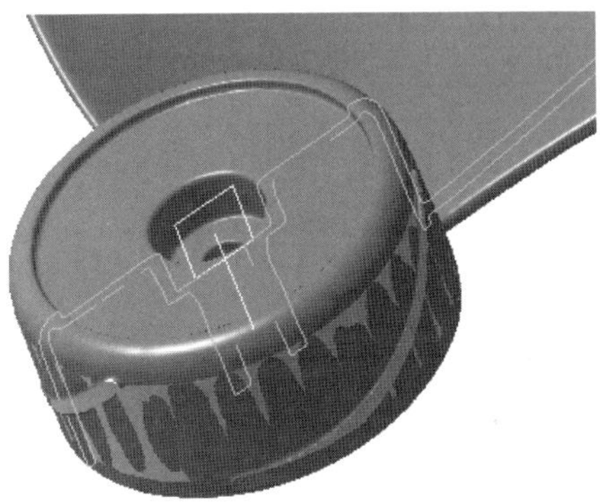

图 2-72　点云切片

16）在零件设计模块中，单击【草绘】按钮，选择图 2-70 所示的平面为草绘面，在草图环境下，单击【轮廓】按钮，绘制轮廓线，如图 2-73 所示。完成后退出草图工作台。

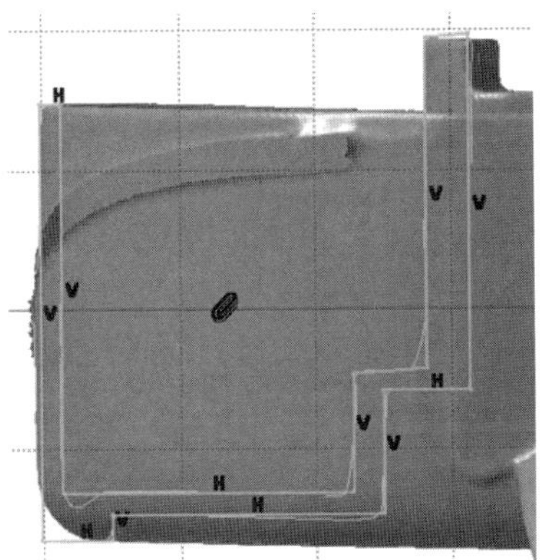

图 2-73　草绘截面

17）在零件设计模块中，单击【旋转体】按钮，弹出【定义旋转体】对话框（图2-74），【轮廓/曲面】选择图2-73所示的草图，【轴线】选择图2-72所示的轴线，单击【确定】按钮，完成叶片旋转体的绘制，如图2-75所示。

图2-74 【定义旋转体】对话框

图2-75 旋转体

18）在逆向曲面重建模块中，单击【平面型式切面】按钮，弹出【平面型式切面】对话框（图2-76），选择风扇点云，以【xy平面】为切片面，对点云进行切片，结果如图2-77所示。

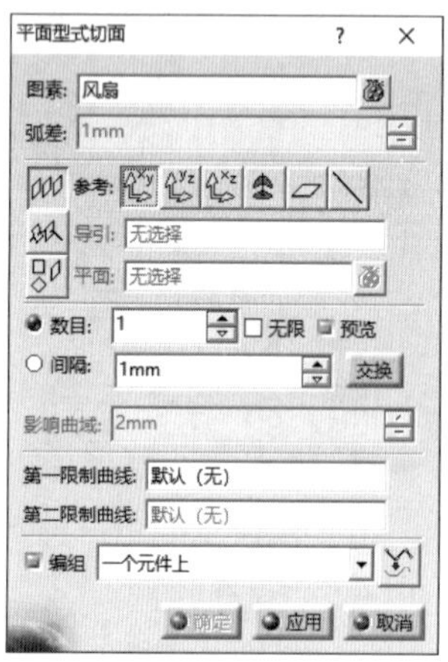

图2-76 【平面型式切面】对话框

图2-77 切片

19）在零件设计模块中，单击【草绘】按钮，以【xy平面】为草绘面，在草图环境下，绘制直线和圆弧，如图2-78所示。完成后退出草图工作台。

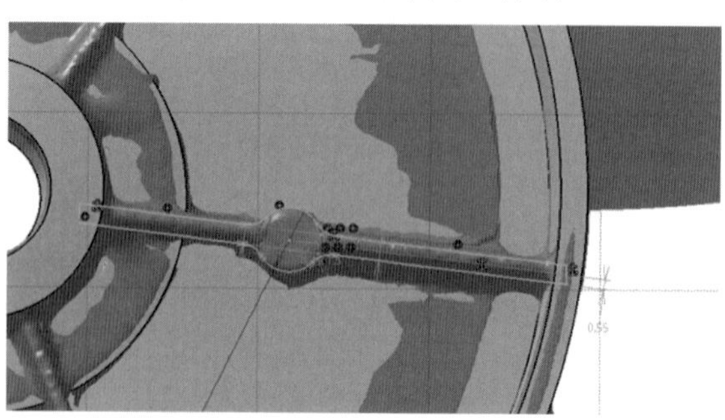

图2-78 绘制草图

20）在零件设计模块中，单击【凸台】按钮，弹出【定义凸台】对话框（图 2-79），【轮廓/曲面】选择图 2-78 所示的曲线，在【第一限制】中，【类型】选择【尺寸】，【长度】输入 5.8mm，在【第二限制】中，【类型】选择【直到下一个】，单击【确定】按钮，完成凸台的绘制，如图 2-80 所示。

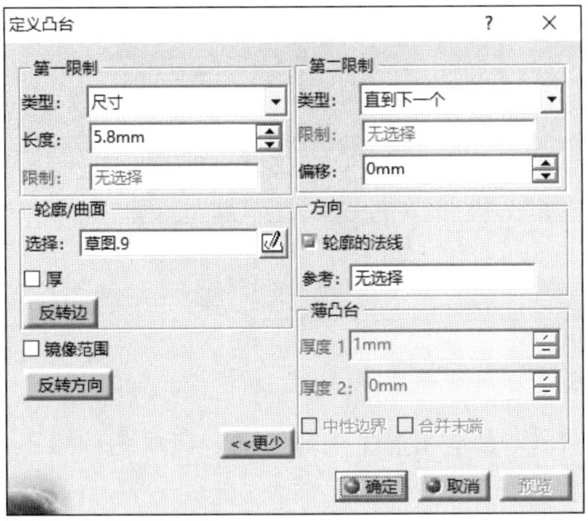

图 2-79　【定义凸台】对话框

图 2-80　凸台

21）在零件设计模块中，单击【圆形阵列】按钮，弹出【定义圆形阵列】对话框（图 2-81），【要阵列的对象】选择【凸台 2】，参考元素选择图 2-80 所示的中心线，【参数】选择【实例和角度间距】，【实例】为 6，【角度间距】为 60°。将叶片实体阵列为六个，如图 2-82 所示。

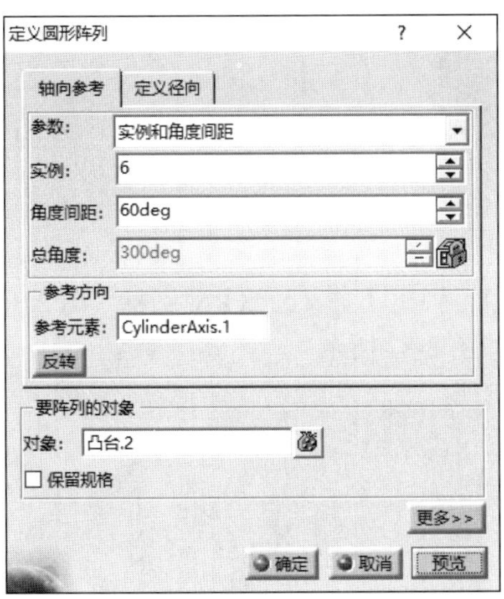

图 2-81　【定义圆形阵列】对话框

图 2-82　圆形阵列

22）在逆向曲面重建模块中，单击【平面型式切面】按钮，弹出【平面型式切面】对话框（图 2-83），选择风扇点云，以【xy 平面】为切片面参考面，拖动平面到合适位置，对点云进行切片，结果如图 2-84 所示。

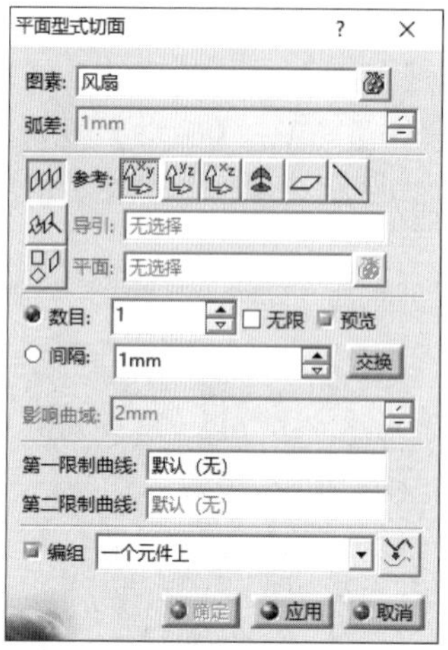

图 2-83 【平面型式切面】对话框

图 2-84 切片

23）在零件设计模块中，单击【草绘】按钮，以【xy 平面】为草绘面，在草图环境下，绘制直线，如图 2-85 所示。完成后退出草图工作台。

图 2-85 草绘截面

24）在零件设计模块中，单击【凹槽】命令，弹出【定义凹槽】对话框（图 2-86），【轮廓/曲面】选择图 2-85 所示的曲线，绘制凹槽如图 2-87 所示。

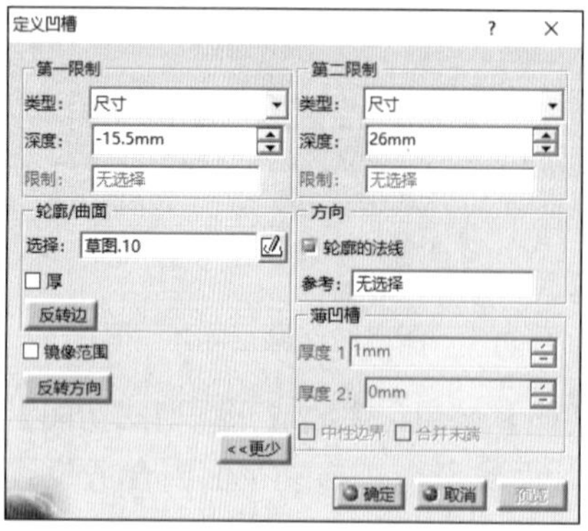

图 2-86 【定义凹槽】对话框

图 2-87 绘制凹槽

25）在零件设计模块中，单击【倒圆角】按钮，弹出【倒圆角定义】对话框（图 2-88），选择圆柱的外边缘为要圆化的对象，半径值为 3.5mm，倒圆角如图 2-89 所示。

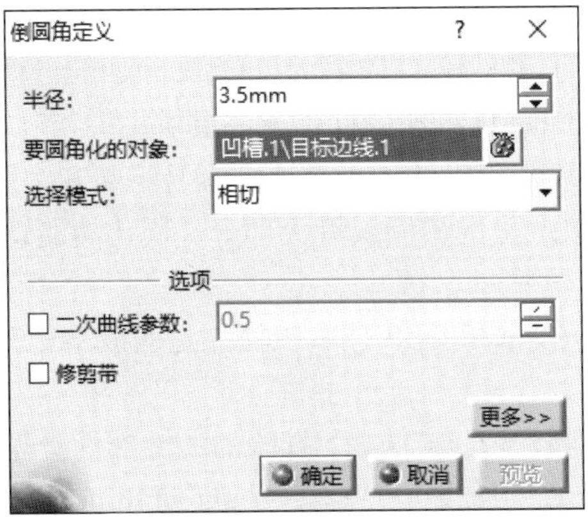

图 2-88　【倒圆角定义】对话框

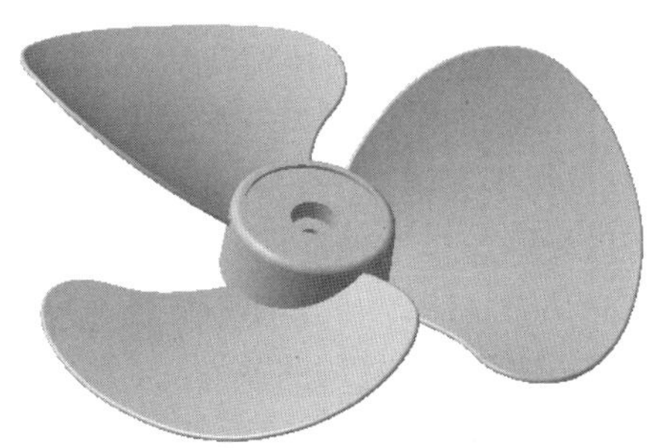

图 2-89　倒圆角

2.3.4　风扇 3D 打印

1．LCD 3D 打印的原理及优缺点

目前主流的单一材料光敏树脂 3D 打印技术一共有三种：SLA、数字光处理（digital light processing，DLP）、LCD。LCD 选择性区域透光原理如图 2-90 所示。

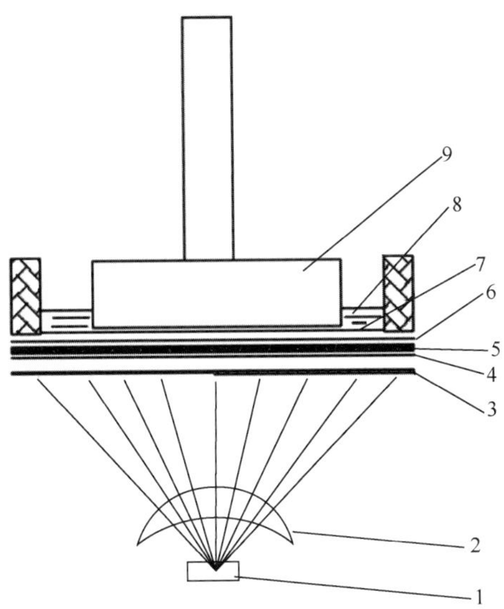

1—光源；2—聚焦透镜；3—菲涅尔透镜；4、6—偏振膜；5—液晶屏；
7—储液槽底膜；8—光固化树脂；9—固化成型件托板。

图 2-90　LCD 选择性区域透光原理

光源透过聚光镜，从而分布均匀。菲涅尔透镜使光线垂直照射到液晶屏。液晶屏两面各有一块偏振膜，偏振膜是液晶显示的成像基础。任何液晶屏自身都有偏振膜。液晶屏的成像显示是透明的，图像会透过液晶屏照射在光固化树脂上。托板与底膜之间很薄的液体树脂在液晶屏透光照射下发生固化。托板首先将固化部分提起，让液体补充汇入；然后再次下降，托板与底膜之间的薄层再次曝光。

（1）LCD 3D 打印的优点

1）精度高。很容易达到平面精度 100μm，优于第一代 SLA 技术。

2）价格便宜。对比前代技术 SLA 和 DLP，LCD 3D 打印的性价比极其突出。

3）结构简单。因为没有激光振镜或者投影模块，所以结构很简单，容易组装和维修。

4）树脂通用。由于采用 405nm 背光，所有 DLP 类的树脂或者大部分光固化树脂理论上可以兼容。

5）同时打印多个零件不牺牲速度。因为 LCD 技术和 DLP 技术一样，是面成型光源。

（2）LCD 3D 打印的缺点

LCD 技术的 3D 打印设备可以使用的打印材料较少；LCD 3D 打印的关键部件既需要对 405 光有很好的选择性透过，又需要经得住几十瓦 405 发光二极管（light emitting diode，LED）灯珠的数小时高强度烘烤，还有散热和耐温性能的考验。

2．LCD 3D 打印机的结构

LCD 3D 打印机的结构如图 2-91 所示。

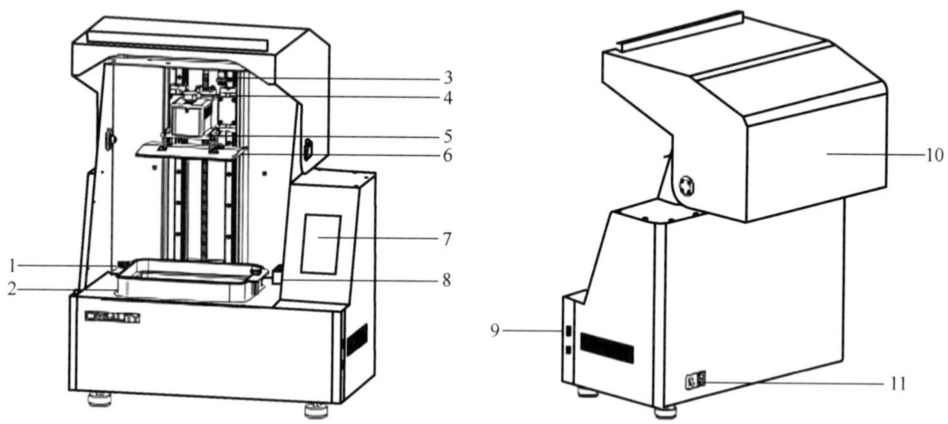

1、4—梅花胶头手拧螺钉；2—料盘；3—限位开关；5—调平螺钉；6—成型平台；7—显示屏；8—空气过滤器；9—USB 接口；10—亚克力防护罩；11—电源接口。

图 2-91　LCD 3D 打印机的结构

LCD 3D 打印机的基本参数如表 2-5 所示。

表 2-5　LCD 3D 打印机的基本参数

型号	CT-005 PRO
语言	英文/中文
打印方式	U 盘/创想云在线打印
X、Y 轴分辨率	0.05mm/3840×2400
Z 轴精度	0.01～0.1mm（即层厚）
打印速度	1～4s/每层
专用耗材	普通刚性光敏树脂，标准树脂，弹性树脂，高硬度、高韧性树脂，牙模树脂

续表

光源配置	紫外线集成灯珠（波长为 405nm）
操作系统	Windows 7 以上系统，mac 系统
额定功率	250W
成型尺寸	192mm×120mm×250mm（长×宽×高）
设备尺寸	542mm×300mm×636mm
机器重量	26kg
显示屏幕	5in

3．LCD 3D 打印的打印步骤

1）打开 LCD 光固化 3D 打印切片软件，单击界面左方的【打开】按钮添加模型文件。

2）如果须添加支架，则单击左上方图标，设置相应参数。

3）设置切片打印参数，进行切片。

4）等待完成切片后，另存为 cxdlp 格式文件，保存文件到 U 盘。

5）将光敏树脂倒入料盘，槽位容量分别为 500mL 和 1000mL。

6）将 U 盘插入打印机，选中需要打印的文件，按下打印键，开始打印。

2.3.5 风扇后处理

风扇后处理方法同吹风机，详见项目 1。

考核评价

风扇的逆向设计与 3D 打印评价表如表 2-6 所示。

表 2-6 风扇的逆向设计与 3D 打印评价表

工作任务名称：风扇的逆向设计与 3D 打印

评价项目	考核内容	考核标准	配分	小组评分	教师评分	企业评分	总评
任务完成情况评定（80 分）	任务分析	正确率为 100%得 5 分； 正确率为 80%得 4 分； 正确率为 60%得 3 分； 正确率小于 60%得 0 分	5				
	建模	操作规范、熟练得 10 分； 操作规范、不熟练得 5 分； 操作不规范得 0 分	10				
	数据处理	参数设置正确得 20 分； 参数设置不正确得 0 分	20				
	打印成型	操作规范、熟练得 10 分； 操作规范、不熟练得 5 分； 操作不规范得 0 分	30				
		加工质量符合要求得 20 分； 加工质量不符合要求得 0 分					

续表

<table>
<tr><th>评价项目</th><th>考核内容</th><th>考核标准</th><th>配分</th><th>小组评分</th><th>教师评分</th><th>企业评分</th><th>总评</th></tr>
<tr><td rowspan="2">任务完成情况评定（80 分）</td><td rowspan="2">后处理</td><td>处理方法合理得 5 分；
处理方法不合理得 0 分</td><td rowspan="2">15</td><td></td><td></td><td></td><td></td></tr>
<tr><td>操作规范、熟练得 10 分；
操作规范、不熟练得 5 分；
操作不规范得 0 分</td><td></td><td></td><td></td><td></td></tr>
<tr><td rowspan="4">职业素养（20 分）</td><td>劳动保护</td><td>按规范穿戴防护用品</td><td rowspan="4">每违反一次，扣 5 分，扣完为止</td><td></td><td></td><td></td><td></td></tr>
<tr><td>纪律</td><td>不迟到、不早退、不旷课等</td><td></td><td></td><td></td><td></td></tr>
<tr><td>表现</td><td>积极、主动、互助、负责、有改进精神等</td><td></td><td></td><td></td><td></td></tr>
<tr><td>6S 规范</td><td>符合 6S 管理要求</td><td></td><td></td><td></td><td></td></tr>
<tr><td>总分</td><td colspan="7"></td></tr>
<tr><td>学生签名</td><td></td><td>教师签名</td><td colspan="2"></td><td colspan="2">日期</td><td></td></tr>
</table>

自主练习

逆向设计与 3D 打印如图 2-92 所示的电话听筒。

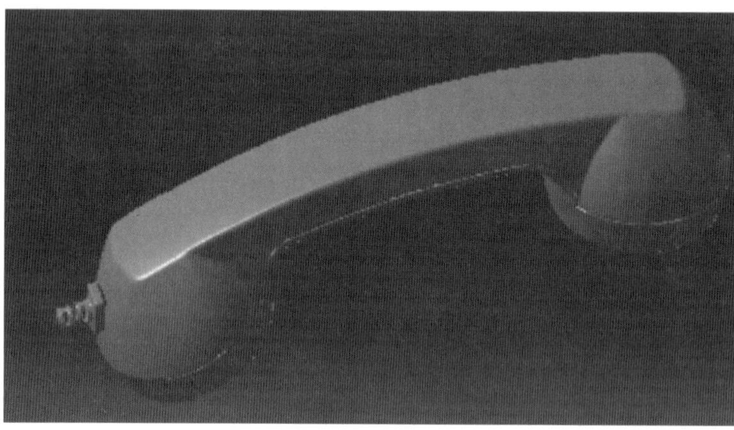

图 2-92　电话听筒

项目3 汽车散热器下安装板的逆向设计与3D打印

>>>>

◎ **项目导读**

某公司要求对某型汽车散热器下安装板进行设计，并采用 3D 打印的方式将其打印出来，以方便检验和测试，经研究决定利用 FDM 技术进行 3D 打印。

◎ **知识目标**

1．掌握 FDM 的原理及优缺点。
2．掌握 FDM 常用的材料。

◎ **能力目标**

1．能阅读任务单，制订汽车散热器下安装板的逆向设计方案。
2．能应用 CATIA 软件绘制汽车散热器下安装板的三维模型。
3．能选择合适的扫描仪，对产品进行数据采集。
4．能应用 Geomagic Studio 软件优化点云数据。
5．能正确操作 FDM 打印切片软件及设备。
6．能进行汽车散热器下安装板的后处理。

◎ **素养目标**

1．培养认真细致的工作态度和严谨的工作作风。
2．传承和发扬一丝不苟、精益求精、追求卓越的工匠精神。

视频：重构汽车散热器下安装板模型

3.1 工作任务：汽车散热器下安装板项目团队与任务单

3.1.1 组建团队及任务分工

组建团队及任务分工如表3-1所示。

表3-1 组建团队及任务分工

团队名称	团队成员	工作任务

3.1.2 发放任务单

任务单如表3-2所示。

表3-2 任务单

产品名称	汽车散热器下安装板	编号		时间	5天
序号	零件名称	规格	图形	数量/件	设计要求
1	汽车散热器下安装板		根据客户要求进行逆向模型重构	1	（1）模型准确，精度超差小于0.3mm； （2）完成汽车散热器下安装板模型的3D打印
2					
备注	请在指定时间内完成		完成日期		
生产部意见			日期		

3.2 知识准备：手持式激光扫描仪、CATIA功能模块与FDM

3.2.1 手持式激光扫描仪

1. 手持式激光扫描仪概述

手持式激光扫描仪通常包括光源（激光或白光等）、结构光投影器、两个（或以上）工业相机、用于进行三维数字图像处理的计算单元，以及用于标定这些设备的标定板及标记点等附件。工业相机基于机器视觉原理获得物体的三维数据，利用标记点信息进行数据自动拼接，实现基础的三维扫描和测量功能。该扫描仪无需任何关节臂的支持，只要通过数据线与普通个人计算机（personal computer，PC）或者笔记本计算机相连接，就可以手持该扫描仪任意地对待测零件、文物、汽车内饰件、鞋模、玩具等进行扫描，从而快速、准确且无损地获得物体的整体三维数据模型，达到质量检测、现场测绘与逆向 CAD 造型、模拟仿真和有限元分析的目的。手持式激光扫描仪如图 3-1 所示。

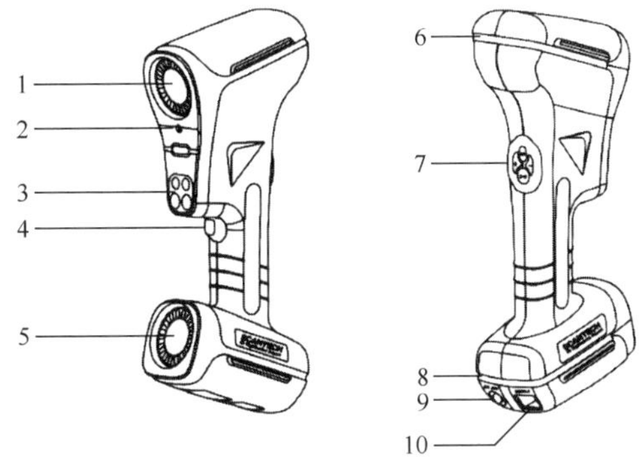

1—相机 A；2—指示激光器；3—激光发射器；4—前置按键；5—相机 B；6、8—指示灯带；7—后置按键；9—USB 线缆电源接口；10—USB 线缆 Type B 接口。

图 3-1　手持式激光扫描仪

手持式激光扫描仪的特点如下。

1）无需其他外部跟踪装置，如 CMM、便携式测量臂等。

2）利用反射式自粘贴材料进行自定位。

3）采用便携式设计，具有质量轻和体积小、运输方便的特点，因而不受扫描方向、物件大小及狭窄空间的局限，可实现现场扫描。

4）扫描时在 PC 屏幕上同步呈现三维数据，边扫描边调整；通过对定位点的自动拼接，可以做到整体 360° 扫描一次成型，同时避免漏扫盲区。

5）直接以三角网格面的形式录入数据，由于没有使用点云重叠分层，避免了对数据模型增加噪声点；而且采用基于表面最优运算法则的技术，因此扫描得越多，数据获取就越精确。

6）数据输出时，自动生成高品质的 STL 多边形文件，可以读入 CAD 软件、快速成型机和一些加工设备；同时兼容多种逆向软件，可以生成各种 CAD 格式文件。

2．手持式激光扫描仪设备连接

手持式激光扫描仪设备连接包括将电源连接到扫描仪和将扫描仪连接到计算机两步操作。连接线包括电源适配器连接线及 USB 线缆。电源适配器为扫描仪提供电源。USB 线缆共有四个接口，分别连接计算机、电源适配器和扫描仪端，具体连接方式如下。

1）将 USB 线缆 TypeA 接口连接到计算机端 USB3.0 端口中。

2）将 USB 线缆的电源接口及 TypeB 接口分别接入设备对应的接口（连接时注意线缆

方向应与接口处箭头指示方向保持一致，否则可能损坏接口)。

3）将电源适配器端口接入 USB 线缆的直流（direct current，DC）接口中。

4）检查以上步骤接入正确后，将电源适配器插头连接到电源接口。

手持式激光扫描仪设备连接如图 3-2 所示（图中的 AC 为 alternating current 的简称，即交流）。

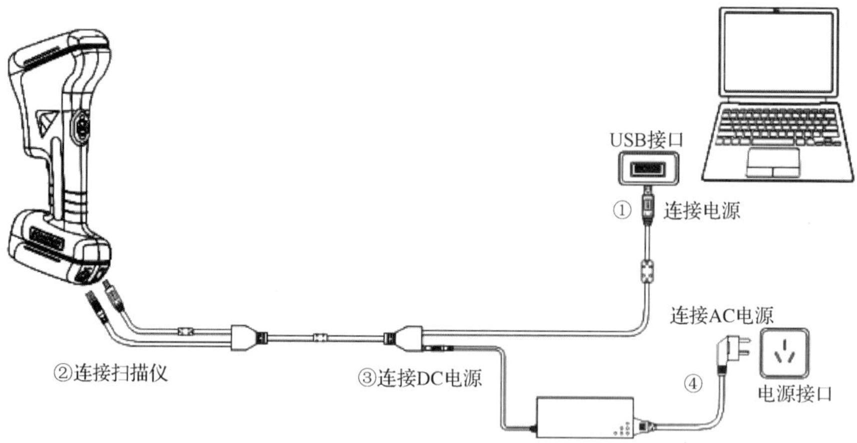

图 3-2　手持式激光扫描仪设备连接

3．手持式激光扫描仪操作流程

（1）工件预处理

手持式激光扫描仪是使用激光探测进行扫描的，因此，当被检测物体的材质或表面颜色属于下列情况时，扫描结果会受到一定的影响。

透明材质：如玻璃，若待扫描工件为玻璃材质，则激光会穿透玻璃，使得相机无法准确捕捉到玻璃所在的位置，因而无法对其进行扫描。

渗光材质：如玉石、陶瓷等，对于玉石、陶瓷等材质的工件，激光线投射到物体表面时会渗透到物体内部，导致相机所捕捉到的激光线位置并非物体表面轮廓，从而影响扫描数据精度。

高反光材质：如镜子、金属加工高反光面等，镜子等高反光材质会对光线产生镜面反射，从而导致相机在某些角度无法捕捉到其反射光，因此无法获得这些照射条件下的扫描数据。

其他会影响激光漫反射效果的材质或颜色：如深黑色物体，黑色物体吸光，使反射到相机的光线信息变少，进而影响扫描效果。

若要对以上材质或颜色的工件进行扫描，则在扫描前需要在工件表面喷反差增强剂，使工件可以对照射在其表面的激光进行漫反射。

（2）贴点

全局摄影测量操作中的贴点指在被测物体上粘贴反光标记点和编码标记点。

1）粘贴反光标记点的要求如下。

① 每两个标记点之间的距离为 30～250mm，具体要根据工件实际情况确定。如果工

件表面曲率变化较小，则距离可以适当大一些，最大距离为 250mm；如果工件特征较多、表面曲率变化较大，则可以适当减小距离，最小距离为 30mm。贴点如图 3-3 所示。

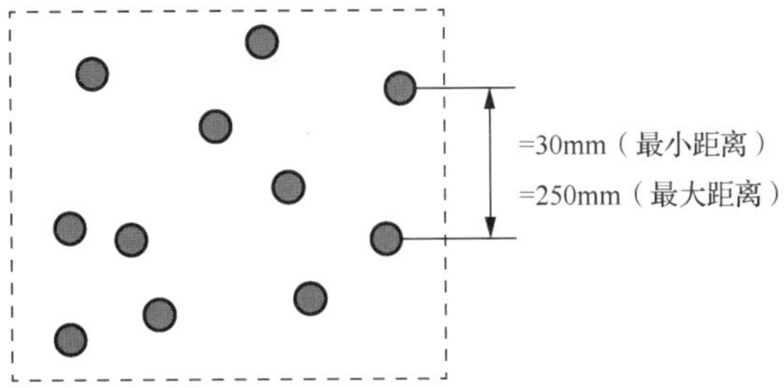

图 3-3　贴点

② 注意所贴标记点要随机分布，避免规律排布。因为手持式激光扫描仪是通过识别标记点组成的位置结构来进行相对定位的，若标记点排布规律，则会增大标记点位置读取错误的概率，从而使数据采集错误。

③ 标记点不宜贴在工件边缘。为了保证数据质量与精度，工件上贴标记点的位置在最后输出点云数据的时候会被删除，形成一个孔。因此在贴点时，标记点须离开边缘 2mm 以上，便于后期数据修补处理。此外，贴标记点时还须注意避免弄脏、隐藏或破损标记点。若是需要喷粉的工件，则先喷粉，再贴点。

2）粘贴编码标记点的要求如下。

① 编码标记点应随机分布，避免排列成规则的直线。

② 拍摄时每张图中至少能够出现 6 个清晰的编码标记点。合适的、易于拍摄的位置必须放置足够的编码标记点。但也不是放得越多越好，太多反而会降低计算精度。

③ 编码标记点不能与反光标记点重叠放置，不同编码标记点也不能重叠放置。

（3）快速标定

1）扫描仪连接好后需要使用快速标定板对设备进行快速标定。操作时，使标定板两边的标签方向正对使用者。使用者沿箭头方向轻微用力推送，打开左右两侧的快速标定板，如图 3-4 所示。

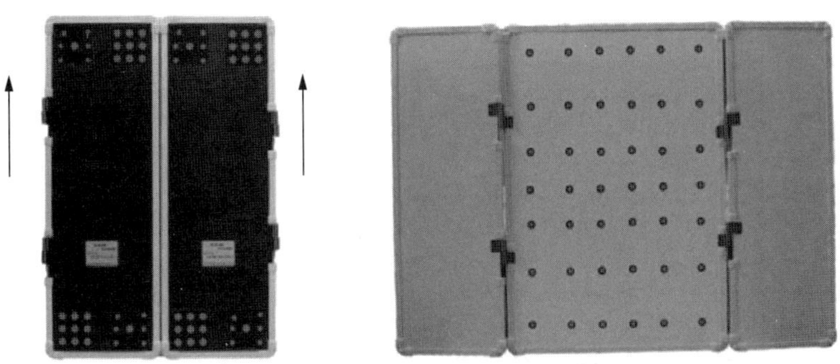

（a）沿箭头方向推送　　（b）左右两侧快速标定板

图 3-4　打开左右两侧的快速标定板

2）在 ScanViewer 扫描软件中，单击【快速标定】按钮（参考扫描软件界面介绍），进入【快速标定】界面，如图 3-5 所示。

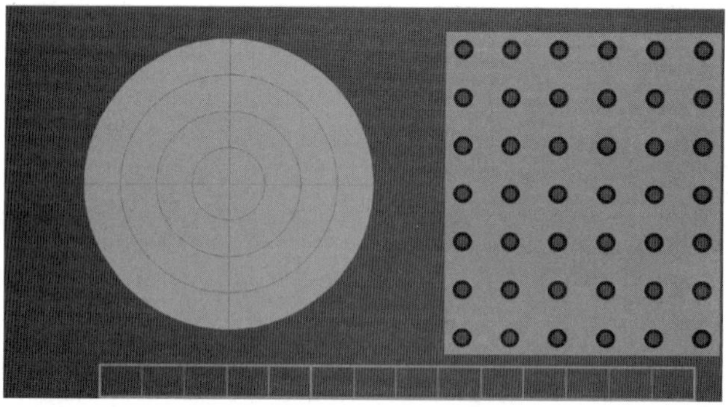

图 3-5　【快速标定】界面

3）将标定板放置在稳定的平面，扫描仪正对标定板，距离 400mm 左右，按一下扫描仪开关键，发出激光束（以 7 条平行激光为例），如图 3-6 所示。

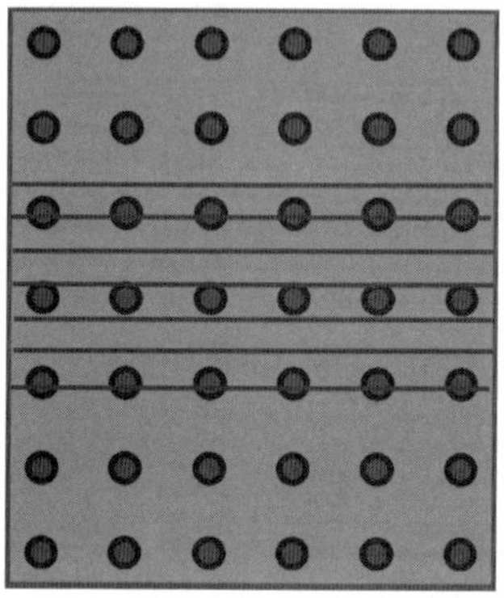

图 3-6　扫描仪激光检查

4）控制扫描仪角度，调整扫描仪与标定板的距离，使得左侧的阴影圆重合；在保证左侧阴影圆基本重合的状态下，不改变角度，首先水平移动扫描仪，使右侧的梯形阴影重合，然后调整距离使其大小符合。【扫描仪正中标定】界面如图 3-7 所示。

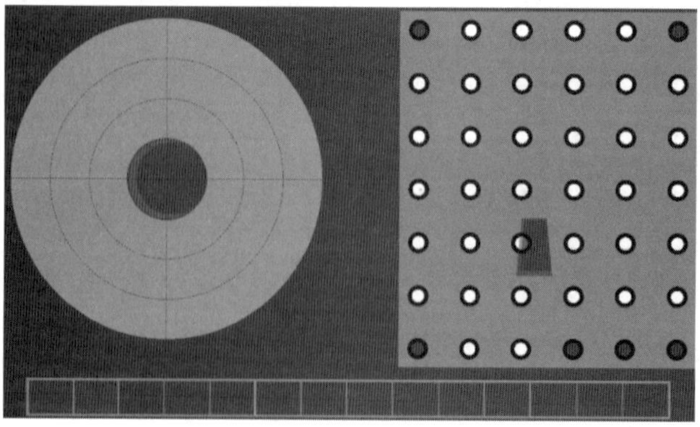

图 3-7　【扫描仪正中标定】界面

5）逐渐抬高设备，标定完竖直方向后，将扫描仪移动到右侧，并将扫描仪镜头向左侧倾斜 45°，激光束保持在第 4 行与第 5 行标记点之间，使阴影重合，如图 3-8 所示。

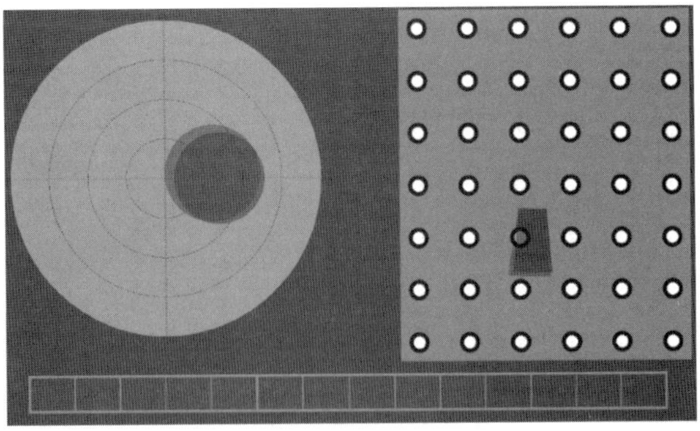

图 3-8　右侧标定

6）右侧标定完成后，将扫描仪移动到左侧，并将扫描仪镜头向右侧倾斜 45°，激光束保持在第 4 行与第 5 行标记点之间，使阴影重合，如图 3-9 所示。

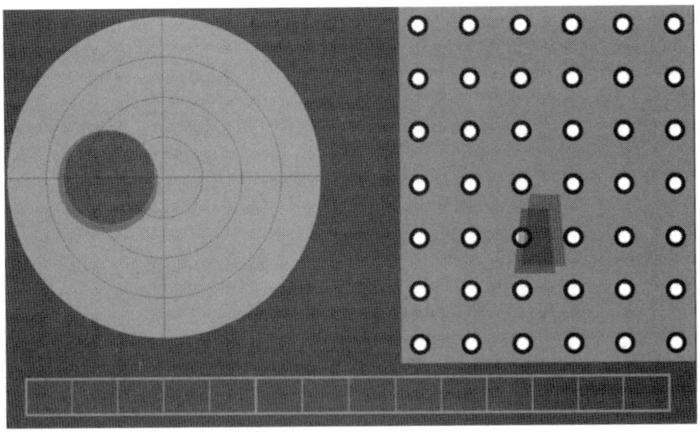

图 3-9　左侧标定

7）左侧标定完成后，将扫描仪移动到后方，并将扫描仪镜头往前仰视 45°，激光束保持在第 4 行与第 5 行标记点之间，使阴影重合，如图 3-10 所示。

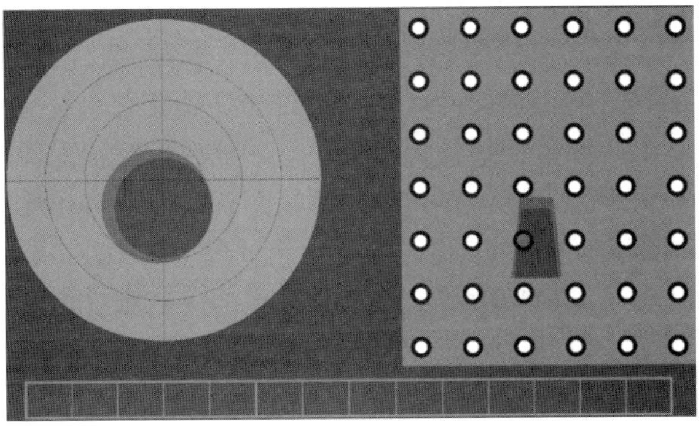

图 3-10　后侧标定

8）后侧标定完成后，将扫描仪移动到前方，并将扫描仪镜头往后俯视 45°，激光束保持在第 4 行与第 5 行标记点之间，使阴影重合，如图 3-11 所示。

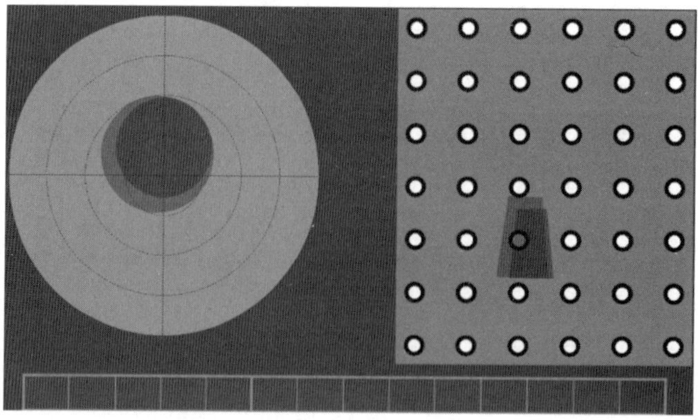

图 3-11　前侧标定

9）标定完成，弹出校准精度值，结果如图 3-12 所示。

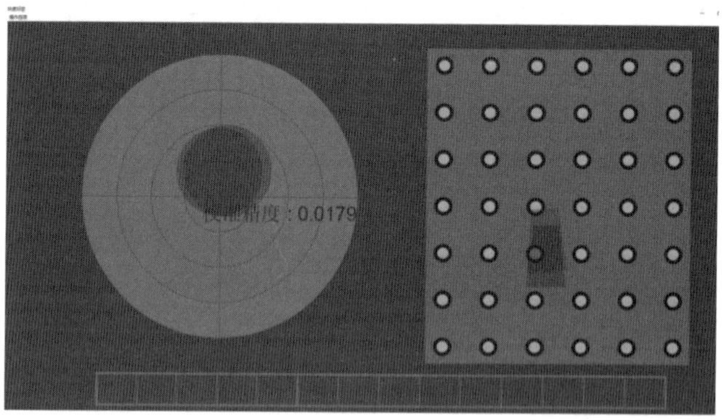

图 3-12　标定完成

（4）预扫标记点

标定完成后，可以开始扫描。扫描时，先对工件表面的标记点进行采集，该步骤被称为预扫标记点。

预扫标记点的作用是建立工件各个面的位置关系，采集定位的标记点，使得后续的扫描激光面片（点）更容易进行，也使得从面到面的过渡更方便。

预扫标记点后可以使用软件的“标记点优化”功能进行标记点优化。选中【标记点】单选按钮，单击【开始】按钮，开始预扫标记点，扫描完成后选择【停止】→【优化】命令。预扫标记点如图 3-13 所示。

在预扫标记点时，尽可能地使用多个角度对标记点再次进行识别读取，或者可以直接选中【智能标记点】单选按钮进行扫描（不需要多个角度）。

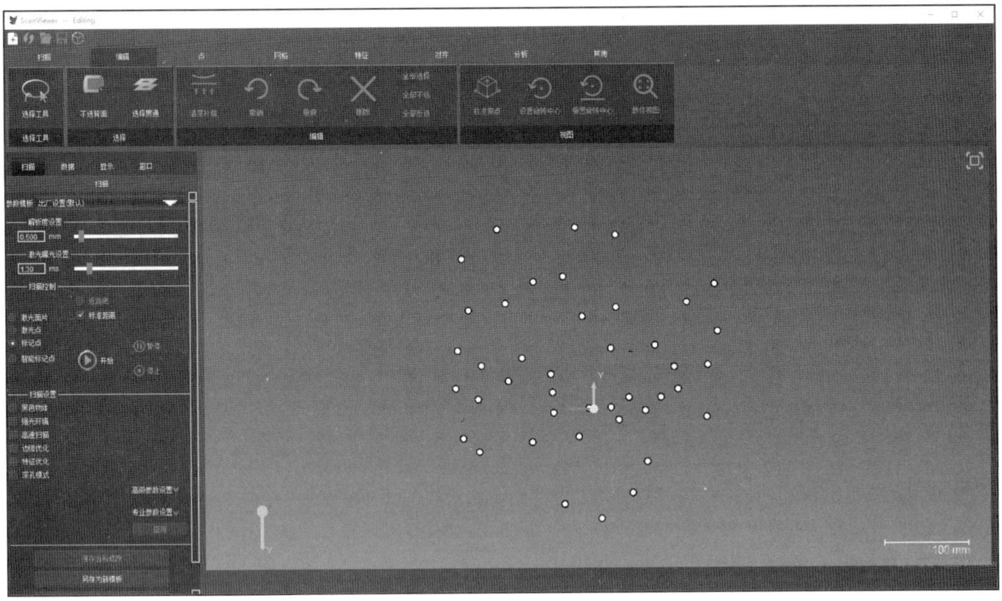

图 3-13　预扫标记点

（5）扫描激光面片（点）

在扫描激光面片（点）之前，需要设置扫描参数（或使用参数的默认值），如扫描解析度、曝光参数设置，扫描控制、高级参数设置，以及专业参数设置等。在扫描激光面片（点）时，要注意扫描仪的角度和扫描仪与工件的距离，平稳移动扫描仪，使用激光将空白位置数据采集完全即可。扫描完全后单击【停止】按钮，软件开始处理所扫描的数据，等待数据处理完成，激光面片（点）即扫描结束。扫描激光面片如图 3-14 所示。

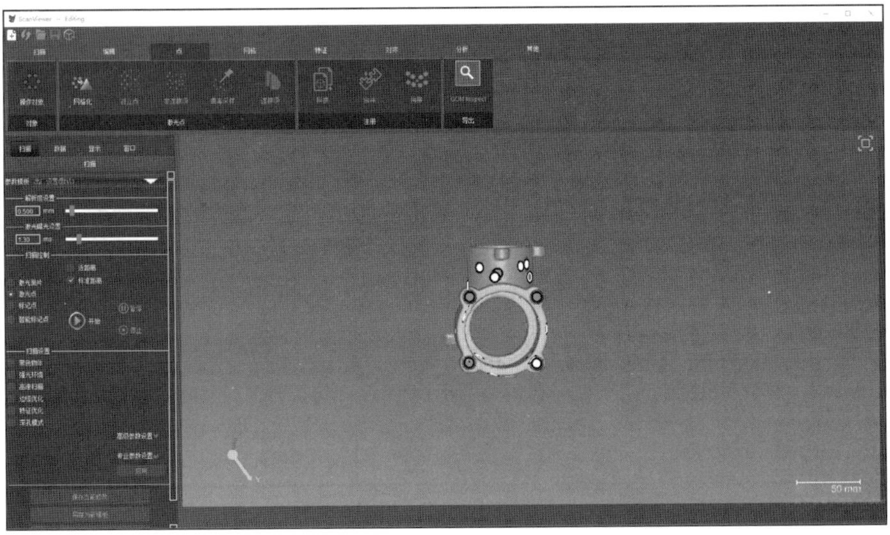

图 3-14　扫描激光面片

扫描结束后，可以保存为工程文件、激光点文件，也可以选择【点】→【网格化】命令进行优化操作，优化完成后，可以将其封装，生成网格文件。网格化数据如图 3-15 所示。

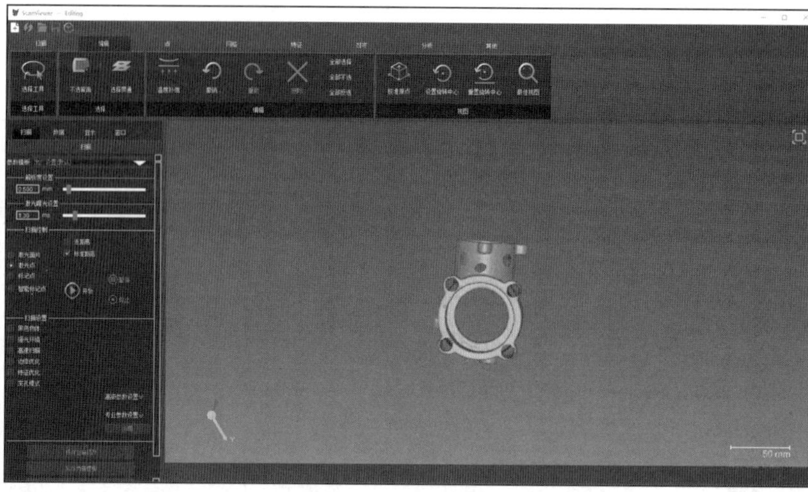

图 3-15　网格化数据

3.2.2　CATIA 的逆向点云编辑模块

CATIA V5 的逆向点云编辑模块提供数字化数据的输入、清理、组合、截面生成、特征线提取、实时外形及指令分析等功能。此功能模块用于逆向工程的前期，即数字测量之后、模型重构之前。

1. 逆向点云编辑模块相关图标菜单

选择菜单栏中的【开始】→【形状】→【逆向点云编辑】命令，进入逆向点云编辑模块。

CATIA V5 的逆向点云编辑模块由如下图标菜单组成：点云输入、点云输出、点云编辑菜单、复位菜单、图像操作菜单、分析菜单及网格化菜单等。逆向点云编辑模块常用按钮如表 3-3 所示。

表 3-3　逆向点云编辑模块常用按钮

序号	按钮	说明	序号	按钮	说明
1		点云输入	6		合并点云
2		点云输出	7	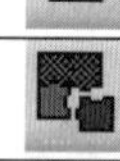	合并网格
3		激活	8	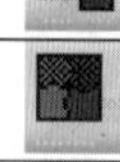	分割多边形或点云
4		过滤	9		创建网格
5	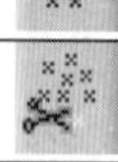	删除	10		填孔

2. 逆向点云编辑模块相关功能介绍

（1）点云输入

点云输入指将其他格式数据调入 CATIA，是进行逆向造型的第一步，其他操作都建立在此基础之上。

点云输入的操作步骤如下。

1）单击【输入】按钮，弹出点云【输入】对话框，如图 3-16 所示。

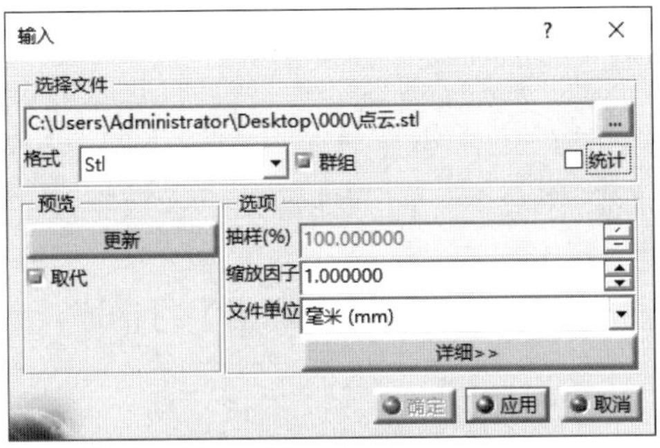

图 3-16　点云【输入】对话框

2）在【格式】中选择输入文件格式。CATIA 为用户提供了多种文件输入格式，如 Ascii free、Atos、Cgo、Hyscan、Iges、Kreon、STL 等。

3）在文件选择区选择输入文件并指明文件路径。

4）【选项】：①【抽样】——按百分比例显示，抽样就是对输入的点云、扫描线等的扫描数据按百分比进行简化；②【缩放因子】——输入文件按输入比例缩放输入模型；③【文件单位】——输入数据采用的单位，与其他选项关系不大。

5）【统计】：如果选中此复选框，则显示输入文件相关信息；否则，不显示。

6）单击【应用】按钮：显示点云。

7）单击【更新】按钮：显示输入点云的边界框，通过拖拉边界框的绿色箭头调整要输入的大小。

注意：边界框尺寸与可见点云尺寸一致。

8）如果选中【取代】选项，则将用新的点云代替当前点云。

9）确认无误后，单击【确定】按钮，生成的元素将增加到结构数上。

根据输入文件格式的不同，单击【详细】按钮，还会显示更多的信息。

（2）点云输出

在实际应用中，需要将 CATIA 中的点云用不同格式输出，CATIA 也支持点云的输出。当输出的是扫描线时，以扫描线输出；当输出的是点云时，以点云输出；当输出的既有点云，又有扫描线时，以扫描线输出。

点云输出的操作步骤如下。

1）选择要输出的元素，单击【输出】按钮，弹出点云【输出】对话框，如图 3-17 所示。

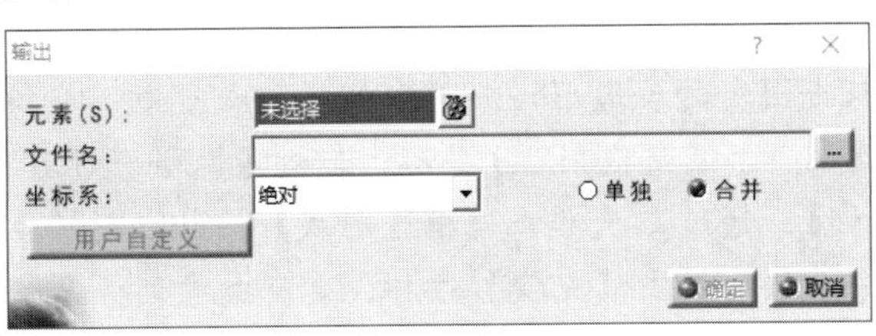

图 3-17　点云【输出】对话框

2）打通存储文件的路径。

3）输入文件名。

4）选择存储文件的坐标系。

5）单击【确定】按钮，新文件被存入硬盘；单击【取消】按钮，则不保存。

（3）激活部分点云

在处理较多的点云数据时，工作焦点只是一个较小的范围，为了节省计算机资源，CATIA 允许用户只激活工作区域点云，而其他部分点云被隐藏。

激活部分点云的操作步骤如下。

1）单击【激活】按钮和一片点云，弹出【激活】对话框，如图 3-18 所示。

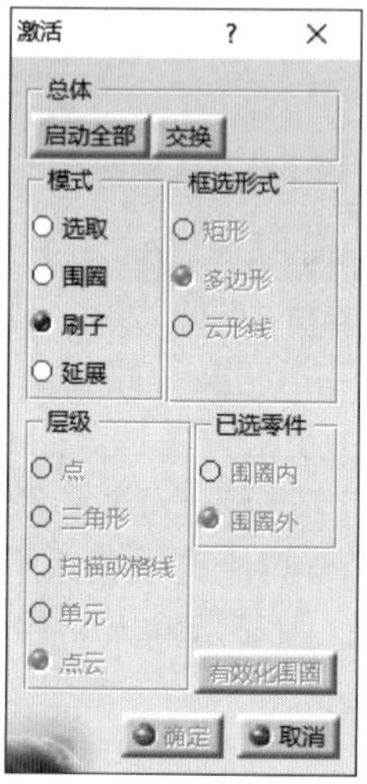

图 3-18 【激活】对话框

【激活】对话框中的【有效化围圈】按钮的功能与点云【输入】对话框中的【应用】按钮的功能一致。激活工作焦点有以下几种方法。

① 选取单个元素激活区：挑选要工作的焦点区域，单击【确定】按钮。

② 围圈激活区：挑选要工作的焦点区域，通过拖拉圈定线修改圈定区域的大小，单击【确定】按钮。

③ 刷子激活区：按住左键拖曳鼠标，选择激活区域，单击【确定】按钮激活区域。

若选用选取单个元素激活区的方法，则可以通过【层级】区的选项直接激活。【层级】区的选项包括【点】、【三角形】、【扫描或格线】、【单元】、【点云】。

若选用围圈激活区的方法，则可以通过【框选形式】区圈定激活区。【框选形式】区的选项包括【矩形】、【多边形】、【云形线】。

注意：只要没有双击圈定的多边形，就能取消操作与重做；在挑选过程中，激活的点用红色显示；在默认情况下，圈定线用 2D 显示，若旋转模型，则用 3D 显示；通过拖动绿色箭头能够修改圈定区域；通过多次单击【框选形式】按钮，能够生成多个激活区；如果首先圈定模型的一部分，然后单击【交换】按扭，则有效的部分是未圈定的那部分。

2）选择保留部分：圈定线之内、圈定线之外。

3）通过选择部分点云召回全部点云：【启动全部】、【交换】。

如果激活的是完整点云，则显示自由边；否则，不显示。

（4）过滤

在处理数字化点云时，若数字化点云较为密集，则可以用 CATIA 中的过滤功能对点云进行处理，滤除多余的点。

过滤的操作步骤如下。

1）单击【过滤】按钮和需要过滤的点云，弹出【过滤】对话框，如图 3-19 所示。

2）选择过滤类型：【齐次】、【适应】。

如果选用均匀过滤，则在过滤点云上出现一个绿色的过滤球，可以在【齐次】对话框中改变球的半径，也可以单击点云改变球的位置。过滤原理：当球沿点云运动时，凡是在球里面的点都将被一个点代替，其余点被隐藏。

注意：球的半径不能小于收集点云的步长。

如果选用适度过滤，则【适应】对话框中的数字所表示的意义是点云过滤的弦差。用这种方法过滤，在平坦面将有较多的点被隐藏，而在曲率变化较大的地方将有较少的点被隐藏，这样可以突出曲率变化区域。

注意：当弦差为零时，可以恢复被隐藏的点。

3）每单击一次【应用】按钮，点云和【统计】区信息都会刷新一次。

4）选中【实际删除】复选框，将删除被隐藏的点。

5）单击【确定】按钮，完成操作。

注意：当【实际删除】复选框未被选中时，所有过滤点只是被隐藏，而不是被删除；不能过滤多边形；点云过滤后不能取消；当过滤扫描线或格子时，实际上是将扫描线或格子隐藏，并生成新的扫描线或格子；被物理删除的点不能恢复。

（5）删除

删除在点云处理中特别有用，它可以删除不需要的点，对点云进行清理，方便进行造型处理。

删除的操作步骤如下。

1）单击【移除】按钮和点云，弹出【移除】对话框，如图 3-20 所示。

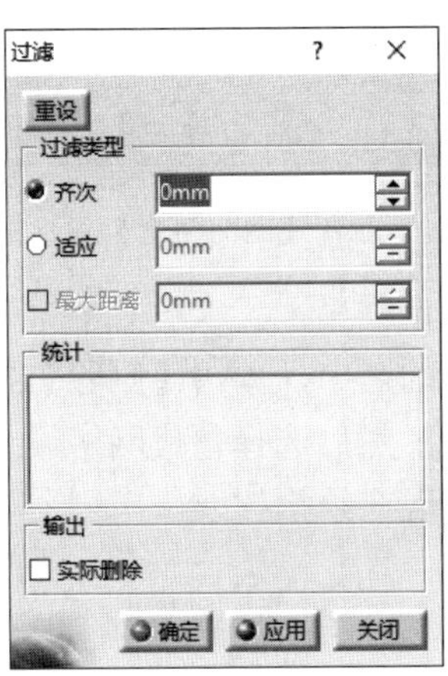

图 3-19 【过滤】对话框

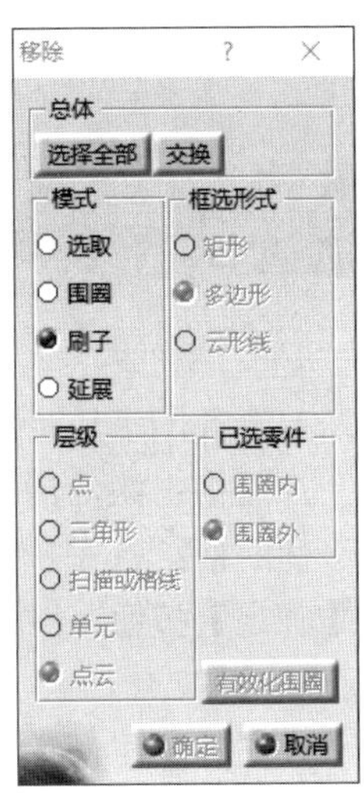

图 3-20 【移除】对话框

2）有以下三种方法选取要删除的区域。

① 选取单个元素删除区：挑选要工作的焦点区域，单击【确定】按钮。

② 围圈单个删除区：通过拖拉圈定线修改圈定区域的大小，单击【确定】按钮。

③ 围圈多个删除区：通过拖拉圈定线修改圈定区域的大小，单击【有效化围圈】按钮，使之有效。重复操作，直到要删除的点云都被选上，单击【确定】按钮删除。

若选用选取单个元素删除区的方法，则可以通过【层级】区的选项直接删除。【层级】区的选项包括【点】、【三角形】、【扫描或格线】、【单元】、【点云】。

若选用围圈删除区的方法，则可以通过【框选形式】区圈定删除区。【框选形式】区的选项包括【矩形】、【多边形】、【云形线】。

注意：只要没有双击圈定的多边形，就能取消操作与重做；在挑选过程中，删除的点用红色显示；在默认情况下，圈定线用2D显示，若旋转模型，则用3D显示；通过拖动绿色箭头能够修改圈定区域；虽然删除和激活的对话框相似，操作也大体相同，但还是有细微差别，如删除的点不能恢复，所有自由边都显示。

（6）溶合点云

1）单击【溶合点云】按钮，弹出【溶合点云】对话框，如图3-21所示。

2）选择需要合并的点云，点云清单出现在对话框里。

3）删除一片点云：激活清单中要删除点云的名字，单击【删除】按钮。

4）替代一片点云：首先从清单中删除被替代的点云，然后选择替代点云。

5）单击【确定】按钮，点云合并完成，新的名字出现在结构树上。

（7）网格溶合

1）单击【网格溶合】按钮，弹出【网格溶合】对话框，如图3-22所示。

图3-21 【溶合点云】对话框

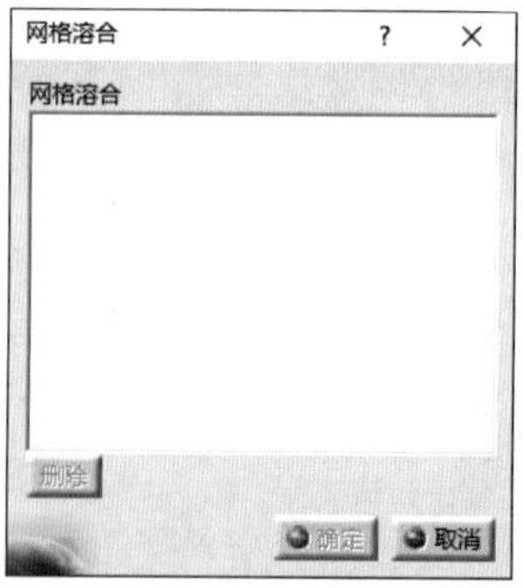

图3-22 【网格溶合】对话框

2）选择需要合并的多边形网格，网格清单出现在对话框里。

3）删除一片网格：激活清单中要删除的多边形网格的名字，单击【删除】按钮。

4）替代一片网格：首先从清单中删除被替代的网格，然后选择替代网格。

5）单击【确定】按钮，网格合并完成，新的名字出现在结构树上。

（8）分割多边形或点云

1）单击【分割】按钮，弹出【分割】对话框，如图3-23所示。

2）选择一个需要分割的多边形或点云。

3）挑选分割部分，此操作与激活操作一样。

4）单击【确定】按钮，分割完成。

（9）建立网格

1）单击【建立网格】按钮，弹出【建立网格】对话框，如图3-24所示。

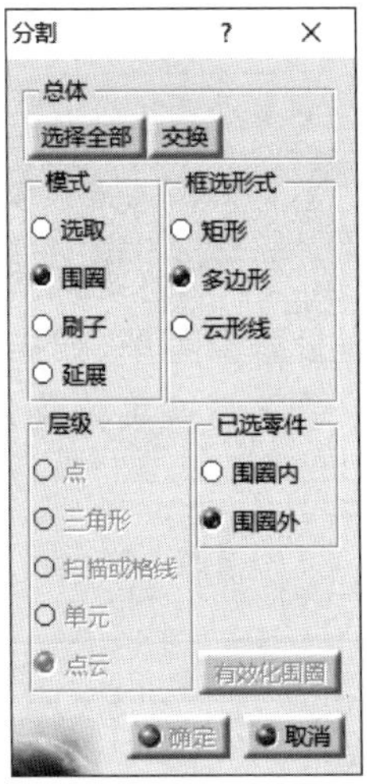

图3-23 【分割】对话框

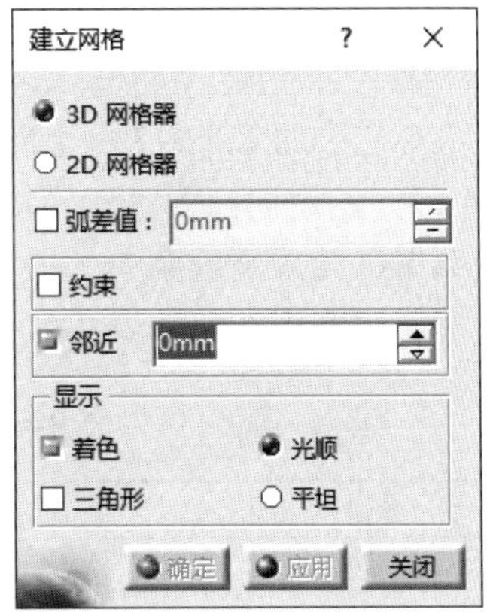

图3-24 【建立网格】对话框

2）选择一片点云，一个与模型相适应的近似数出现在【邻近】文本框中，此数值代表三角形的最大边线长度，数值可根据需要更改，在点云中“形象化”为一个绿色的球，通过单击点云能够改变球的位置。

3）通过【显示】区中的选项选择显示方式。【着色】：模拟事物表面显示，有两种显示类型，即【光顺】和【平坦】，前者光线与三角形切向一致，给人以高质量的感觉，后者光线与三角形法向一致。【三角形】：用三角形显示多边形。

4）选择网格。3D网格器：一个复杂的多边形计算，计算时间随着模型的尺寸和复杂程度的增加而增加。在做此操作时，最好预先过滤。2D网格器：快速简单地获得多边形面。

5）单击【应用】按钮刷新结果，单击【确定】按钮获得一个新多边形面。

注意：增加邻近数值可以提高多边形面的质量和减少孔洞的产生，但是找到一个既没有孔洞，又没有产生多余三角形面的邻近数值是比较困难的。

（10）填孔

1）单击【填孔】按钮和一个多边形面。

2）单击多边形面，指针靠近孔洞的边，出现一个白色三角形，单击白色三角形，洞被填上。

3）双击退出此操作。

注意：填孔可以取消，但不能重做；孔洞必须封闭；孔洞必须小；孔洞的几何重心不能超出孔洞；白色三角形边靠近几个孔洞时，只能填一个孔洞。

3.2.3 CATIA的逆向曲面重建模块

CATIA V5的逆向曲面重建模块为重构曲面提供了一种快捷易用的手段。它不仅可以构造不具有平面、圆柱面和倒圆角特征的自由曲面，还可以构造包括自由曲面在内的其他具有机械特征的曲面，如凸台、加强筋、斜度和平坦区域。使用逆向曲面重建模块可以直接依据点云数据重构曲面；也可以先将原有实体修改，再通过数字化将其处理成点云数据，最后重构原有的 CAD 模型上须修改的曲面。逆向曲面重建模块可以让设计人员决定是注重重构曲面的效力还是重构曲面质量，或两者综合考虑以满足不同需求。逆向曲面重建模块构造的曲面可以有参数，以适应修改的需要。

1. 逆向曲面重建模块相关图标菜单

选择菜单栏中的【开始】→【形状】→【逆向曲面重建】命令，进入逆向曲面重建模块。

CATIA V5 的逆向曲面重建模块由如下图标菜单组成：点云编辑菜单、扫描线创建菜单、曲线创建菜单、轮廓清理菜单、曲面创建菜单、几何操作菜单、变换菜单及分析菜单。逆向曲面重建模块常用按钮如表 3-4 所示。

表 3-4　逆向曲面重建模块常用按钮

序号	按钮	说明	序号	按钮	说明
1	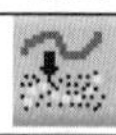	创建投影扫描线	7		轮廓清理
2		创建平面截面扫描线	8		基本曲面辨识
3		创建空间曲线	9		智能拟合
4		由扫描线创建曲线	10		曲率分割
5		创建交线	11	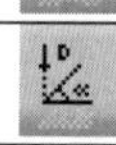	斜度分割
6		创建投影	12	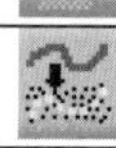	距离分析

2. 逆向曲面重建模块相关功能介绍

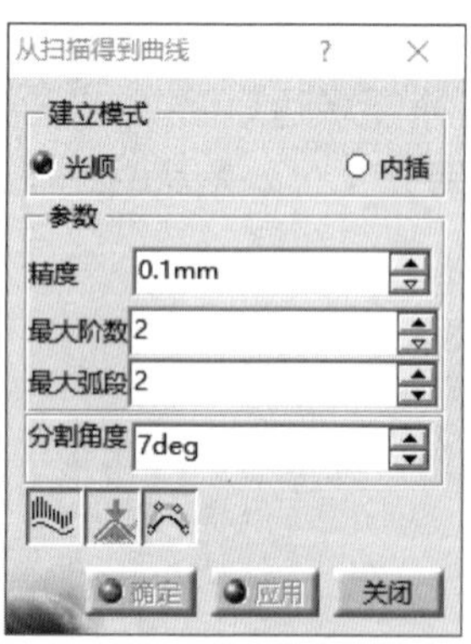

图 3-25　【从扫描得到曲线】对话框

（1）曲线创建

1）创建空间曲线。空间曲线可单独在三维空间或几何体上创建，也可在两者之间混合创建。当空间曲线所依托的几何元素被修改时，空间曲线会自动更新。

2）由扫描线创建曲线。单击【从扫描得到曲线】按钮，弹出如图 3-25 所示的对话框。

【建立模式】区有【光顺】及【内插】两个选项可选。

光顺模式：曲线光顺地通过两极点之间所有的点。若选中该模式，则对话框内【参数】区的各参数可调节。

精度参数：控制曲线与点之间的最大误差。若生成的曲线符合精度要求，则以绿色背景显示误差值；反之，则以红色背景显示误差值。

最大阶数：控制生成曲线的控制点的数目。

最大弧段：生成曲线的最大分段数。

分割角度：若数值为 0，则不进行光顺操作；若数值增加，则提高曲线的张紧度。当生成的曲线夹角达到 90° 时，曲线被分割成两段。

选择扫描线，单击【应用】按钮，系统显示临时生成的曲线，分别调节参数再次单击【应用】按钮检查生成的曲线质量。系统以精度、最大阶数、最大弧段为次序影响生成曲线的质量，单击【确定】按钮完成命令。

插补模式：曲线依据扫描线以插补方式生成。若选中该模式，则对话框内【参数】区的各参数不可调节。

3）创建交线。单击【创建交线】按钮，选择两个元素，在【结果】里选择生成交线的方式。【相交定义】对话框如图 3-26 所示。

4）创建投影。创建投影即将点沿法向或指定方向投影到曲线及曲面上，或者将曲线沿法向或指定方向投影到曲面上。【投影定义】对话框如图 3-27 所示。

（2）清理轮廓

【清理轮廓】菜单下只有一个按钮，即【清理轮廓】按钮。用此按钮可将一组相交、不相交曲线或曲面边界形成封闭或不封闭的轮廓。单击【清理轮廓】按钮，弹出如图 3-28 所示的对话框。

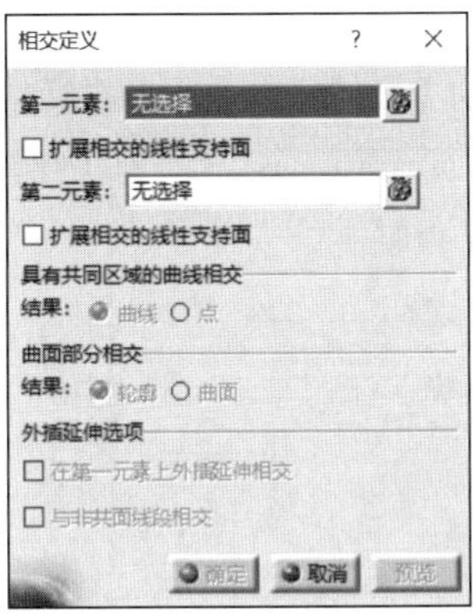

图 3-26　【相交定义】对话框

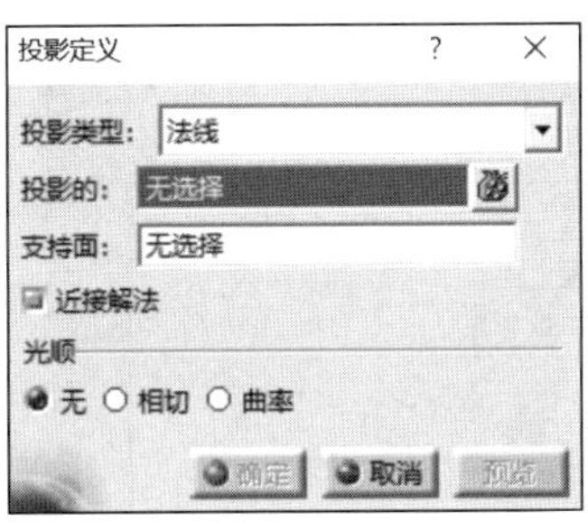

图 3-27　【投影定义】对话框

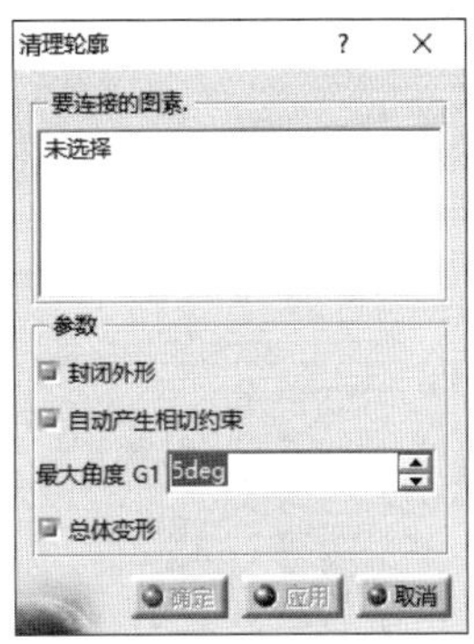

图 3-28　【清理轮廓】对话框

选择曲线或曲面边界，此时选中的曲线同时显示默认的约束种类，即自由或固定。单击绿色区域可直接改变约束种类，也可右击后在弹出的快捷菜单中选择所需约束。

若须去除对已选曲线的选择，则可直接单击此曲线或在对话框中的【要连接的图素】内选择要去除的元素名称，右击弹出菜单后单击【删除】按钮。

清理轮廓功能将按以下计算方法并参考曲线约束状态对所选元素进行处理。

1）假如两条曲线之间的最小距离点在两条曲线之间且不是端点，则两条曲线连于此点或假想交点。

2）假如两条曲线之间的最小距离点是两条曲线端点，则系统依两条曲线长度权重自动产生一个最小距离点，并依此点将两条曲线相连。

3）假如两条曲线之间的最小距离点其中之一是一条曲线的端点，则系统将此曲线端点移至另一条曲线相应的最小距离点处。

若在对话框中选择【封闭外形】选项，则在最小距离点处裁减曲线后自动形成封闭轮廓。

若在对话框中选择【自动产生相切约束】选项，则当这些曲线在端点与生成曲线相切的角度小于最大相切角度（最大角度 G1）时强迫生成相切曲线。

单击【确定】按钮，系统将原有曲线隐藏，生成新的轮廓线。若结果不符合要求，则可尝试使用【曲线切片】按钮将曲线打断后再使用此命令。

（3）曲面创建

1）基本曲面辨识。单击【基本曲面辨识】按钮，弹出如图 3-29 所示的对话框。

在【方法】区依次有【平面】、【球】、【圆柱】、【圆锥】及【自动】选项。创建曲面时，可依据点云形状选择合适的生成方法，亦可选中【自动】单选按钮。

选中【平面】单选按钮，可定义法线和通过点；选中【球】单选按钮，可定义球心点和球半径；选中【圆柱】单选按钮，可定义圆柱半径、圆柱轴线方向中心；选中【圆锥】单选按钮，无选项可选；选中【自动】单选按钮，只能定义平面最大误差。

选择须生成曲面的点云，单击【应用】按钮，生成曲面。若在【方法】区选择的是【平面】、【球】、【圆柱】、【圆锥】及【自动】单选按钮，则可直接在对话框中选择要更改的参数，系统将按输入值给出结果。

假如生成的是平面，则可用指针将其延伸（沿箭头）及旋转（沿圆）。

假如需要改变生成的曲面大小，则可双击生成的曲面对其进行编辑。

2）智能拟合。单击【高级拟合】按钮，弹出如图 3-30 所示的【最佳拟合曲面】对话框。

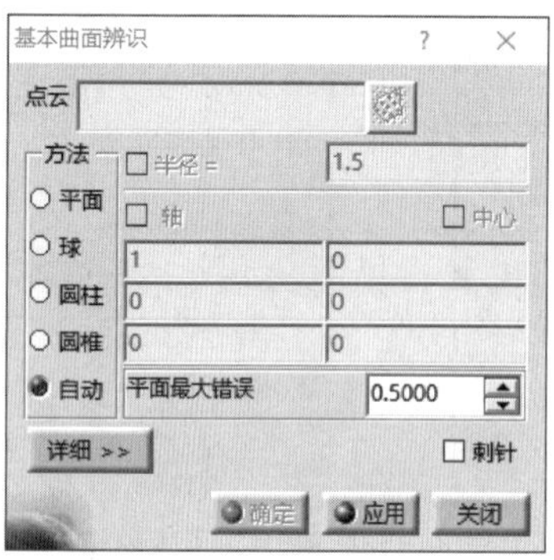

图 3-29 【基本曲面辨识】对话框

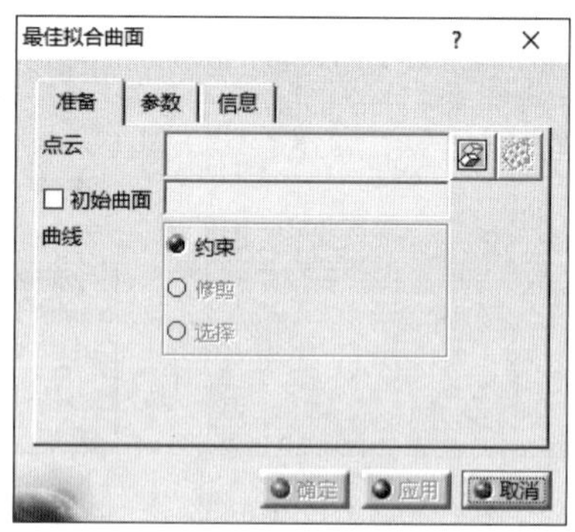

图 3-30 【最佳拟合曲面】对话框

① 选择点云和经轮廓清理处理得到的轮廓，系统给出三个选项。【约束】：计算出的曲面通过轮廓并符合约束条件；【修剪】：轮廓线投影到计算出的曲面上并将其裁减；【选择】：根据轮廓线内的点云计算曲面。

假如有初始曲面用于辅助要生成的曲面，则可选中【初始曲面曲线】复选框。

② 【参数】：控制生成的曲面与点云的最大误差，数值可调节。

【参数】中有【半径】和【张力】两个选项。【半径】：当点云跳点较多时，很难使生成的曲面都通过点云和轮廓，可以通过指定半径值将以选定曲线为中心的管状区域内的点过滤掉。【张力】：数值为 0～4，若张量值较高，则可得到较为张紧的曲面。

③ 【信息】：曲面以梳状线显示的误差值。初始值等于参数值。

④ 单击【参数】下的【高级】按钮，出现【阶次】、【段数】、【间隙 G0】和【间隙 G1】等选项。【阶次】：在某方向上控制点的最大数目，数值为 5～15。【段数】：计算曲面的最

大面片数，默认值为 64，最大值为 256。【间隙 G0】：生成的曲面与边界线的误差值，默认值为 1。【间隙 G1】：表示两相邻曲面的相切误差值，默认值为 0.5。

（4）菜单分析

1）曲率分割。单击【曲率分割】按钮，弹出如图 3-31 所示的【以曲率分段】对话框。

① 选择上色显示的多边形点云。在对话框的【形式】区里有【曲率】和【绝对】选项。【曲率】下拉列表框里有【最大】、【最小】、【绝对】、【平均】、【高斯】选项。【半径】下拉列表框里有【最大】和【最小】选项。

最大曲率和最小曲率按以下方法形成：做一个平面，此平面包含曲面指定一点处的法线方向，用此平面沿通过曲面指定点的一条已知曲率的曲线去切曲面。假如平面绕法线旋转，则与曲面相交的曲线曲率会出现两个极值，分别为最大曲率和最小曲率。

绝对曲率等于|最大曲率|+|最小曲率|，其极值出现处通常代表曲面最为平坦的地方。

平均曲率等于(最大曲率+最小曲率)/2，其极值出现处通常代表曲面最为扭曲的地方。

高斯曲率相当于最大曲率和最小曲率，其描述曲面上某点处的形状：正值代表此点为椭圆形状，负值代表此点为双曲线形状，0 代表此点为抛物线形状。

② 首先在【形式】区中选择所需类型，然后单击点云适当位置，在【结果】区可选择生成扫描线、点云或两者都生成。使用【过滤器】可去除不需要的点。

2）斜度分割。单击【斜度分割】按钮，弹出如图 3-32 所示的【以斜度分隔部分】对话框。

单击点云，可在对话框的【指南针】区定义参考方向，亦可直接拖动罗盘定义参考方向。在【数值】区可定义角度值，系统会按【结果】区中指定的生成方式生成扫描线、点云或两者都生成。

3）距离分析。单击【距离分析】按钮，弹出如图 3-33 所示的【距离】对话框。

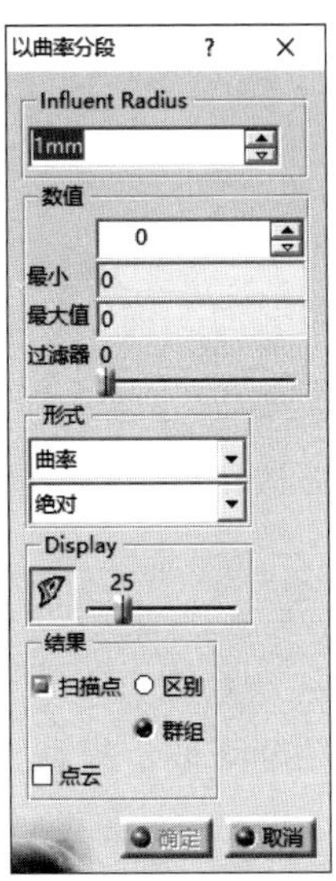

图 3-31 【以曲率分段】对话框

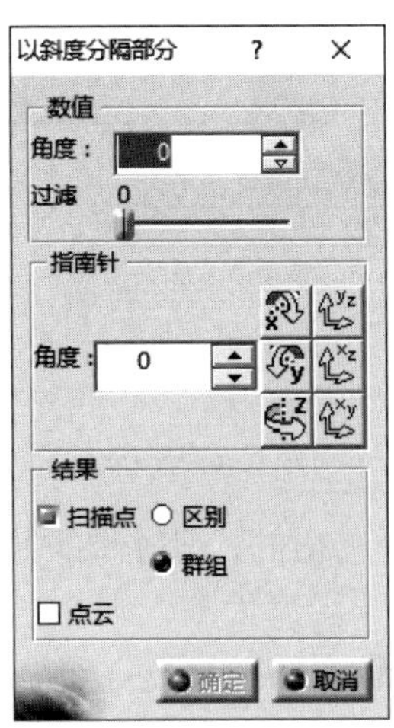

图 3-32 【以斜度分隔部分】对话框

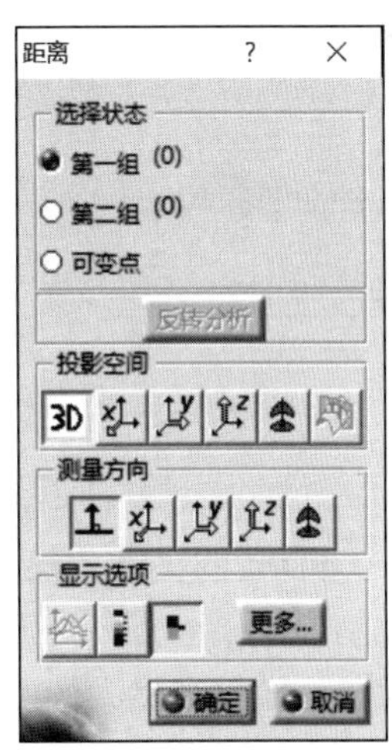

图 3-33 【距离】对话框

① 选择第二组元素，此时系统按选择类型和显示方式进行距离分析。

若【可变点】被选中，则系统显示指针所指点与另一组元素投影点的具体距离。

单击【反向分析】按钮可将分析结果在另一元素上显示。

距离分析类型有四种。垂直距离：计算至另一组元素的垂直距离；指定方向距离：按指定投影方向计算距离；投影距离：仅适用于两条曲线，计算两条曲线投影至一指定平面后的垂直距离；平面距离：计算一条曲线与包含此曲线的平面与曲面交线的距离。

当选定指定方向距离时，投影方向包括：沿 *X* 方向，沿 *Y* 方向，沿 *Z* 方向，沿当前罗盘方向。

② 单击显示二维距离分析图表。

③ 单击表示用多种颜色显示对应的距离值。

④ 单击表示用有限颜色显示对应的距离值。

3.2.4　FDM

1．FDM 原理

熔融沉积又叫熔丝沉积，它指将丝状的热熔性材料加热熔化，通过一个微细喷嘴喷出来。喷嘴沿着 *X* 轴方向移动，而工作台则沿着 *Y* 轴方向移动。如果热熔性材料的温度始终稍高于固化温度，而成型部分的温度稍低于固化温度，那么就能保证热熔性材料从喷嘴喷出后，即与前一层面熔结在一起。一个层面沉积完成后，工作台按预定的增量下降一个层的厚度，继续熔喷沉积，直至完成整个实体造型。FDM 原理如图 3-34 所示。

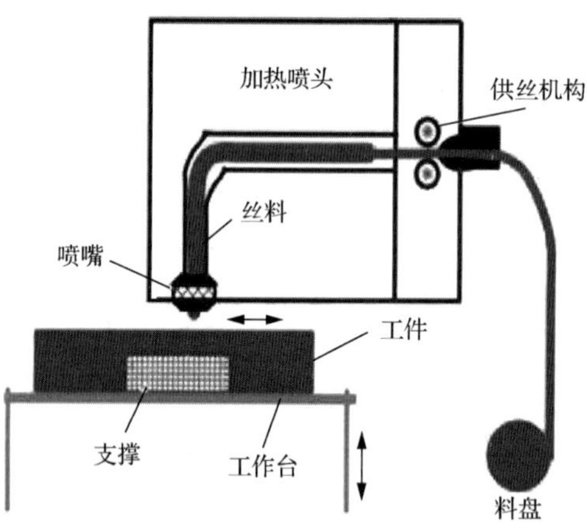

图 3-34　FDM 原理

FDM 的关键是保持从喷嘴中喷出的、熔融状的原材料的温度刚好在凝固点之上，通常控制为比凝固点高 1℃左右。如果温度太高，则会导致打印物体的精度降低、模型变形等问题；如果温度太低，则容易堵住喷嘴，导致打印失败。

一般来说，用于成型零件的丝材相对精细一些，成本较高，沉积效率较低；用于制作支撑材料的丝材相对较粗一些，成本较低，沉积效率较高。支撑材料会选用水溶性材料或比成型材料熔点低的材料，这样在后处理时，通过物理或化学的方式能很方便地把支撑结构去除干净。

FDM是普及率较高的3D打印技术，根据它的成型原理，任何可熔化的材料都可以用于FDM。该技术污染小，成型材料种类多，成本较低，成型件的强度和精度较高，主要用于中小型塑料工件的成型。

2．FDM设备与原料

（1）FDM设备

FDM设备常见形式为桌面打印机，如图3-35所示。FDM 3D打印设备由箱体结构，控制X、Y、Z方向运动的机械结构，喷射结构，控制部分组成。

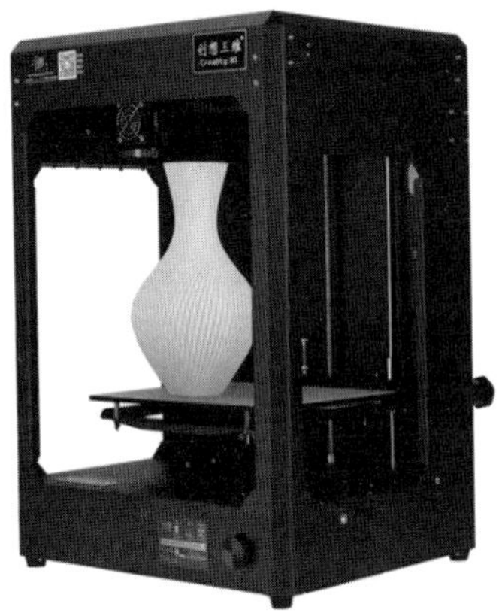

图3-35　桌面打印机

（2）FDM原料

1）ABS塑料。ABS塑料具有优良的综合性能，其强度、柔韧性、机械加工性优异，并具有更高的耐温性，是制作工程机械零部件的优先塑料。ABS塑料的缺点是在打印过程中会产生气味，而且由于其冷收缩性，在打印过程中模型易与打印平板脱离。

2）PLA塑料。PLA塑料是当前桌面式3D打印机使用最多的一种材料。PLA塑料是生物可降解材料，使用从可再生的植物资源（如玉米）中提炼出的淀粉原料制成。PLA塑料强度高、收缩率极低、成型性能优秀、热成型尺度稳定、层与层之间的黏合性好，同时拥有良好的光泽性，适用于吹塑、热塑等各种加工方法，加工方便，应用十分广泛。

3．影响FDM的关键因素

（1）材料性能参数

应用于FDM的材料基本上为ABS等聚合物，石蜡、尼龙、橡胶等热塑性材料丝，金属粉末、陶瓷粉末等单一粉末，以及热塑性材料的混合物。ABS作为工程塑料的代表，适合应用于概念模型和耐高温、耐腐蚀零部件的成型；PC、PPF［高分子聚乙烯丙（涤）纶］等材料适合应用于直接生产功能性零部件，具有较好的力学性能、耐热性和稳定性。

（2）支撑材料

在FDM过程中，如果上层截面大于下层截面，则多出的部分无材料的支撑，从而出现悬浮现象，使截面部分发生变形或塌陷，最终影响成型件的成型精度，甚至使成型件不能完整地成型。如果没有支撑材料，那么在成型件成型之后，必然会破坏零件的底部结构。

因此，支撑材料是基础，在成型件的后续加工中起着至关重要的作用。支撑材料有两种类型：一种是需要打印完成后再从零件表面剥离的支撑材料，被称为剥离性支撑；另一种是水溶性支撑材料，它是一种分子中含有亲水基团的亲水性高分子材料，能在碱水中溶解或溶胀。为满足两个喷嘴的传热及与成型材料配合工作的要求，支撑材料必须具有与成型材料相近的熔融温度。目前常用的支撑材料主要有两大类，分别是聚乙烯醇（PVAL）和丙烯酸类共聚物（AA）。

（3）喷嘴温度和环境温度

1）喷嘴温度是指系统工作时喷嘴被加热的温度。喷嘴温度决定材料的黏结性能、堆积性能、丝材流量及出丝宽度，直接影响产品最终的打印效果。因此，喷嘴温度既不能过低也不能过高。如果喷嘴温度过低，则材料黏度加大，挤丝速度变慢，不仅会造成喷嘴堵塞，而且会使层间黏结强度降低，可能出现在后一层铺上之前，前一层已经冷却过度，两层材料因无法很好地黏结而分离的现象；如果喷嘴温度过高，则会使材料温度过高，黏度变小，流动性增强，挤出过快，无法形成可精确控制的丝，可能出现前一层材料还没有足够冷却的时候，后一层材料就被挤出，压到前一层材料上，前一层材料被压坏而无法定型的后果。因此，设置喷嘴温度时，应根据所选材料的性质在一定范围内选择，以保证挤出的丝呈熔融流动状态。

2）环境温度是指系统工作时产品周围环境的温度，通常是指工作室的温度。环境温度会影响成型零件的热应力大小，以及产品的表面质量。

（4）速度参数

在 FDM 加工系统中，速度参数主要包括送料速度、挤出速度和填充速度，这些参数相互作用、相互影响，并对制件的成型质量产生极大的影响。送料速度主要是指固态材料通过送料器向熔腔传送的速度，在一般情况下送料系统主要由送料辊、电动机、螺杆等部分组成，在操作软件中可以通过调节电动机转速来控制送料速度。挤出速度是指熔融态材料丝从喷嘴挤出的速度。填充速度是指横截面轮廓或网格的打印速度。

为了保证良好的打印效果，需要将送料速度、挤出速度和填充速度合理匹配，使得熔丝从喷嘴挤出的量与黏结的量相等。若填充速度比挤出速度快，则容易造成材料填充不足，出现断丝的现象；若填充速度比挤出速度慢，则出丝多于填充材料，熔丝会堆积在喷嘴上。

（5）打印方式

只有轮廓而无网格的打印方式称为实体填充打印；既有轮廓又有网格的打印方式称为网格填充打印。打印方式不同，材料成型后内部结构不同，产品成型速度相差很大。

（6）分层厚度

分层厚度是指将三维数字模型进行切片后层与层之间的高度，是在堆积填充实体时每层的厚度。

使用 3D 打印技术制作有斜面或曲面的模型零件时，打印产品的侧表面会出现像阶梯一样的层纹，使表面粗糙度变大。当分层数较多且分层厚度较小时，可提高产品精度，但成型时间也大幅度增加。

（7）其他

影响熔融沉积成型的因素还有喷嘴直径、填充方式、网格间距、理想轮廓线的补偿量、偏置扫描中的偏置值、开启延迟时间、关闭延迟时间、成型材料、加密层及其他参数设置。

4．FDM 的特点

（1）FDM 的优点

1）成本低。FDM 不用激光器件，没有高能耗的组件，整个系统构造原理和操作简单，维护成本低，系统运行安全。

2）制造系统可用于办公环境。FDM 没有毒气或化学物质的危害。

3）可以成型任意复杂程度的零件。FDM 常用于成型具有很复杂的内腔和中空结构的零件。

4）丝材的清洁及更换容易。与粉末和液态材料相比，丝材易于清洁、更换，不会在设备中或附近形成粉末或液态污染。

5）成型材料广泛。ABS、尼龙、石蜡、低熔点合金等丝材都是 FDM 可应用的材料，原材料利用率高，并且材料寿命长。

6）后处理简单。FDM 无须化学清洗，分离容易，剥离支撑后即可使用。

（2）FDM 的缺点

1）成型精度低，打印速度慢。分层零件每层的边缘容易出现因分层沉积而产生的台阶效应，导致很难达到“所见即所得”的 3D 打印效果。

2）强度低。受工艺和材料限制，打印物品的机械性能低，尤其是沿 *Z* 轴的材料强度比较低，达不到工业标准。

3）打印时间长。FDM 需要按横截面形状逐步打印，成型过程受到一定的限制，制作时间长，不适于制造大型物件。

4）需要支撑材料。在成型过程中需要加入支撑材料，在打印完成后要进行剥离。

5）FDM 所用打印材料易受潮，在成型过程中易收缩。打印材料易受潮，将影响丝材熔融后挤出的顺畅性，易堵塞喷嘴，不利于工件的成型。

3.3 任务实施：重构汽车散热器下安装板模型并打印

3.3.1　汽车散热器下安装板三维数据采集

应用激光三维扫描仪进行汽车散热器下安装板三维数据采集。

3.3.2　汽车散热器下安装板三维模型重构

通过某型汽车散热器下安装板的逆向工程模型重构，学习钣金件的逆向工程设计。汽车散热器下安装板如图 3-36 所示。

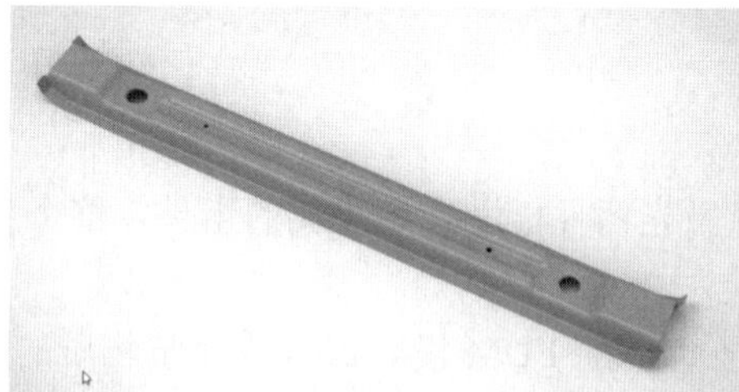

图 3-36　汽车散热器下安装板

1）导入点云。打开 CATIA 软件，先选择菜单栏中的【开始】→【形状】命令，再选择【逆向点云编辑】选项，进入逆向点云编辑模块。在工具栏中单击【输入】按钮，弹出点云【输入】对话框，如图 3-37 所示，选择光盘文件中的散热器下安装板点云文件。汽车散热器下安装板点云如图 3-38 所示。

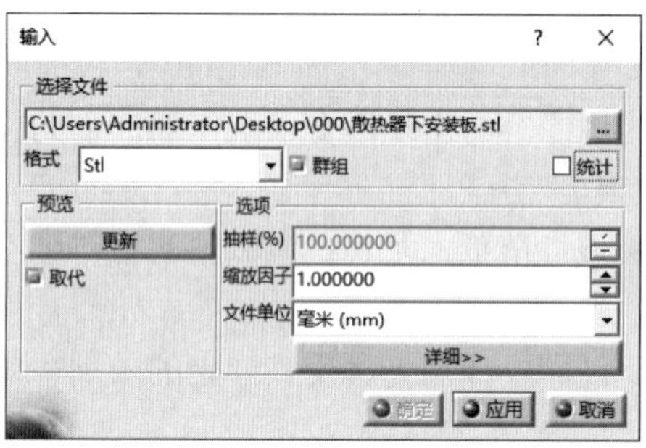

图 3-37　点云【输入】对话框

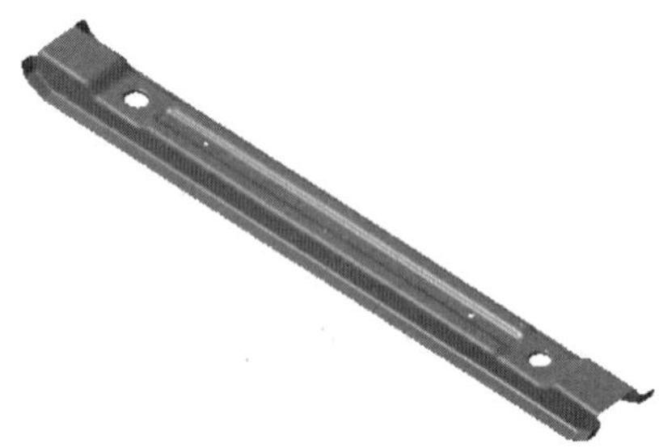

图 3-38　汽车散热器下安装板点云

2）剖切点云。单击【平面型式切面】按钮，弹出【平面型式切面】对话框（图 3-39），选择点云，剖切面选择【xz 平面】。剖切点云如图 3-40 所示。

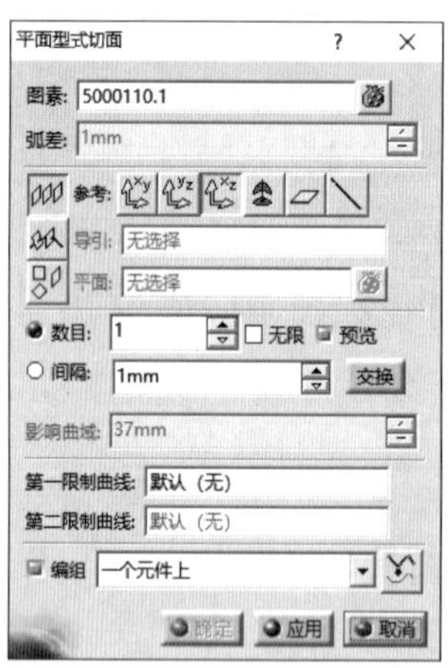

图 3-39　【平面型式切面】对话框 1

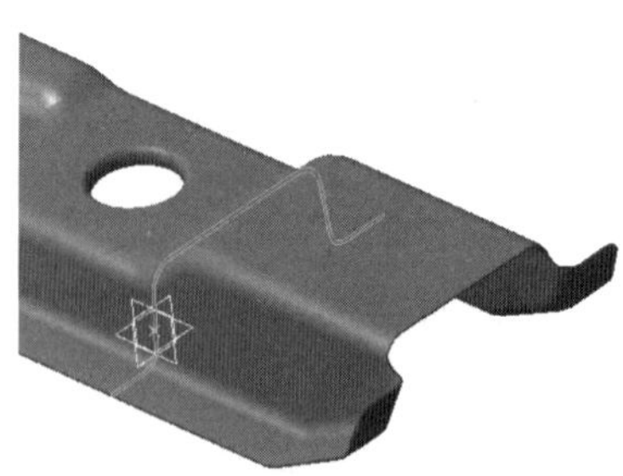

图 3-40　剖切点云 1

3）侧面的创建。在创成式外形设计模块中，单击【草绘】按钮，选择【xy 平面】，绘制如图 3-41 所示的直线，退出草图工作台。单击【拉伸曲面】按钮，拉伸平面如图 3-42（a）所示。用同样的方法绘制另一个侧面，拉伸平面如图 3-42（b）所示。

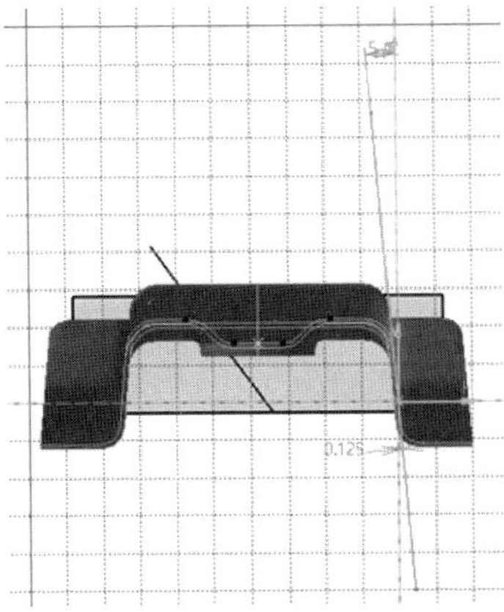

图 3-41　草绘直线 1

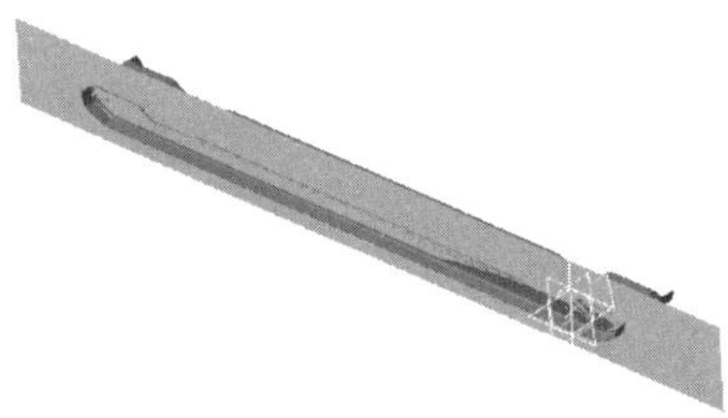

（a）外侧面拉伸 1

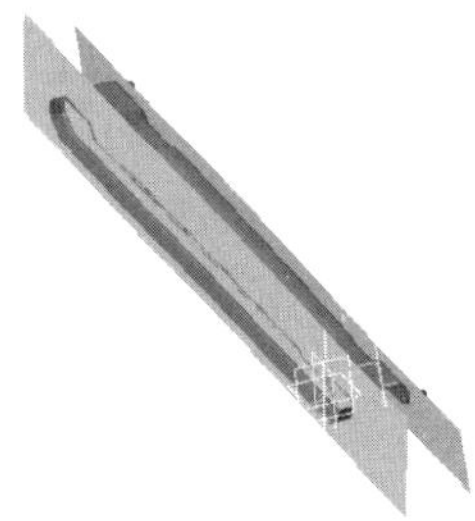

（b）外侧面拉伸 2

图 3-42　拉伸平面 1

4）上下平面的创建。在创成式外形设计模块中，单击【草绘】按钮，选择【yz 平面】，绘制如图 3-43 所示的直线，退出草图工作台。单击【拉伸曲面】按钮，拉伸平面如图 3-44 所示。

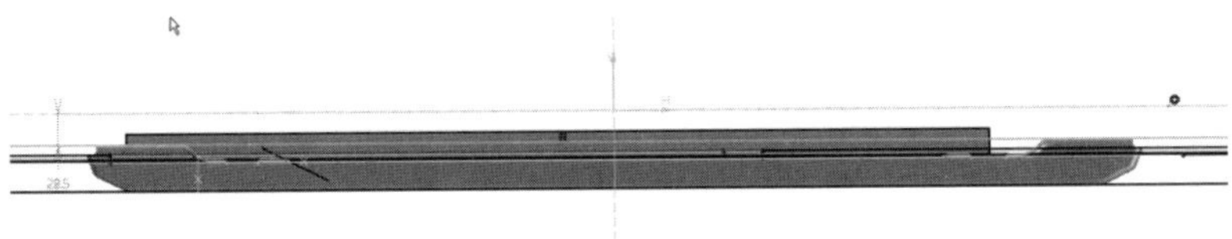

图 3-43　草绘直线 2

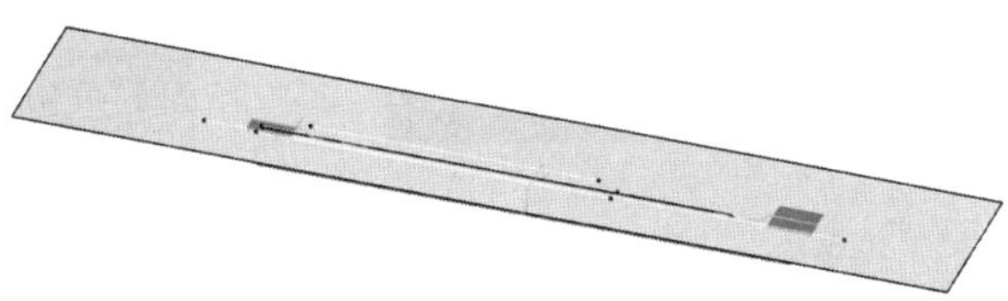

图 3-44　拉伸平面 2

5）偏移平面。在创成式外形设计模块中，单击【偏移曲面】按钮，弹出【偏移曲面定义】对话框，如图 3-45 所示。选择如图 3-44 所示的拉伸平面，设置偏移距离分别为 9.5mm、14mm、16mm、42.5mm，偏移相平行的四个平面，结果如图 3-46 所示。

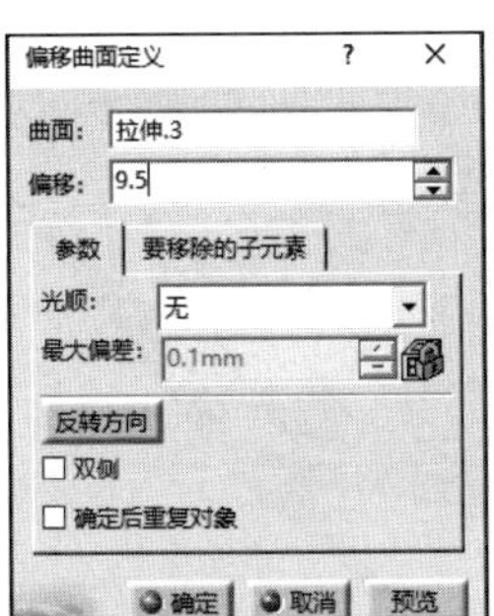

图 3-45　【偏移曲面定义】对话框

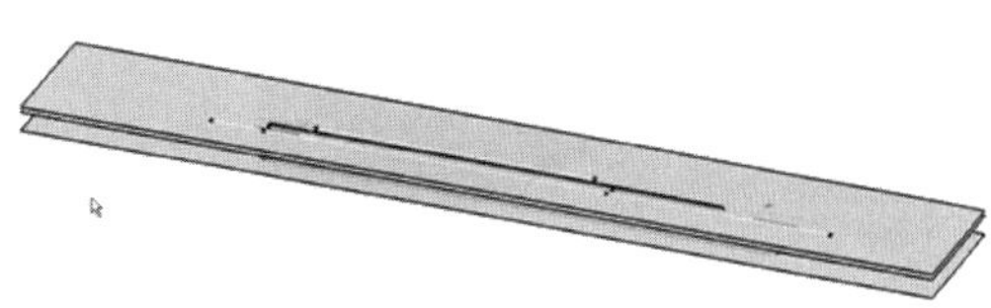

图 3-46　偏移平面

6）剖切点云。单击【平面型式切面】按钮，弹出【平面型式切面】对话框（图 3-47），选择点云，剖切面选择【yz 平面】。部切点云如图 3-48 所示。

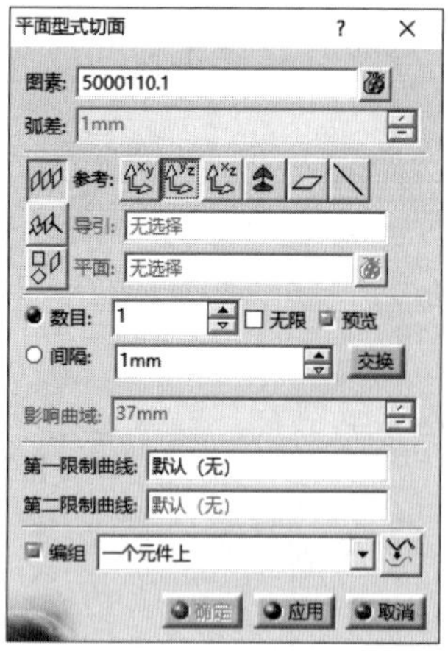

图 3-47 【平面型式切面】对话框 2

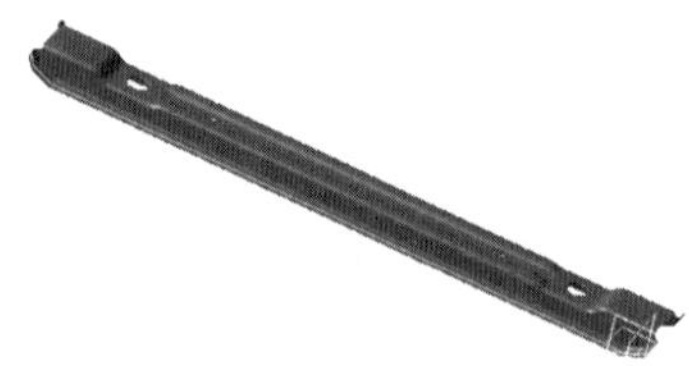

图 3-48 剖切点云 2

7）斜面 1 创建。在创成式外形设计模块中，单击【草绘】按钮，选择【yz 平面】，绘制如图 3-49 所示的斜线，退出草图工作台。单击【拉伸曲面】按钮，拉伸斜面如图 3-50 所示。

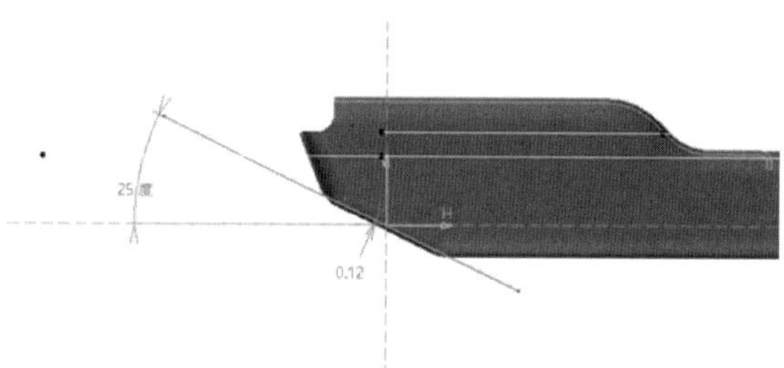

图 3-49 草绘斜线 1

图 3-50 拉伸斜面 1

8）斜面 2 创建。在创成式外形设计模块中，单击【草绘】按钮，选择【yz 平面】，绘制如图 3-51 所示的斜线，退出草图工作台。单击【拉伸曲面】按钮，拉伸斜面如图 3-52 所示。

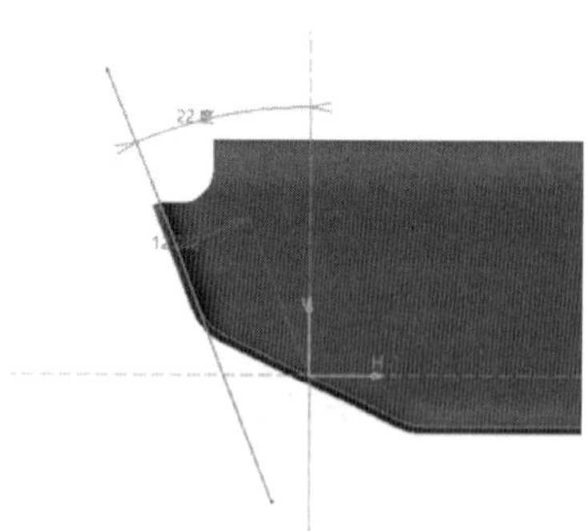

图 3-51 草绘斜线 2

图 3-52 拉伸斜面 2

9）剖切点云。单击【平面型式切面】按钮，弹出【平面型式切面】对话框（图 3-53），选择点云，剖切面选择 yz 平面，移动剖切平面至合适位置。剖切点云如图 3-54 所示。

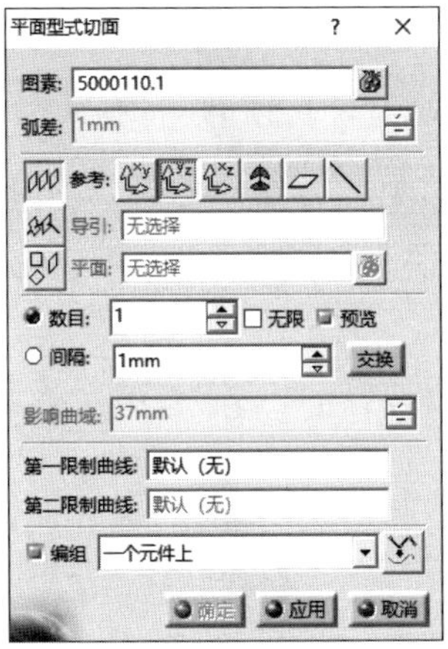

图 3-53 【平面型式切面】对话框 3

图 3-54 剖切点云 3

10）在创成式外形设计模块中，单击【草绘】按钮，选择【yz 平面】，绘制如图 3-55 所示斜线，退出草图工作台。单击【拉伸曲面】按钮，拉伸斜面如图 3-56（a）所示。用同样的方法创建拉伸斜面，如图 3-56（b）所示。

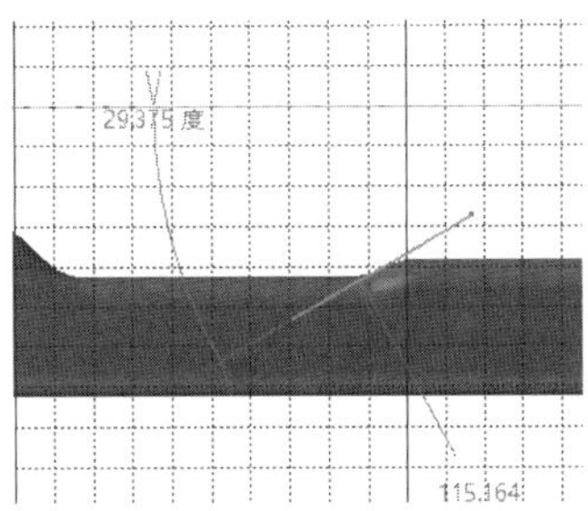

图 3-55 草绘斜线 3

（a）斜面拉伸 1　　（b）斜面拉伸 2

图 3-56 拉伸斜面 3

11）在创成式外形设计模块中，单击【草绘】按钮，选择【xy 平面】，绘制如图 3-57 所示直线，退出草图工作台。单击【拉伸曲面】按钮，拉伸平面如图 3-58 所示。用同样的方法绘制如图 3-59 所示的直线和图 3-60 所示的平面。

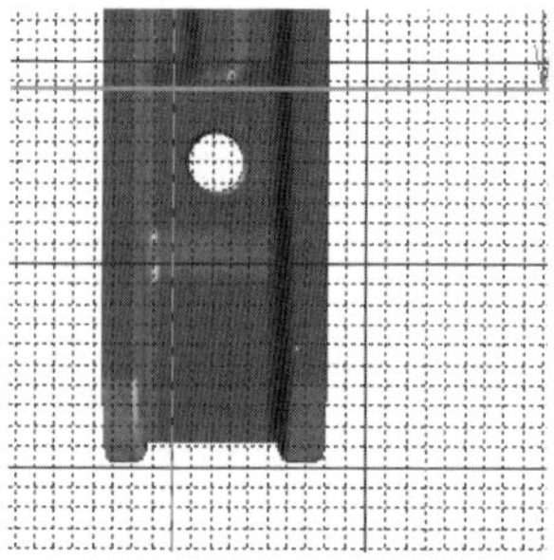

图 3-57　草绘直线 3

图 3-58　拉伸平面 3

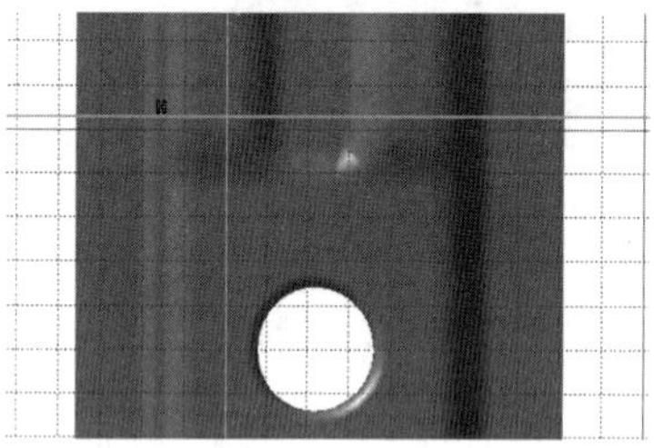

图 3-59　草绘直线 4

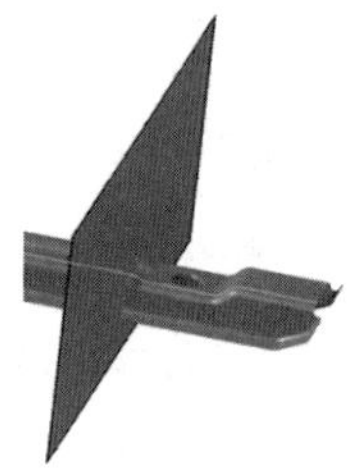

图 3-60　拉伸平面 4

12）创建相交线。在创成式外形设计模块中，单击【相交】按钮，弹出【相交定义】对话框（图 3-61），第一元素选择偏移 4 平面，第二元素选择如图 3-60 所示平面，相交结果为一条直线，如图 3-62（a）所示。用同样的方法创建如图 3-62（b）所示的相交线。

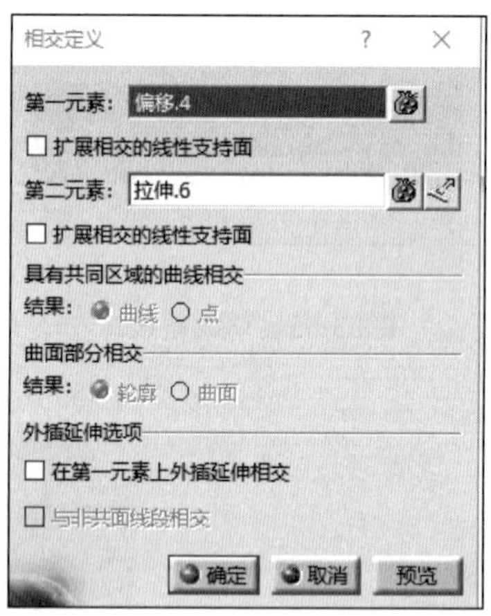

图 3-61　【相交定义】对话框 1

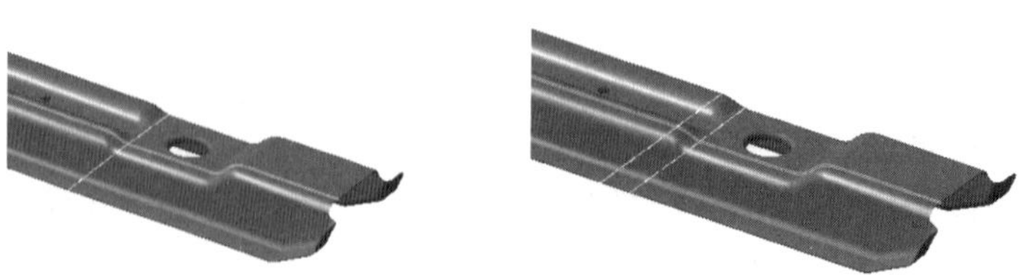

（a）斜面相交线 1　（b）斜面相交线 2

图 3-62　相交线 1

13）在创成式外形设计模块中，单击【分割】按钮，弹出【分割定义】对话框（图 3-63），要切除的元素选择偏移 4 平面，切除元素选择相交 1，分割偏移 4 平面，结果如图 3-64（a）所示。用同样的方法分割偏移 1 平面，结果如图 3-64（b）所示。

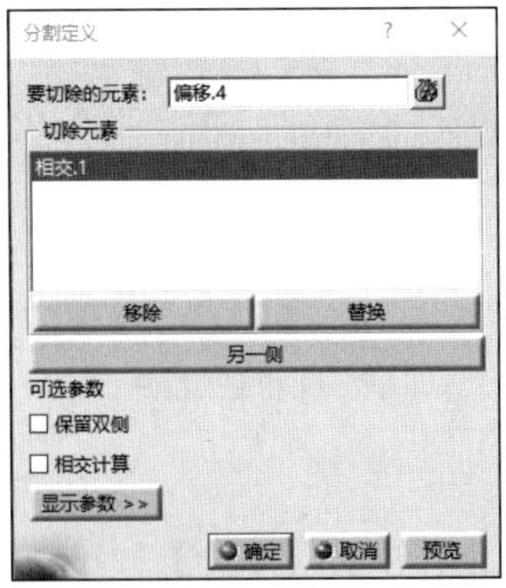

图 3-63　【分割定义】对话框

（a）分割偏移 4 平面　　（b）分割偏移 1 平面

图 3-64　平面分割

14）剖切点云。单击【平面型式切面】按钮，弹出【平面型式切面】对话框（图 3-65），选择点云，剖切面选择【yz 平面】，移动剖切平面至合适位置。剖切点云如图 3-66 所示。

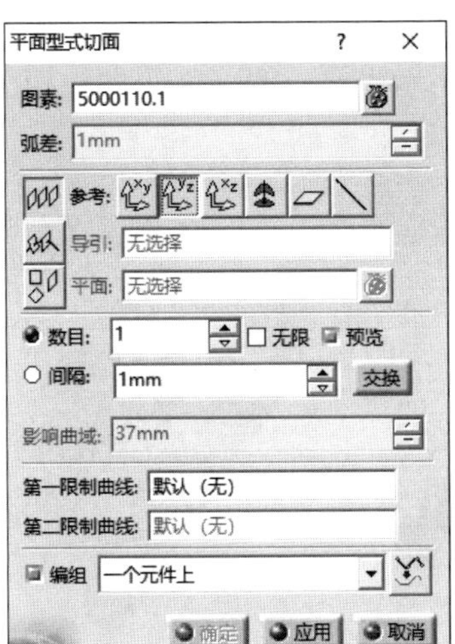

图 3-65　【平面型式切面】对话框 4

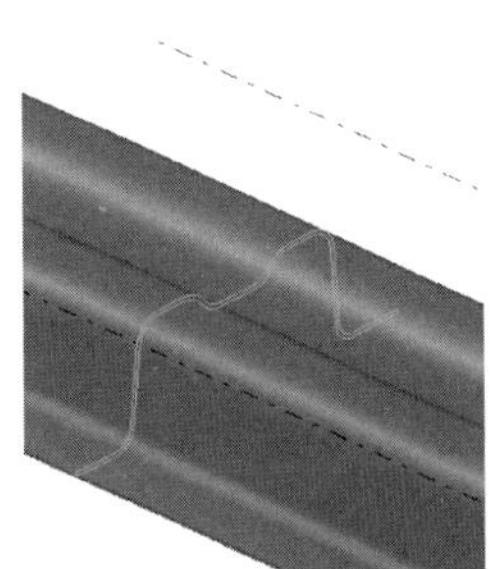

图 3-66　剖切点云 4

15）在创成式外形设计模块中，单击【草绘】按钮，选择【yz 平面】，绘制如图 3-67 所示斜线，退出草图工作台。单击【拉伸曲面】按钮，拉伸如图 3-68（a）所示的斜面。用同样的方法拉伸另一斜面，如图 3-68（b）所示。

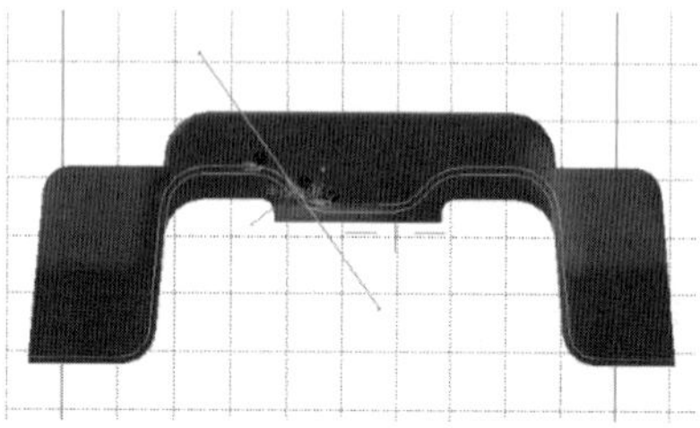

图 3-67　草绘斜线 4

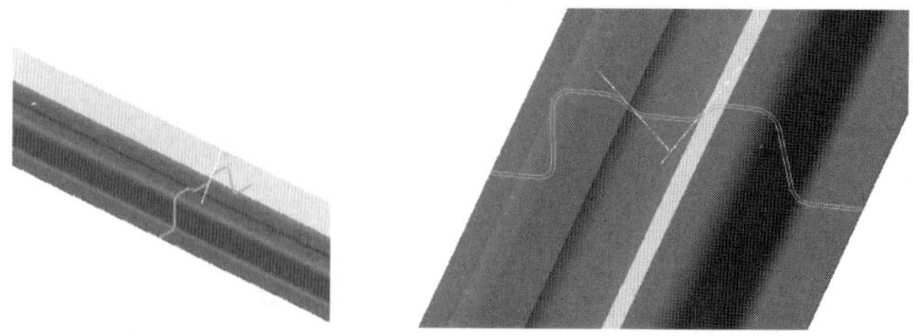

（a）内侧面拉伸 1　　（b）内侧面拉伸 2

图 3-68　拉伸斜面 4

16）在创成式外形设计模块中，单击【草绘】按钮，选择【xy 平面】，绘制如图 3-69 所示直线，退出草图工作台。单击【拉伸曲面】按钮，拉伸如图 3-70（a）所示的平面。用同样的方法拉伸另外两个平面，如图 3-70（b）所示。

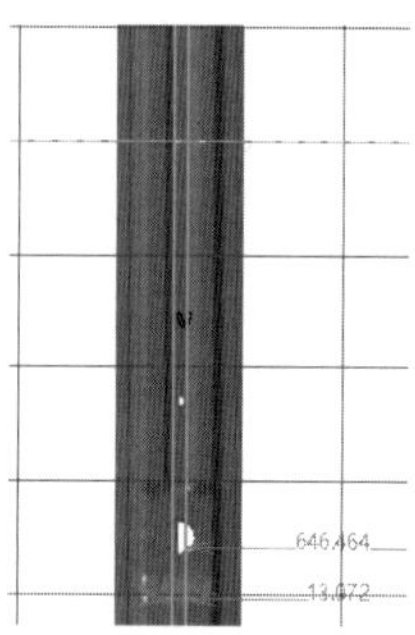

图 3-69　草绘直线 5

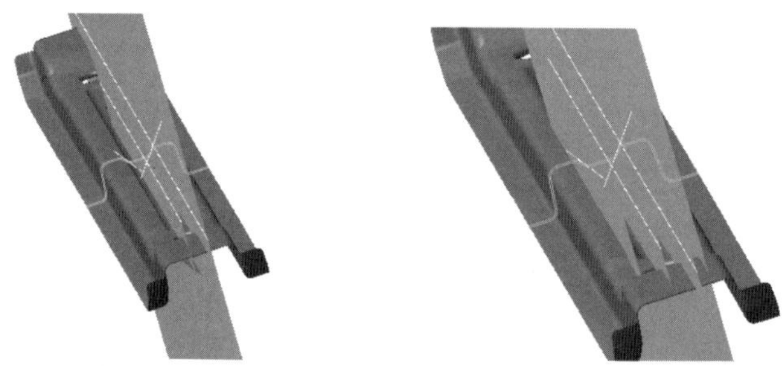

（a）局部特征内侧轮廓拉伸　　（b）局部特征外侧轮廓拉伸

图 3-70　拉伸平面 5

17）创建相交线。在创成式外形设计模块中，单击【相交】按钮，弹出【相交定义】对话框（图 3-71），第一元素选择“拉伸.12”，第二元素选择“偏移.2”，相交结果为两条直线，如图 3-72（a）所示。用同样的方法创建图 3-44 所示平面与偏移 1 平面的相交线，如图 3-72（b）所示。

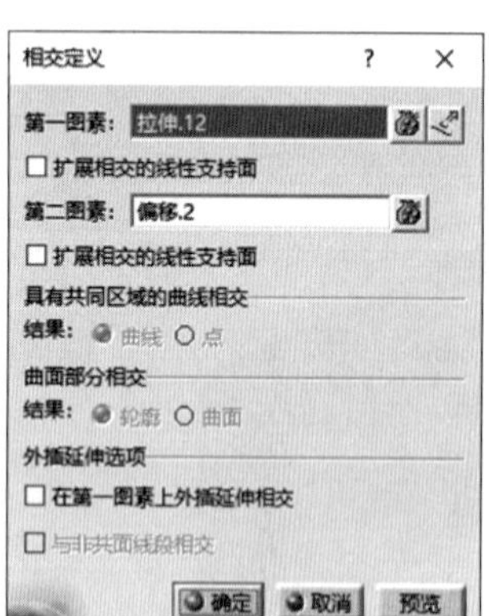

图 3-71　【相交定义】对话框 2

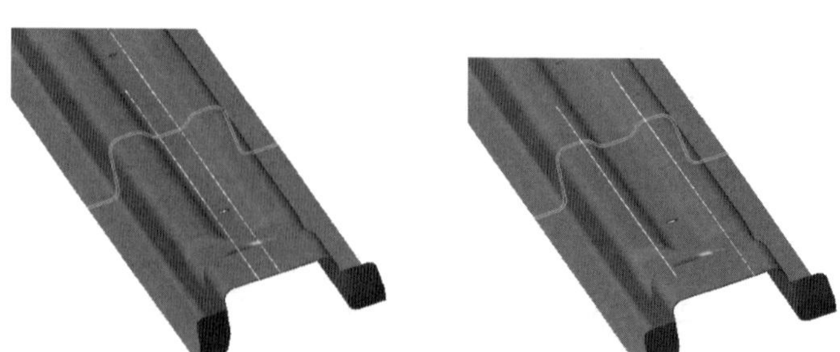

（a）局部特征内侧相交线　　（b）局部特征外侧相交线

图 3-72　相交线 2

18）剖切点云。单击【平面型式切面】按钮，弹出【平面型式切面】对话框（图 3-73），选择点云，剖切面选择【yz 平面】，移动剖切平面至合适位置。剖切点云如图 3-74 所示。

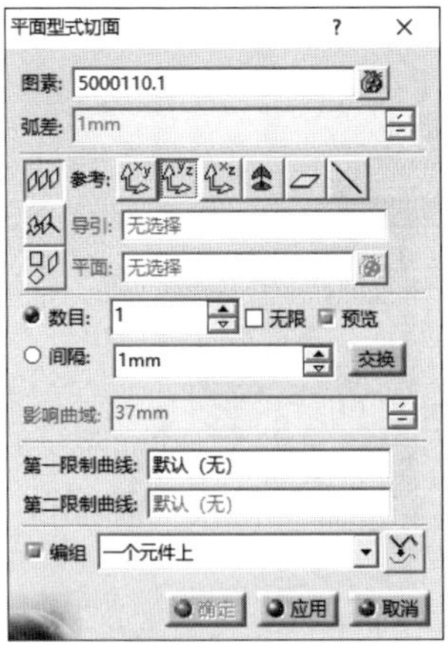

图 3-73　【平面型式切面】对话框 5

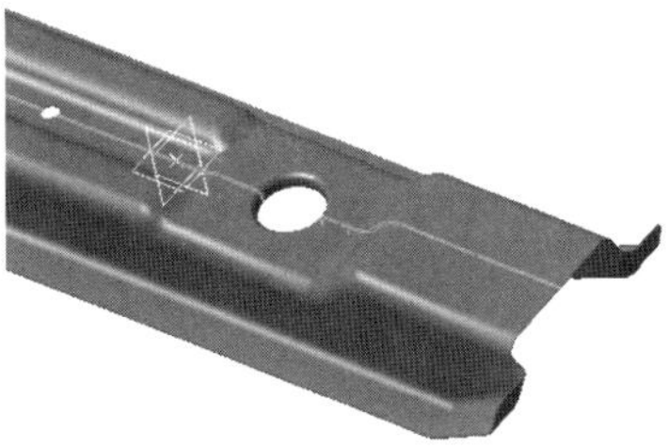

图 3-74　剖切点云 5

19）在创成式外形设计模块中，单击【草绘】按钮，选择【yz 平面】，绘制如图 3-75 所示直线，退出草图工作台。单击【拉伸曲面】按钮，拉伸如图 3-76 所示的平面。

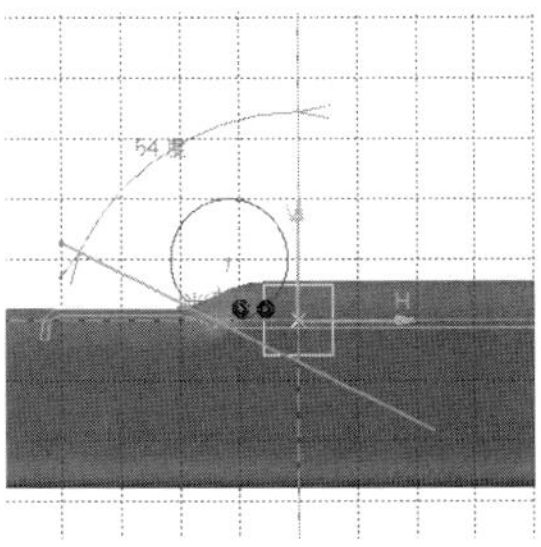

图 3-75　草绘直线 6

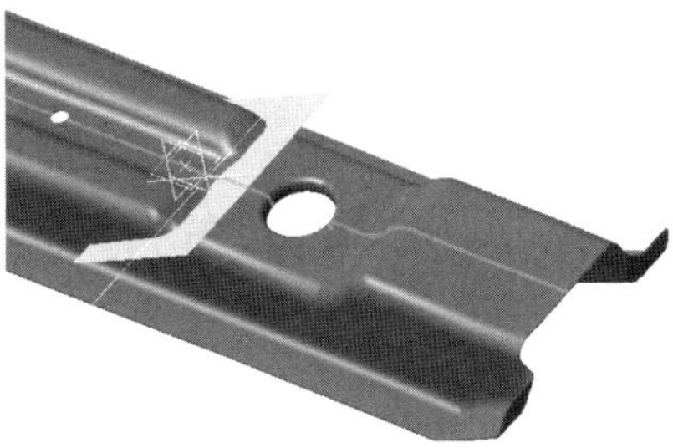

图 3-76　拉伸平面 6

20）在创成式外形设计模块中，单击【修剪】按钮，弹出【修剪定义】对话框（图 3-77），选择拉伸的斜面，修剪结果如图 3-78 所示。

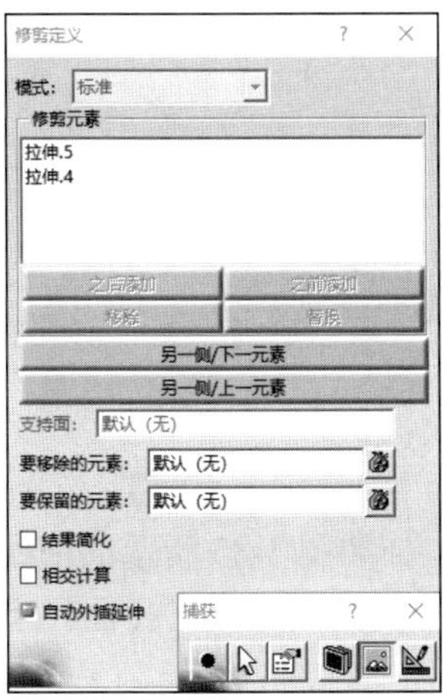

图 3-77　【修剪定义】对话框

图 3-78　斜面修剪结果

21）在创成式外形设计模块中，单击【简单圆角】按钮，弹出【圆角定义】对话框（图 3-79），选择拉伸的斜面，设置半径值为 8mm，结果如图 3-80 所示。

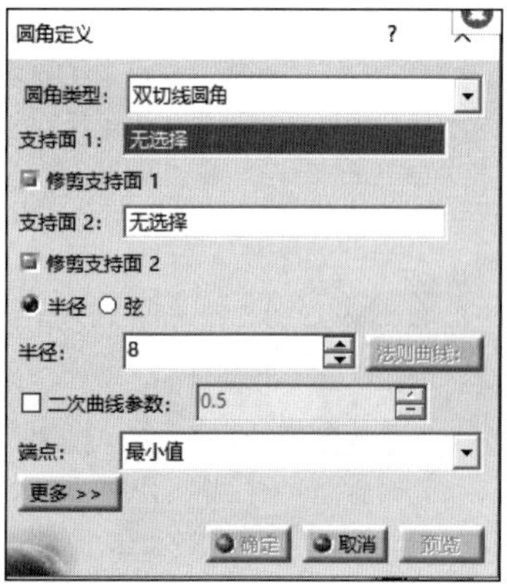

图 3-79　【圆角定义】对话框 1

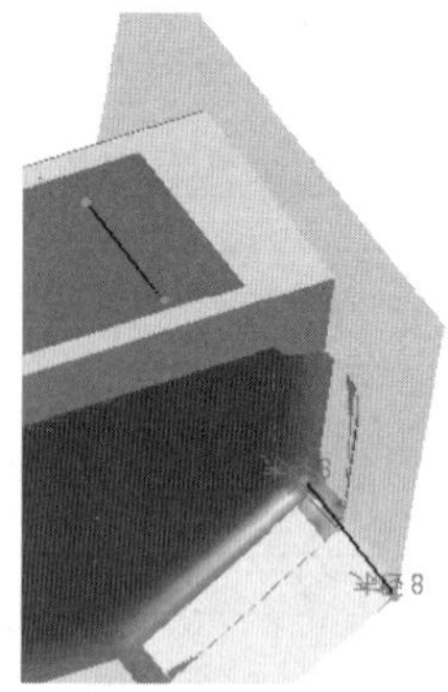

图 3-80　倒圆角 1

22）依据 20）和 21）的方法，修剪和倒圆角其他曲面，结果如图 3-81 所示。

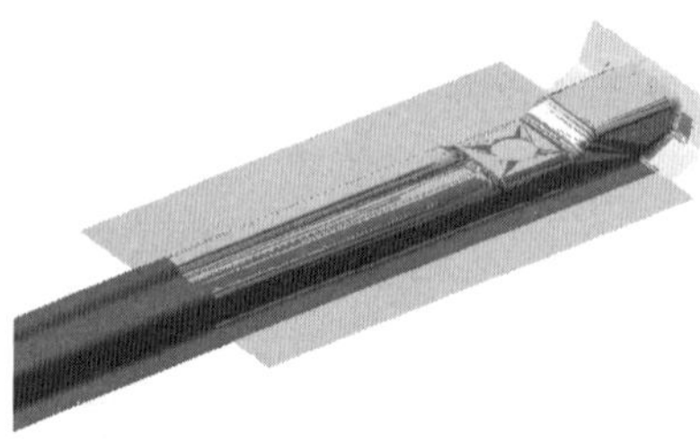

图 3-81　修剪和倒圆角曲面

23）在创成式外形设计模块中，单击【对称】按钮，弹出【对称定义】对话框（图 3-82），选择曲面为对称元素，选择【zx 平面】为对称面，将曲面对称。单击【接合】按钮，选择曲面，将曲面结合为一个面，结果如图 3-83 所示。

图 3-82　【对称定义】对话框

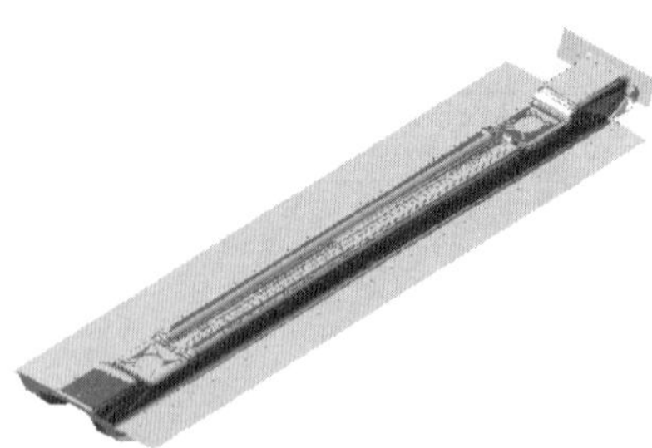

图 3-83　对称和接合曲面

24）在创成式外形设计模块中，单击【草绘】按钮，选择【4y 平面】，绘制如图 3-84 所示曲线，退出草图工作台。单击【拉伸曲面】按钮，拉伸如图 3-85 所示的曲面。采用对称的方法，绘制另外一边的曲面。单击【分割】按钮，分割曲面，做出孔面。单击【倒圆角】按钮，将孔面进行倒圆角，结果如图 3-86 所示，采用对称的方法绘制另一端的孔面。

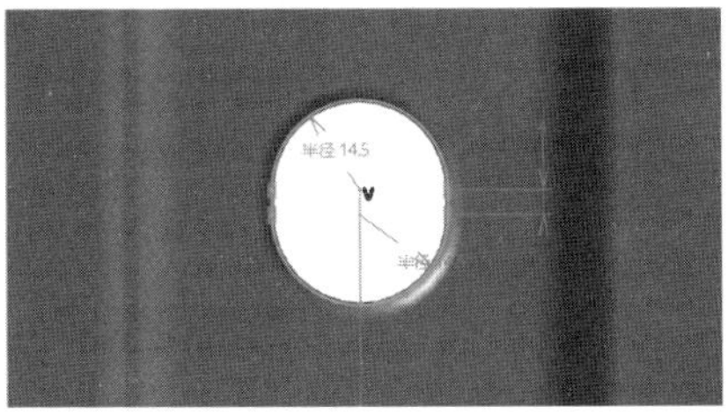

图 3-84　草绘曲线 1

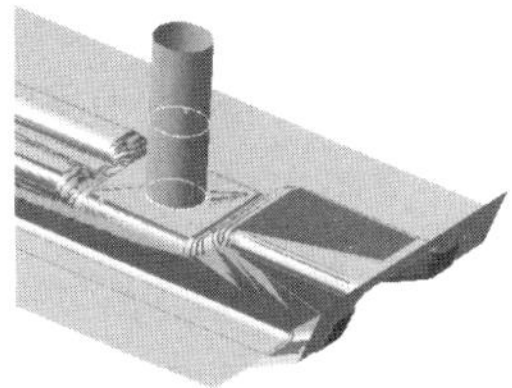

图 3-85　拉伸曲面 1

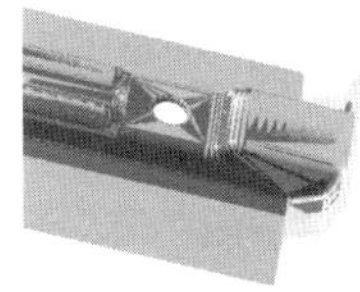

图 3-86　孔面

25）在创成式外形设计模块中，单击【草绘】按钮，进行草图绘制，如图 3-87 所示。单击【拉伸曲面】按钮，拉伸曲面，如图 3-88 所示。

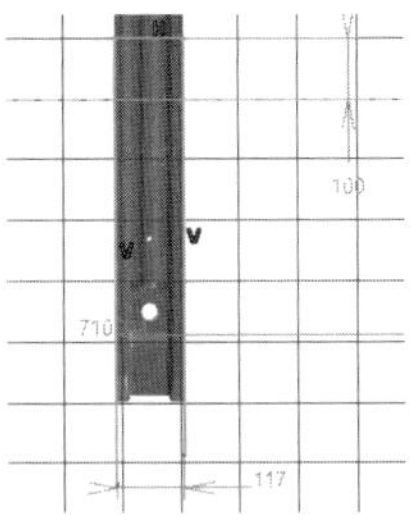

图 3-87　草图绘制

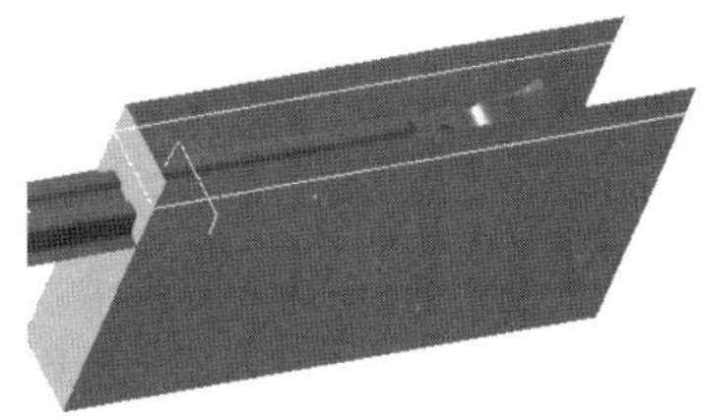

图 3-88　拉伸曲面 2

26）在创成式外形设计模块中，单击【草绘】按钮，进行草图绘制，如图 3-89 所示。单击【拉伸曲面】按钮，拉伸曲面，如图 3-90 所示。

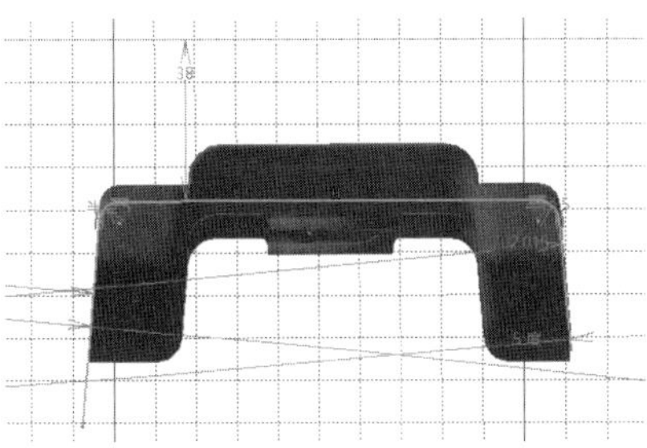

图 3-89　草绘曲线 2

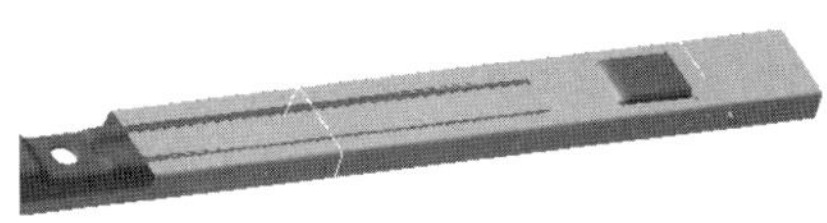

图 3-90　拉伸曲面 3

27）在创成式外形设计模块中，单击【草绘】按钮，进行草图绘制，如图 3-91 所示。单击【拉伸曲面】按钮，拉伸曲面，如图 3-92 所示。

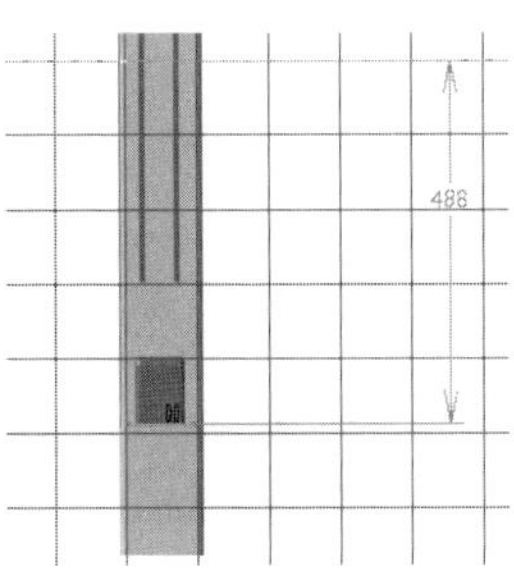

图 3-91　草绘直线 7

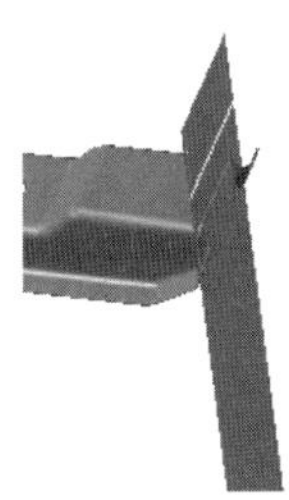

图 3-92　拉伸曲面 4

28）在创成式外形设计模块中，单击【倒圆角】按钮。弹出【圆角定义】对话框（图 3-93），采用双切线圆角方式，选择图 3-90 和图 3-92 所示的曲面，设置半径值为 5mm，倒圆角如图 3-94 所示。

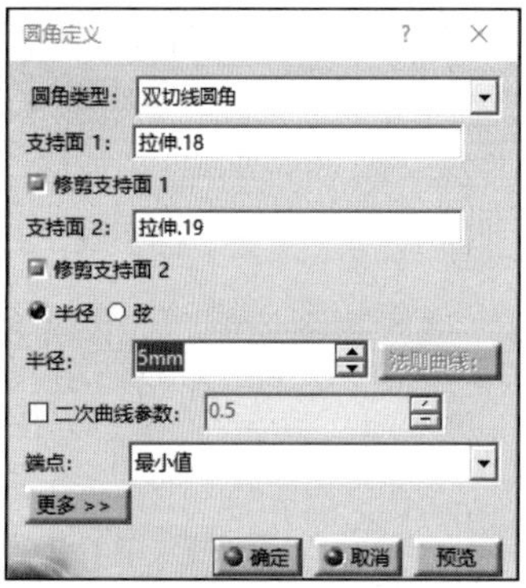

图 3-93　【圆角定义】对话框 2

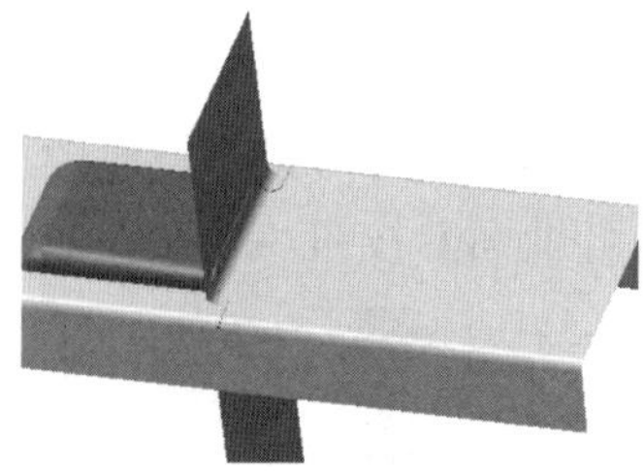

图 3-94　倒圆角 2

29）在创成式外形设计模块中，单击【分割】按钮，切除元素选择【zx 平面】，先分割曲面，再采用对称的方式进行对称，结果如图 3-95 所示。

30）在创成式外形设计模块中，单击【分割】按钮，将曲面进行分割，结果如图 3-96 所示。

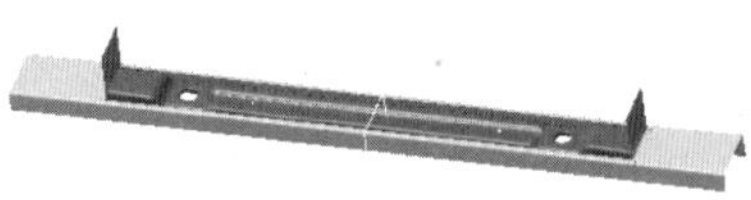

图 3-95　对称曲面

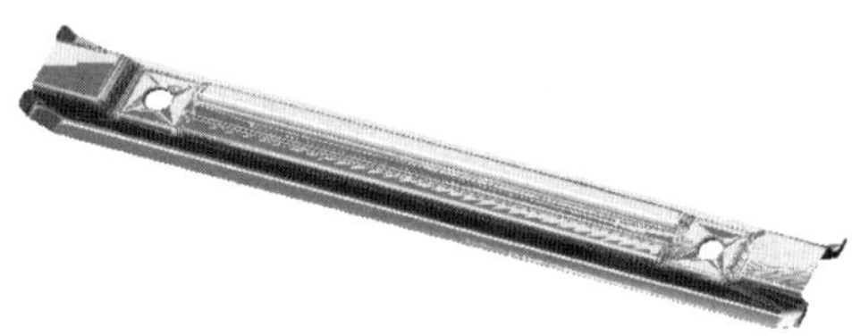

图 3-96　分割曲面

31）在创成式外形设计模块中，单击【点】按钮，弹出【点定义】对话框（图 3-97），输入点坐标值。绘制点，单击【直线】按钮，弹出【直线定义】对话框（图 3-98）。采用点-方向的方法绘制直线，结果如图 3-99 所示。

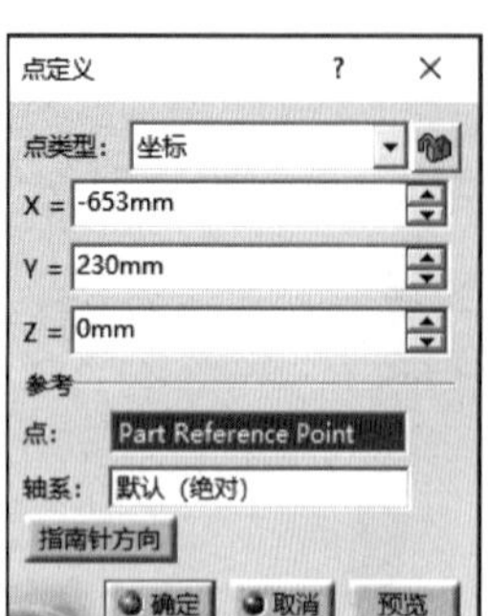

图 3-97　【点定义】对话框

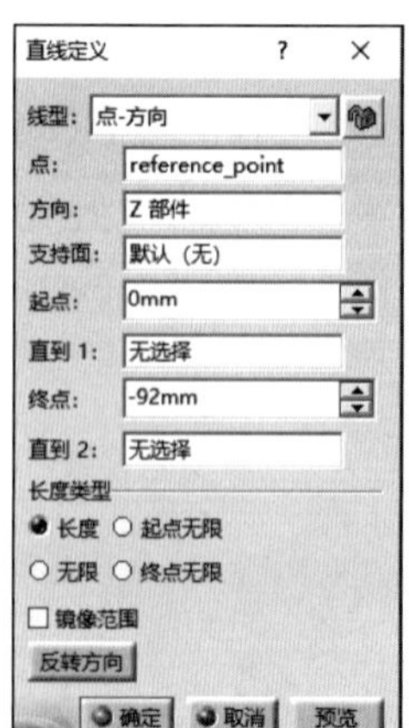

图 3-98　【直线定义】对话框

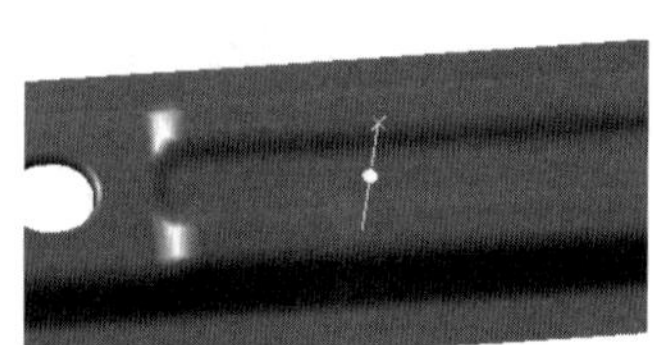

图 3-99　直线绘制

32）在创成式外形设计模块中，单击【扫掠曲面】按钮，弹出【扫掠曲面定义】对话框（图 3-100），选用“圆心和半径”子类型，设置半径值为 3mm，形成的圆柱面如图 3-101 所示。单击【分割】按钮，在【分割定义】对话框中选择圆柱面为切除要素，分割圆孔，如图 3-102 所示。另一端采用同样的方式形成圆孔。最终完成的散热器下安装板曲面如图 3-103 所示。

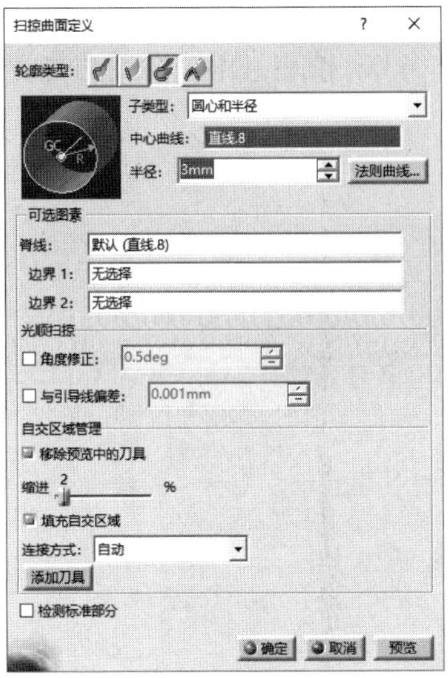

图 3-100　【扫掠曲面定义】对话框

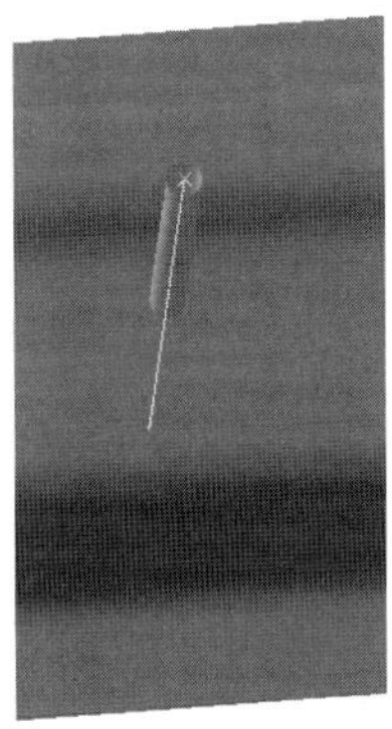

图 3-101　圆柱面

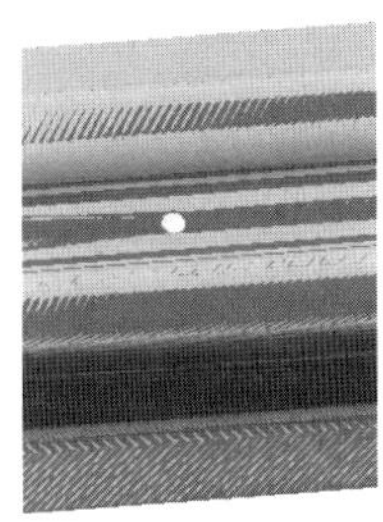

图 3-102　分割圆孔

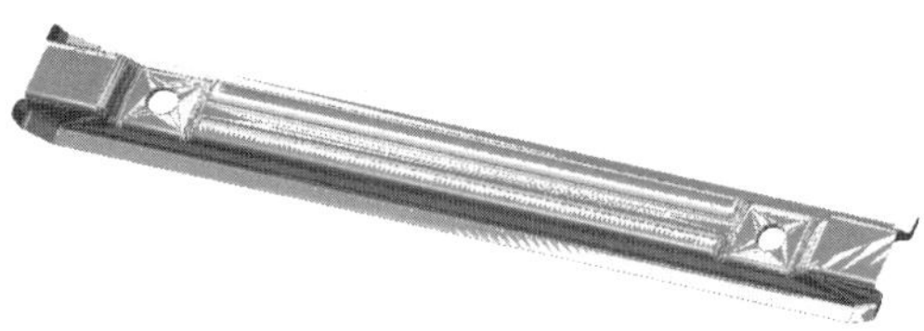

图 3-103　散热器下安装板曲面

33）在零件设计模块中，单击【厚曲面】按钮，弹出【定义厚曲面】对话框（图 3-104），设置厚度值为 1.2mm，最终形成的实体模型如图 3-105 所示。

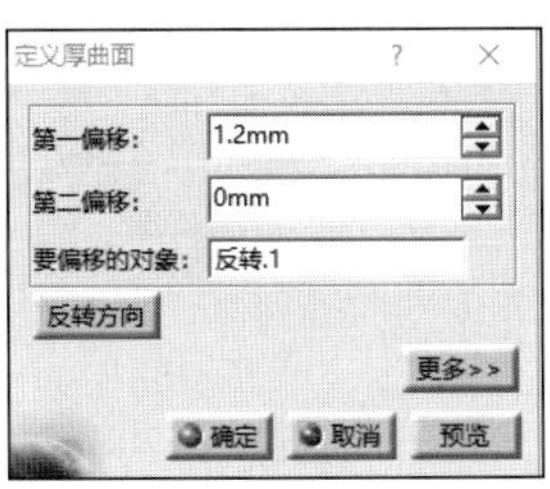

图 3-104　【定义厚曲面】对话框

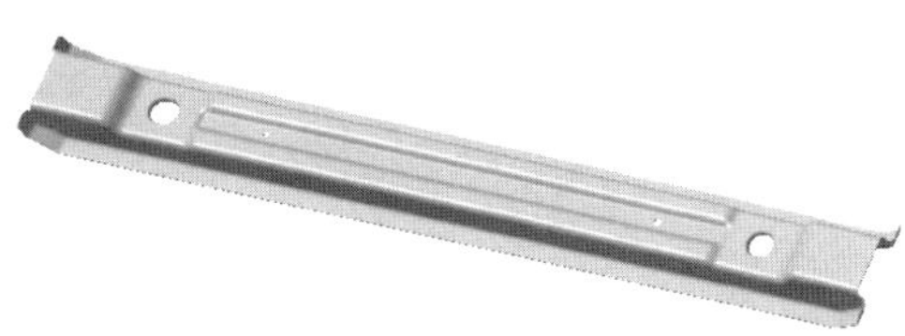

图 3-105　散热器下安装板实体模型

3.3.3　汽车散热器下安装板 3D 打印

汽车散热器下安装板采用具有 FDM 原理的 3D 打印机进行制作。本节将介绍常用的 3D

打印片软件 Simplify 3D 的应用。

Simplify 3D 的功能非常强大，可自由添加支撑，支持双色打印和多模型打印，可以预览打印过程，切片速度极快，附带多种填充图案，参数设置详细，支持市面上大部分的 3D 打印机。

1．认识 Simplify 3D 的主界面

双击软件快捷方式打开软件，打开打印数据（必须是 STL 或者 OBJ 格式的文件）。Simplify 3D 的主界面如图 3-106 所示。

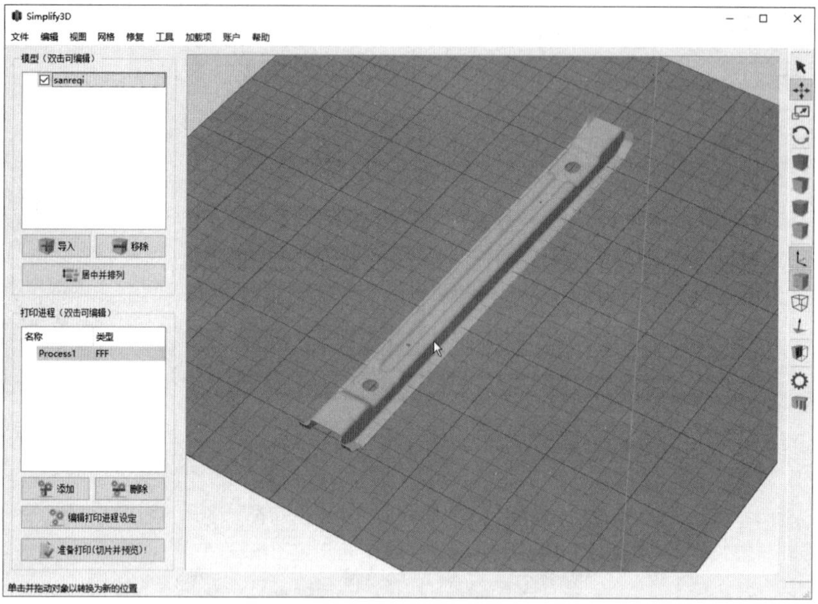

图 3-106 Simplify 3D 的主界面

【生成支撑】对话框如图 3-107 所示。双击模型，可改变模型在平台上的位置、大小和角度。

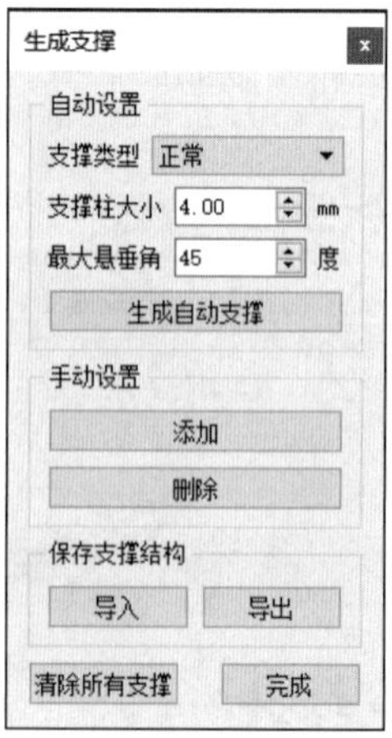

图 3-107 【生成支撑】对话框

2．设置打印参数

单击 Simplify 3D 主界面左下角的【编辑打印进程设定】按钮，可根据打印机种类，进行参数设置，如挤出机设置、层设置、附加设置、填充设置、支撑设置、温度设置、冷却设置、G 代码设置、脚本设置、其他设置、高级设置等。

（1）挤出机设置

【挤出机】选项卡包含了挤出方面的主要设置，具体如图 3-108 所示。

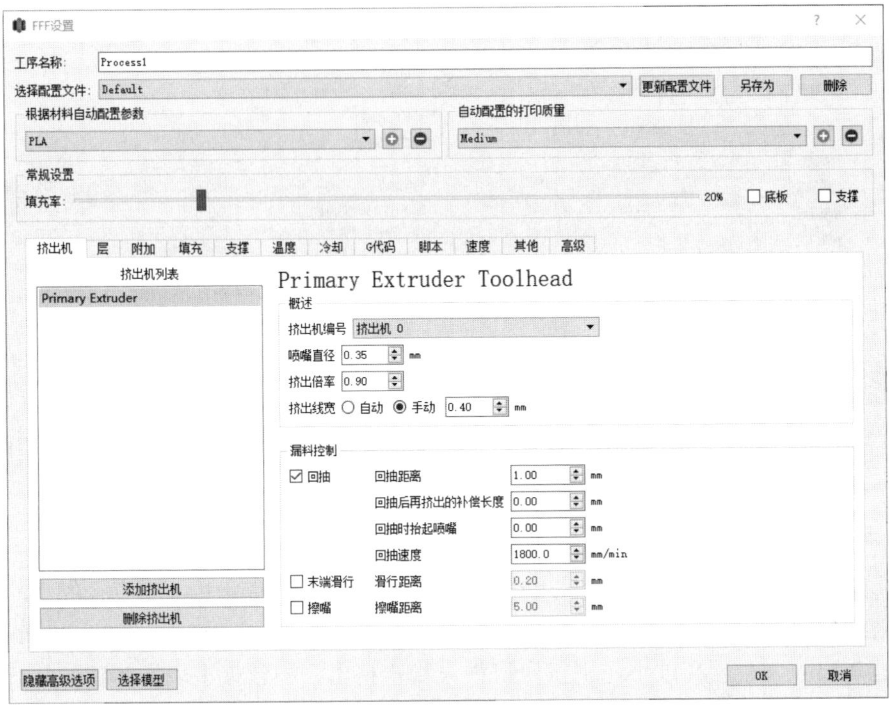

图 3-108　挤出机设置

1）喷嘴直径：按照打印机当前的喷嘴出料口直径填写即可，一般只有更换其他尺寸的喷嘴后才需要更改，目前大部分 FDM 原理的 3D 打印机用的是 0.4mm 的喷嘴。

2）挤出倍率：也称流量，数值越小，挤出的材料越少，相反越多，一般情况下设为 1。

3）挤出线宽：喷嘴将塑料挤出并压平后的宽度，一般自动即可。当需要打印细节时，可手动将挤出线宽改小。为了加快打印速度或增加打印件强度，可手动将挤出线宽改大。手动修改的数值一般在喷嘴直径的 90%～150%内，过大或过小可能会使打印效果变差。

4）回抽距离：挤出机反转，将耗材从喷嘴里抽出的距离。近程挤出一般设为 1～3mm，远程挤出一般设为 4～8mm。如果喷嘴空走时拉丝漏料比较多，则可适当增加回抽距离，具体数值需要根据打印机和耗材性能进行测试。

5）回抽速度：挤出机反转时的速度。近程挤出一般设为 20～30mm/s，远程挤出一般设为 25～50mm/s。速度过慢，空走会拉丝漏料，回抽点会形成疙瘩；速度过快，会将喷嘴里的耗材扯断，形成空腔，影响下次挤出。如果喷嘴空走时拉丝漏料比较多，则可适当提高回抽速度，具体数值同样需要根据打印机和耗材性能进行测试。

（2）层设置

【层】选项卡主要用来设置模型的每层该如何打印，具体如图 3-109 所示。

图 3-109　层设置

1）层高：每层的打印高度。层高和喷嘴直径关系密切，一般设为喷嘴直径的 20%～80%，越小越精细，越大打印时间越短。FDM 原理的 3D 打印机的最小层高一般在 0.05mm 以上，大部分是 0.1mm。若层高过小，则挤出机很难稳定挤出，导致模型表面粗糙。

2）封顶层数：模型上表面的实体层数。封顶层数与层高密切相关，一般封顶厚度不小于 0.8mm，过薄会导致封顶不严，产生空隙。

3）封底层数：模型下表面的实体层数。封底层数同样与层高密切相关，一般封底厚度不小于 0.6mm，过薄会导致打印完从工作平台上取下模型时，底面破裂或使模型下方产生空隙，尤其是拉桥时。

4）外壳圈数：模型外壳的层数。外壳越多，模型越结实，一般设置为 2 层。

（3）附加设置

【附加】选项卡包括一些能提高模型打印成功率的附加设置，具体如图 3-110 所示。

1）裙边：围绕模型轮廓的边线。开启裙边后，在打印模型前，会先在模型外围画轮廓。裙边的作用主要有三点：一是防止翘边，二是防止脱床，三是调平。一般裙边用于比较平整的热床，如黑晶板、高硼硅玻璃等。

2）裙边层数：裙边一般打印一层就够了。当模型容易倾倒时，可适当增加层数。

3）裙边偏移：裙边和模型底面轮廓的距离。裙边其实有两种含义：当裙边距离模型较远时，一般称为裙；当裙边贴着模型时，称为边。裙的作用一般是打印前预挤出，找正调平。边的作用是增加模型底面和热床的接触面积，减少模型翘边和脱床。

图 3-110　附加设置

4）底板：在模型下方先打印的一个很厚的垫子。底板和模型底面有一定间隙，打印完后可用手撕掉底板。推荐调平操作不熟练的新手使用底板，可在一定程度上弥补调平误差。底板适用于平整度较差或比较粗糙的平台，如洞洞板。底板打印时间长，浪费材料，如果不是必要情况，则不建议使用。

（4）填充设置

【填充】选项卡主要用来规划模型内部的打印方式，具体如图 3-111 所示。

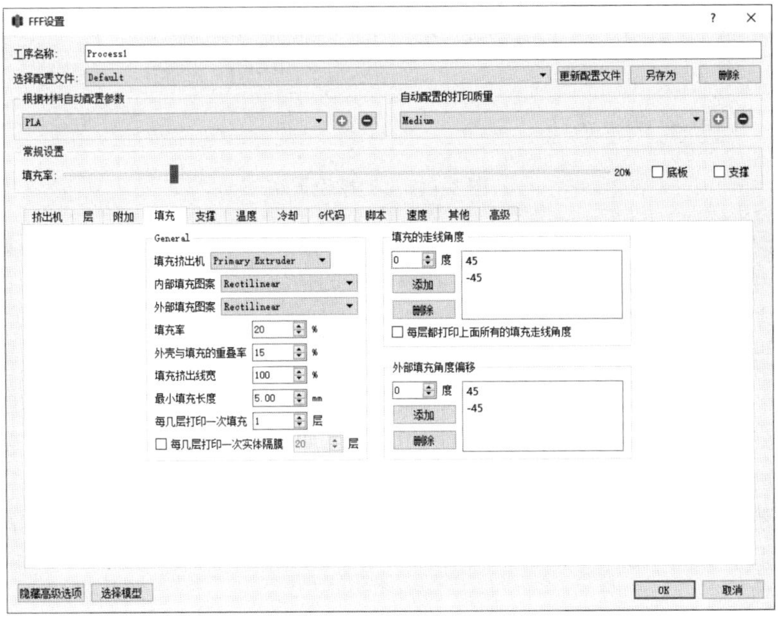

图 3-111　填充设置

1）填充率：模型内部的塑料使用量占比。填充率越高，模型越结实，也越重。对强度要求不高的模型，一般设置填充率为 10%～30%即可。需要高强度的模型，填充率可以更高。打印透光浮雕或月球灯的填充率为 100%，同时需要使用非透明的浅色材料，首选白色。

2）外壳与填充的重叠率：填充的塑料线和模型外壳内侧的重叠率，常用范围为 10%～40%。如果发现模型的小范围顶面封顶不严，如模型顶上的小方块有漏洞，则可适当增加重叠率，最高不要超过 60%；不然重叠部分会挤出过多的塑料，使模型顶面变得非常粗糙。

3）填充挤出线宽：填充挤出线宽和挤出页的挤出线宽直接相关。除默认的直线填充图案需要修改此值外，其他填充图案一般不需要修改，设置为 100%即可。因为默认的直线填充会隔一层打印一次同方向的填充线，所以强度很差，增加该值可以让挤出的塑料线变粗，上、下两层填充之间能粘到一起，既能节省打印时间，也能保证打印件的强度。该值尽量不要超过 200%。

（5）支撑设置

【支撑】选项卡用来规划支撑的打印方式，具体如图 3-112 所示。

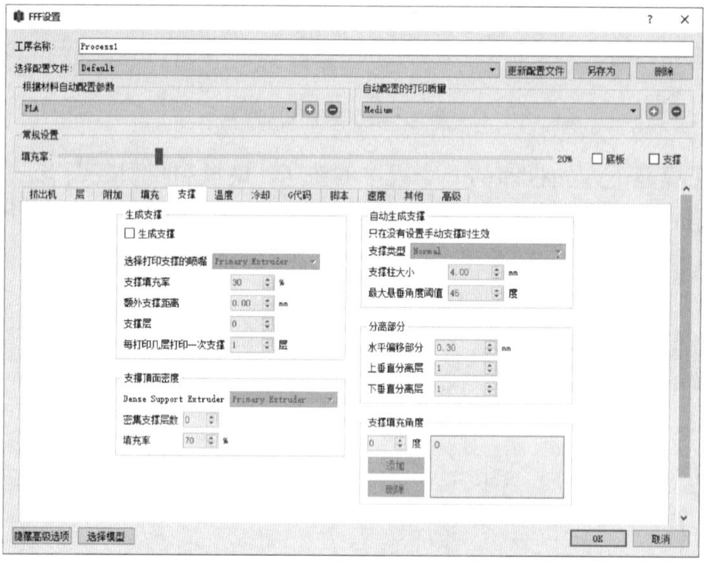

图 3-112　支撑设置

1）生成支撑：只有选中该复选框，在使用 Simplify 3D 切片时才会生成支撑。

2）支撑填充率：支撑走线的密度，10%～30%是比较常用的范围。

3）支撑类型：可以选择是全模型都可以生成支撑，还是只从平台上生成支撑。

4）支撑柱大小：也称最小支撑区域，低于此值的悬空区域将不会添加支撑。从理论上讲，此值越小，支撑柱越细，自动添加支撑的区域越多。数值设置过大，会导致一些需要加支撑的区域被忽略或仅需要加一点支撑的区域被加了很大一片，甚至大大超出了模型的范围。需要注意的是，此值与支撑走线的密度无关。推荐设置为 1～4mm。

5）最大悬垂角阈值：低于该角度的悬垂面不会自动生成支撑。此值越大，所加支撑越少。常用范围为 45°～70°。

（6）温度设置

【温度】选项卡用来设置挤出头和热床的温度，具体如图 3-113 所示。

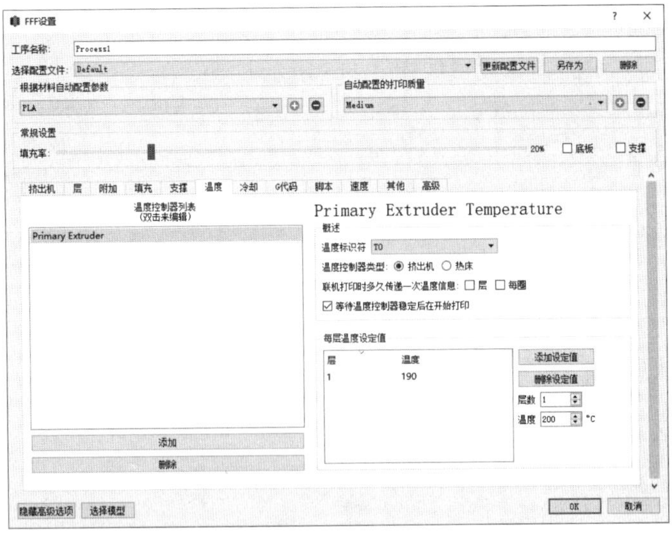

图 3-113　温度设置

挤出机和热床的温度是分别设置的。需要注意的是，在左侧列表选择挤出机温度时，需要在右侧同时选中【挤出机】单选按钮。同理，在选择热床时，需要在右侧选中【热床】单选按钮。

右下角的【每层温度设定值】是通过指定层数来设置温度的，当只有一层时，模型全部用【温度】选项卡中的温度来打印。右侧可以添加或删除温度，【删除设定值】按钮下面的层数和温度只和上面的【添加设定值】按钮有关，与实际打印温度无关。

（7）冷却设置

【冷却】选项卡用来设置打印时的冷却方案，具体如图 3-114 所示。

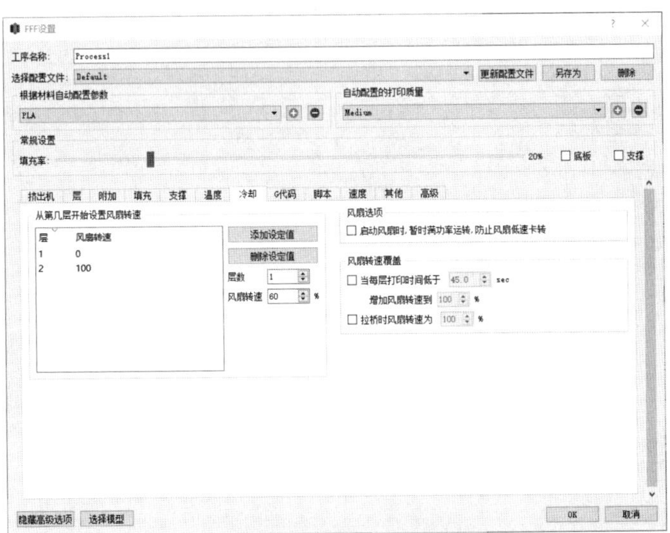

图 3-114　冷却设置

【冷却】选项卡中的风扇指喷嘴上用来吹模型的风扇。【风扇选项】中的风扇转速设置方式和【温度】选项卡相同，都是通过指定层数来设置的。

（8）G 代码设置

【G 代码】选项卡下的具体设置如图 3-115 所示。

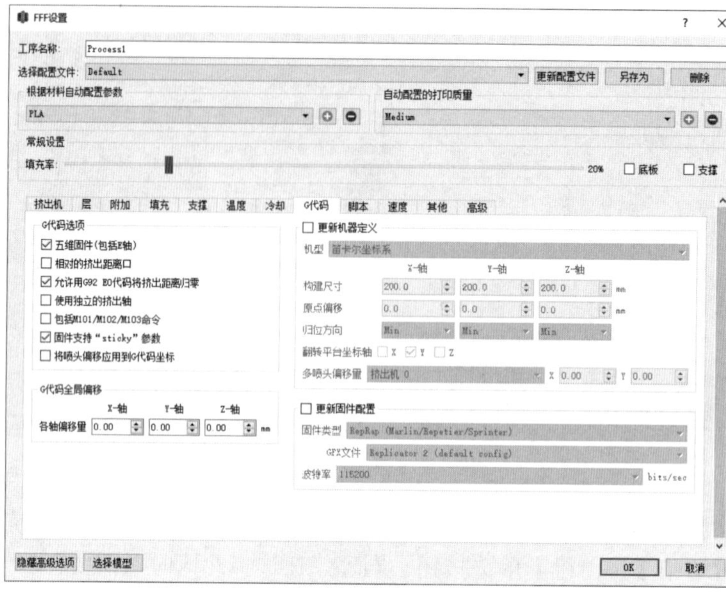

图 3-115　G 代码设置

在【G 代码】选项卡中，根据所使用的 3D 打印设备，可在【更新机器定义】中选择机型坐标系统，可在【更新固件配置】中选择相应的固件类型，可在【G 代码全局偏移】中设置 X、Y、Z 轴的偏移量。

（9）脚本设置

【脚本】选项卡下的具体设置如图 3-116 所示。

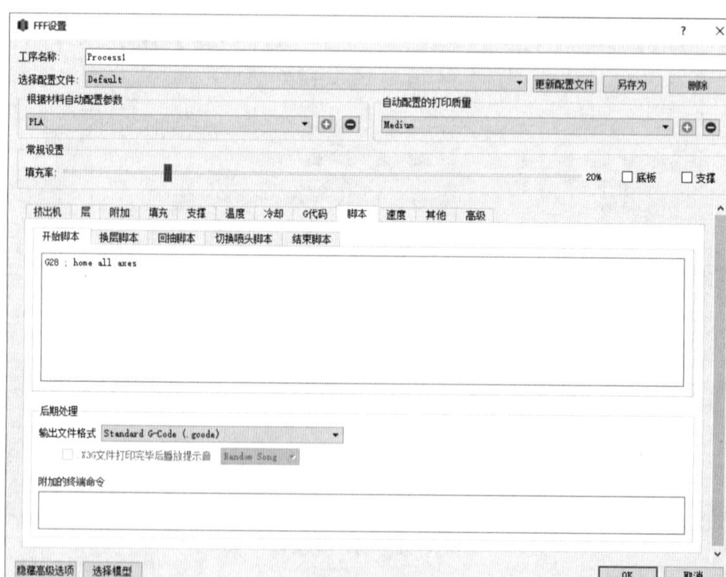

图 3-116　脚本设置

在【脚本】选项卡中，可编辑输出打印程序代码，在【输出文件格式】中可选择输出打印程序代码的文件格式。

（10）其他设置

【其他】选项卡主要用来设置打印速度、水平补偿、耗材、拉桥等，具体如图 3-117 所示。

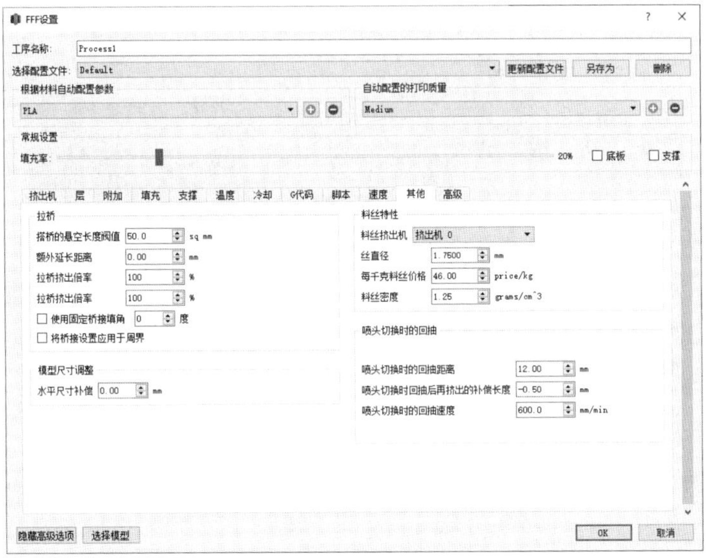

图 3-117　其他设置

（11）高级设置

【高级】选项卡主要用来设置切片行为、薄壁行为、渗出控制行为、运动行为、喷嘴等的高级控制，具体如图 3-118 所示。

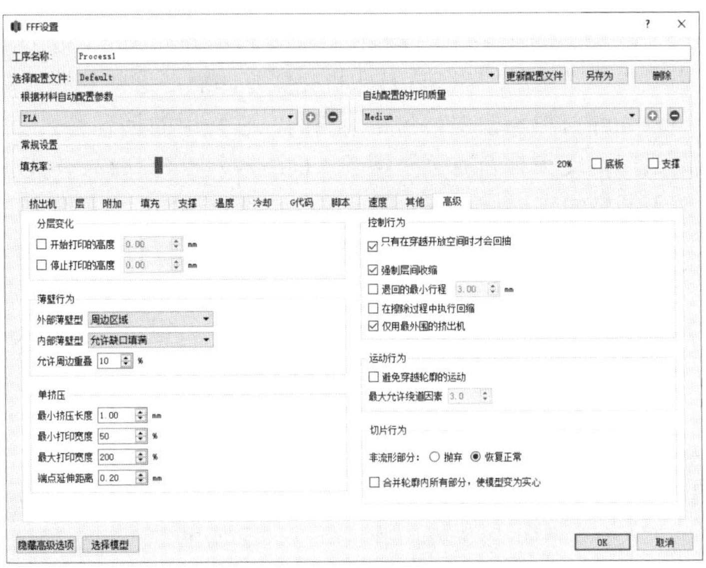

图 3-118　高级设置

（12）切片预览并打印

单击 Simplify 3D 主界面左下角的【准备打印（切片并预览）!】按钮，程序会对模型进行切片，并进入打印预览界面。选择不同的预览模式，并拖动下方的进度条查看打印路径是否正确。确认没问题后，可选择联机或脱机打印。切片预览如图 3-119 所示。

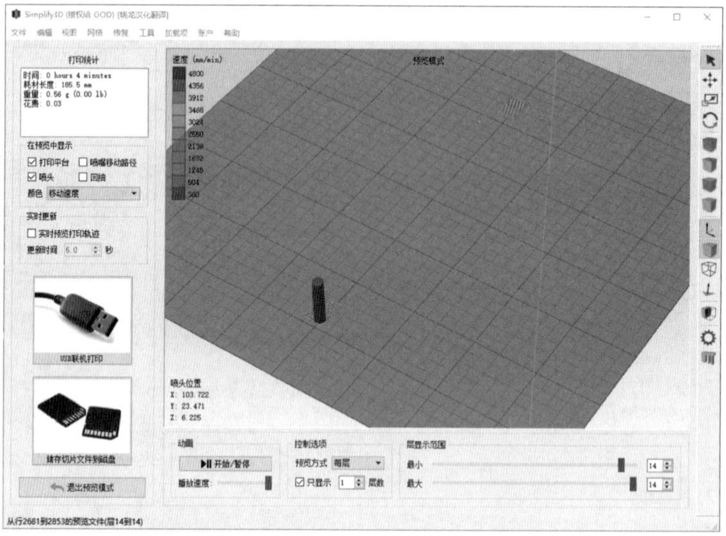

图 3-119　切片预览

单击左侧的【USB 联机打印】按钮，进行联机打印；单击左下方的【储存切片文件到磁盘】按钮，保存切片文件，进行脱机打印。

3. 汽车散热器下安装板后处理

（1）去支撑

采用逐层堆叠方式成型的 3D 打印技术在打印过程中需要平衡，因此有些模型的打印为了保持平衡是需要支撑结构的。当 3D 打印机完成打印后，这些支撑结构需要去除。

在一般情况下，支撑材料与模型材料是不同的，它采用的是容易去除的特殊材料，目前市面上比较容易去除的支撑材料有可以溶于水的凝胶状支撑材料、可以溶于碱性溶液的支撑材料、可以溶于酒精的支撑材料等。采用这些特殊材料作为支撑材料的 3D 打印模型，只要把它放入水、碱性溶液或者酒精等特定溶液中，就可以自行脱掉支撑，但一般这些支撑材料要比模型材料贵一些。

如果没有使用这些特殊材料做支撑，就只能借助小刀、钳子等工具人工去除。处理的时候要特别小心，以免损坏模型，毛边可以通过打磨抛光进一步处理。

（2）打磨

一般来讲，需要打磨的模型是表面相对比较粗糙的，它有两种情况。①如果表面有明显条状纹理，则比较好处理，只须把它磨平即可，根据条状纹理的严重程度选择打磨工具；如果表面条状纹理不明显，则可以选择用砂纸打磨。②如果表面有孔洞状纹理，这种处理起来比较麻烦，有两种处理方式，也就是加减法（填补和去除），选择加法还是减法依据模型本身而定。

虽然 FDM 技术能够制造出高品质的零件，但是零件上逐层堆积的纹路是肉眼可见的，这往往会影响用户的判断，尤其是当外观是零件的一个重要因素时，就需要用砂纸打磨进行后处理。

可以使用砂纸手工打磨，也可以使用砂带磨光机这样的专业设备进行打磨。砂纸打磨是一种廉价且行之有效的方法，一直是 3D 打印零部件后期抛光最常用、使用范围最广的技术。

砂纸打磨的操作步骤如下。

1）工具准备：FDM 打印件、各种型号的砂纸、小刷子。

2）先选用小型号的砂纸打磨一遍，打磨时一般用四指和手掌按住，拇指夹住砂纸，顺着模型纹路打磨。

3）打磨至物品的拐角和棱角处时，需要小心，动作要轻，以免使被打磨的物品变形。

4）由于砂纸的砂粒容易脱落，脱落下来的砂粒容易对模型造成损伤，需要用小刷子及时清理（也可用水），直到表面平整光滑为止。

5）先用小型号的砂纸打磨一遍，再用大型号的砂纸打磨，反复进行，直到获得满意的表面质感。

考核评价

汽车散热器下安装板的逆向设计与 3D 打印评价表如表 3-5 所示。

表 3-5　汽车散热器下安装板的逆向设计与 3D 打印评价表

工作任务名称：汽车散热器下安装板的逆向设计与 3D 打印

<table>
<tr><th>评价项目</th><th>考核内容</th><th>考核标准</th><th>配分</th><th>小组评分</th><th>教师评分</th><th>企业评分</th><th>总评</th></tr>
<tr><td rowspan="7">任务完成情况评定（80 分）</td><td>任务分析</td><td>正确率为 100%得 5 分；
正确率为 80%得 4 分；
正确率为 60%得 3 分；
正确率小于 60%得 0 分</td><td>5</td><td></td><td></td><td></td><td></td></tr>
<tr><td>建模</td><td>操作规范、熟练得 10 分；
操作规范、不熟练得 5 分；
操作不规范得 0 分</td><td>10</td><td></td><td></td><td></td><td></td></tr>
<tr><td>数据处理</td><td>参数设置正确得 20 分；
参数设置不正确得 0 分</td><td>20</td><td></td><td></td><td></td><td></td></tr>
<tr><td rowspan="2">打印成型</td><td>操作规范、熟练得 10 分；
操作规范、不熟练得 5 分；
操作不规范得 0 分</td><td rowspan="2">30</td><td></td><td></td><td></td><td></td></tr>
<tr><td>加工质量符合要求得 20 分；
加工质量不符合要求得 0 分</td><td></td><td></td><td></td><td></td></tr>
<tr><td rowspan="2">后处理</td><td>处理方法合理得 5 分；
处理方法不合理得 0 分</td><td rowspan="2">15</td><td></td><td></td><td></td><td></td></tr>
<tr><td>操作规范、熟练得 10 分；
操作规范、不熟练得 5 分；
操作不规范得 0 分</td><td></td><td></td><td></td><td></td></tr>
</table>

续表

评价项目	考核内容	考核标准	配分	小组评分	教师评分	企业评分	总评
职业素养（20 分）	劳动保护	按规范穿戴防护用品	每违反一次，扣 5 分，扣完为止				
	纪律	不迟到、不早退、不旷课等					
	表现	积极、主动、互助、负责、有改进精神等					
	6S 规范	符合 6S 管理要求					
总分							
学生签名		教师签名			日期		

自主练习

逆向设计叶片并应用 FDM 打印机打印如图 3-120 所示的叶片。

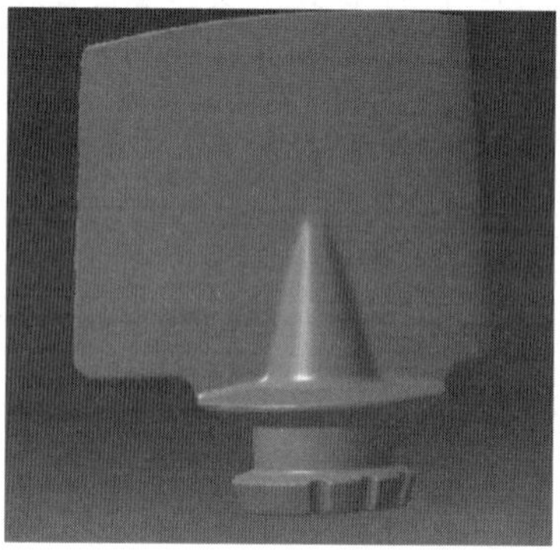

图 3-120　叶片

4

项　目

法兰盘的逆向设计与 3D 打印

>>>>

◎ 项目导读

某公司要求对某型法兰盘进行设计，并采用 3D 打印的方式将其打印出来，以方便检验和测试，经研究决定利用 SLS 技术进行 3D 打印。

◎ 知识目标

1．掌握 SLS 的成型原理及优缺点。

2．掌握 SLS 常用的材料。

◎ 能力目标

1．能阅读任务单，制订法兰盘的逆向设计方案。

2．能应用 CATIA 软件绘制法兰盘的三维模型。

3．能选择合适的扫描仪对产品进行数据采集。

4．能应用 Geomagic Studio 软件优化点云数据。

5．能正确操作 SLS 打印切片软件及设备。

6．能进行法兰盘的后处理。

◎ 素养目标

1．培养创新思维、辩证思维和全局思维。

2．培养勤于思考、善于总结、勇于探索的科学精神。

视频：重构法兰盘模型（一）　　视频：重构法兰盘模型（二）

4.1 工作任务：法兰盘项目团队与任务单

4.1.1 组建团队及任务分工

组建团队及任务分工如表 4-1 所示。

表 4-1 组建团队及任务分工

团队名称	团队成员	工作任务

4.1.2 发放任务单

任务单如表 4-2 所示。

表 4-2 任务单

产品名称	法兰盘	编号		时间	5 天
序号	零件名称	规格	图形	数量/件	设计要求
1	法兰盘		根据客户要求进行逆向模型重构	1	（1）模型准确，精度超差小于 0.3mm； （2）完成法兰盘模型的 3D 打印
2					
备注	请在指定时间内完成		完成日期		
生产部意见			日期		

4.2 知识准备：SLS 概述

4.2.1 SLS 成型原理

SLS 利用粉末状材料（主要有塑料粉、蜡粉、金属粉、表面附有黏结剂的覆膜陶瓷粉、覆膜金属粉及覆膜砂等）在激光照射下烧结的原理，在计算机控制下按照界面轮廓信息进行有选择的烧结，层层堆积成型。SLS 使用的是粉状材料，从理论上讲，任何可熔的粉末都可以用来打印成型。

SLS 装置由激光、扫描系统、粉末供料系统、成型活塞、滚筒、粉末平台等组成，工作时送料缸活塞上升，由送料辊将粉末在成型缸活塞（工作活塞）上均匀铺一层，计算机根据原型的切片模型控制激光束的二维扫描轨迹，有选择地烧结固体粉末材料以形成零件的一个层面。当完成一层后，成型缸活塞下降一个层厚，铺粉装置铺上新粉。控制激光束再次扫描烧结新层。如此循环，层层叠加，直到三维零件成型。最后，激光器将未烧结的粉末回收到送料缸中，并取出成型件。SLS 成型原理如图 4-1 所示。

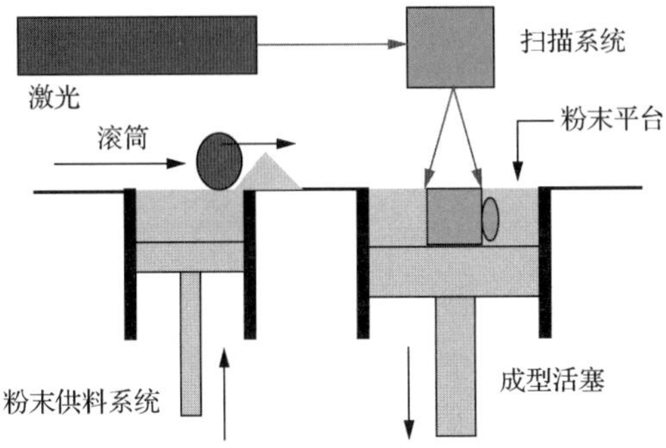

图 4-1　SLS 成型原理

在成型过程中，未经烧结的粉末对模型送料辊烧结件型的空腔和悬臂部分起着支撑作用，不必像 SLA 技术那样另外生成支撑结构。SLS 技术使用的激光器是二氧化碳激光器，使用的粉末原料有蜡、聚碳酸酯、尼龙、纤细尼龙、合成尼龙、金属等。当实体构建完成且成型缸原型部分充分冷却后，粉末快速上升至初始位置，将其取出，放置在后处理工作台上，用刷子刷去表面粉末，露出加工件，残留的粉末可用压缩空气去除。

4.2.2　典型 SLS 设备与原料

1．SLS 设备

SLS 设备主要由机械系统、光学系统和计算机控制系统组成。机械系统和光学系统在计算机控制系统的控制下协调工作，自动完成制件的加工成型。机械系统主要由机架、工作平台、铺粉机构、两个活塞缸、集料箱、加热火灯和通风除尘装置组成。典型 SLS 设备如图 4-2 所示。

图 4-2　典型 SLS 设备

2．SLS 原料

SLS 原料的特点如表 4-3 所示。

表 4-3　SLS 原料的特点

原料类型	原料特点
塑料粉末	尼龙、聚苯乙烯、聚碳酸酯等均可作为塑料粉末的原料。一般直接用激光烧结，不做后续处理
金属粉末	由于金属粉末用于 SLS 时温度很高，为防止金属氧化，烧结时必须将金属粉末密闭在充有保护气体的容器中
陶瓷粉末	陶瓷粉末在烧结时要在粉末中加入黏结剂。黏结剂分为无机黏结剂、有机黏结剂及金属黏结剂三类

4.2.3　SLS 的优缺点

1．SLS 的优点

1）SLS 所使用的成型材料十分广泛，包括石蜡、金属、陶瓷、石膏、尼龙粉末和它们的复合粉末材料。从原理上来说，这种技术可采用加热时黏度降低的任何粉末材料，通过材料或各类含黏结剂的涂层颗粒制造出任何造型，以适应不同的需要。

2）SLS 无须设计和制造复杂的支撑系统，制作过程与零件复杂程度无关，制件的强度高。

3）生产效率较高，材料利用率高，烧结的粉末可重复使用，材料无浪费。

4）应用面广，由于成型材料的多样化，SLS 适用于多种应用领域，如原型设计验证、模具母模、精铸熔模、铸造型壳和型芯等。

5）精度高，用 SLS 技术打印的零件精度取决于使用的材料种类、产品的几何形状和复杂程度，该技术一般能够达到工件整体范围内±（0.05～2.5）mm 的偏差。

6）制造工艺比较简单，由于可用多种材料，SLS 可以采用不同的原料直接生产形状复杂的原型、型腔模、三维构件或部件及工具。

2．SLS 的缺点

1）用 SLS 成型后的工件表面会比较粗糙，粗糙度取决于粉末的直径。

2）成型零件结构疏松、多孔，并且有内应力，制作易变形。

3）生成陶瓷、金属制件的后处理较难。

4）烧结过程中有异味，SLS 需要使用激光加热使粉层达到熔化状态，高分子材料或粉末在激光烧结时会挥发异味气体。

5）无法直接成型，高性能的金属和陶瓷零件成型大尺寸零件容易发生翘曲变形。

6）视所用的材料而异，SLS 有时需要比较复杂的辅助工艺，如对原材料进行长时间的预先加热、造型完成后需要对模型表面的浮粉进行清理等。

7）由于使用了大功率激光器，除了本身的设备成本，SLS 还需要很多辅助保护工艺，整体技术难度大，制造和维护成本较高。

4.2.4　SLS 的应用

（1）快速原型制造

SLS 可快速制造所设计零件的原型，并对产品及时进行评价、修正，以提高设计质量。

（2）新型材料的制备及研发

SLS 可以开发一些新型的颗粒，如复合材料上的增强颗粒和硬质合金。

（3）小批量、特殊零件的制造加工

SLS 可快速、经济地实现小批量和形状复杂零件的制造。

（4）快速模具和工具制造

SLS 制造的零件可直接作为模具使用，如熔模铸造模型、砂型铸造模型、注塑模型、高精度形状复杂的金属模型等，也可经后处理后作为功能零件使用。

（5）在医学上的应用

SLS 制造的零件有很高的孔隙率，因此可用于人工骨的制造。国外用 SLS 制备的人工骨进行的临床研究表明，人工骨的生物相容性良好。

4.3 任务实施：重构法兰盘模型并打印

4.3.1 法兰盘数据采集与处理

采用手持式三维扫描仪对法兰盘进行数据采集。

4.3.2 法兰盘三维模型重构

应用 CATIA 软件重构如图 4-3 所示的法兰盘的三维模型。

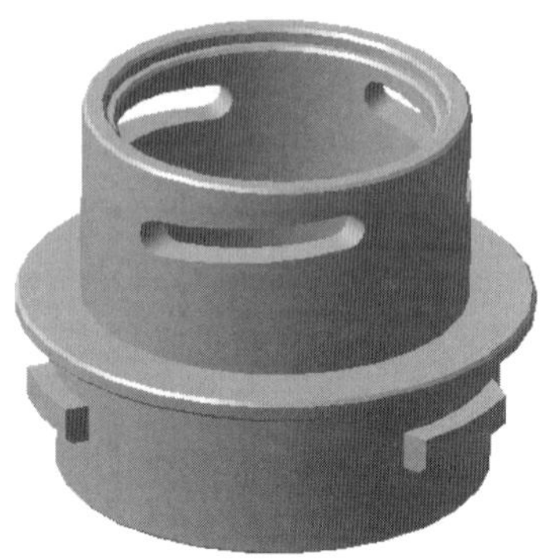

图 4-3 法兰盘的三维模型

1）导入点云。打开 CATIA 软件，先选择菜单栏中的【开始】→【形状】命令，再选择【逆向点云编辑】选项，进入逆向点云编辑模块。在工具栏中单击【输入】按钮，弹出点云【输入】对话框，如图 4-4 所示。选择光盘文件中的法兰盘点云，如图 4-5 所示。

图 4-4 点云【输入】对话框

图 4-5 法兰盘点云

2）选择菜单栏中的【插入】→【几何图形集】命令，弹出【插入几何图形集】对话框（图 4-6），设置【名称】为【主体】，在目录树中出现主体几何图形集，并自动定义为工作对象。

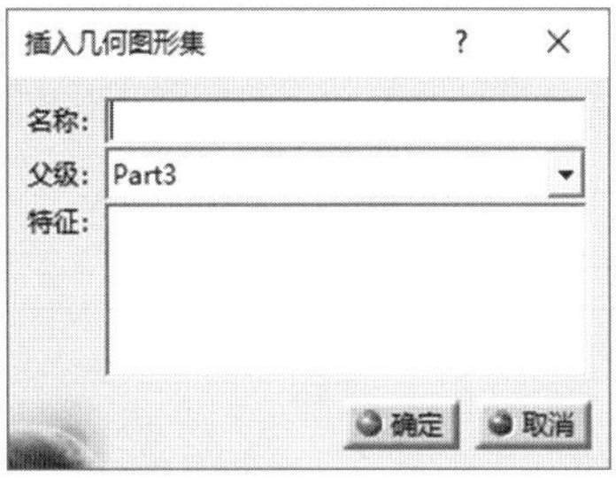

图 4-6　【插入几何图形集】对话框

3）在逆向点云编辑模块中剖切点云，单击【平面型式切面】按钮，弹出【平面型式切面】对话框（图 4-7），选择法兰盘点云，剖切面选择【yz 平面】。剖切点云如图 4-8 所示。

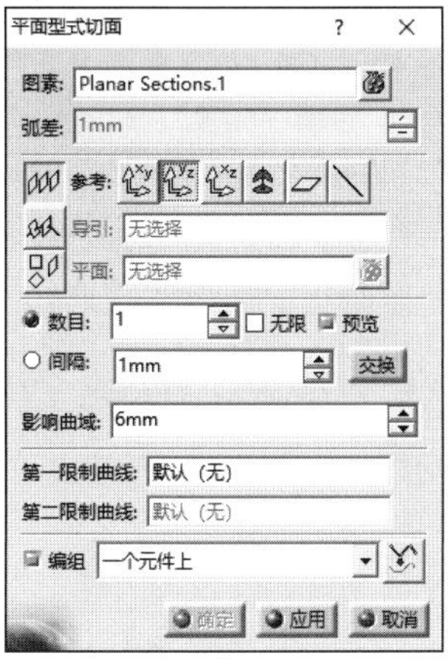

图 4-7　【平面型式切面】对话框 1

图 4-8　剖切点云 1

4）在零件设计模块中，单击【草绘】按钮，选择【yz 平面】为草绘面，在草绘界面中单击【轮廓】按钮，绘制完成后单击【尺寸】按钮，标注尺寸，草绘曲线如图 4-9 所示，最后退出草图工作台。

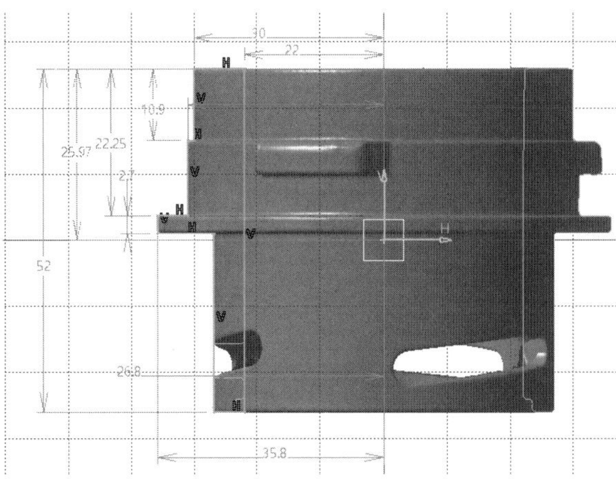

图 4-9　草绘曲线 1

5）在零件设计模块中，单击【旋转体】按钮，弹出【定义旋转体】对话框（图 4-10），在【轮廓/曲面】中选择图 4-9 所示的草图，在【轴线】中选择【纵向】，单击【确定】按钮后得到旋转体，如图 4-11 所示。

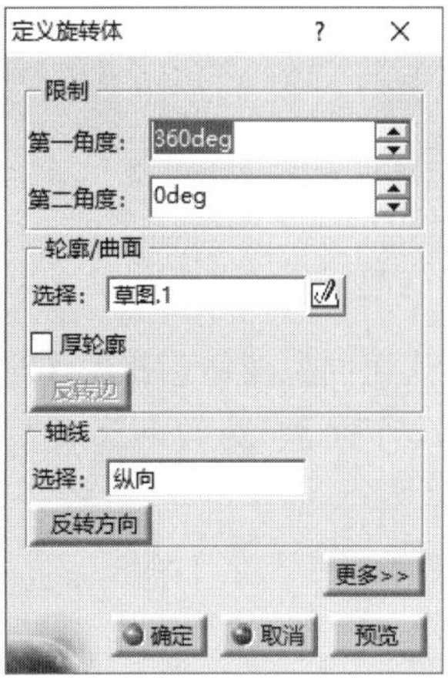

图 4-10 【定义旋转体】对话框

图 4-11 旋转体

6）在 DSE 模块中剖切点云，单击【平面型式切面】按钮，弹出【平面型式切面】对话框（图 4-12），选择法兰盘点云，剖切面选择【xy 平面】，拖动剖切面到适当的位置，单击【应用】按钮和【确定】按钮。剖切点云如图 4-13 所示。

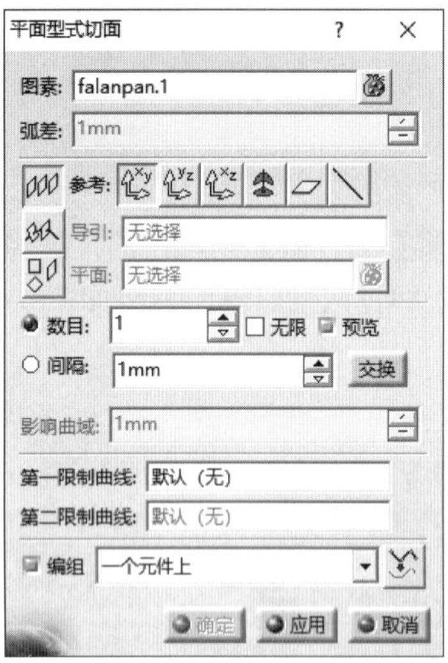

图 4-12 【平面型式切面】对话框 2

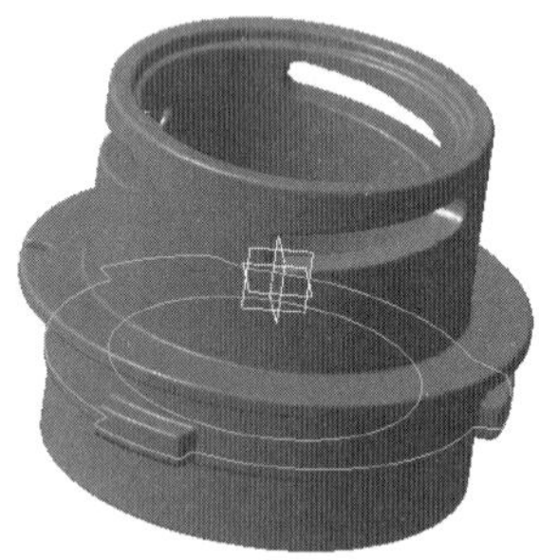

图 4-13 剖切点云 2

7）在零件设计模块中，单击【草绘】按钮，选择【4y 平面】为草绘面，在草绘界面中单击【圆】按钮和【直线】按钮，绘制圆和直线。当圆和直线绘制完成后，先单击【快速修剪】按钮，修剪多余的线，再单击【尺寸】按钮，标注尺寸，草绘曲线如图 4-14 所示，最后退出草图工作台。

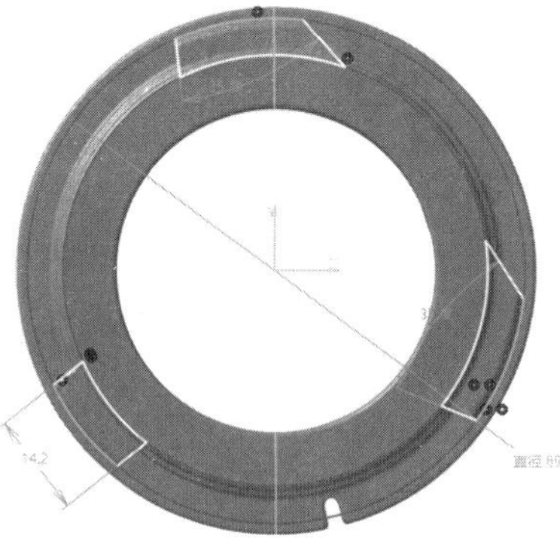

图 4-14　草绘曲线 2

8）在零件设计模块中，单击【凸台】按钮，弹出【定义凸台】对话框（图 4-15），在【轮廓/曲面】中选择图 4-14 所示的草图，在【第一限制】中，设置【类型】为【尺寸】,【长度】为-10mm，在【第二限制】中，设置【类型】为【直到平面】，选择台阶面，单击【确定】按钮后得到凸台，如图 4-16 所示。

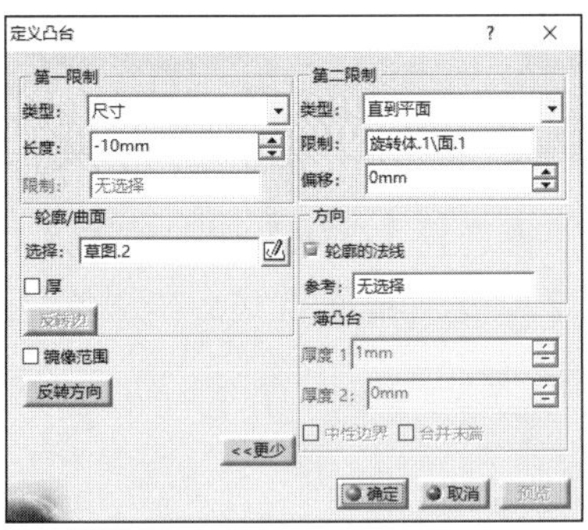

图 4-15　【定义凸台】对话框

图 4-16　凸台

9）在逆向点云编辑模块中剖切点云，单击【平面型式切面】按钮，弹出【平面型式切面】对话框（图 4-17），选择法兰盘点云，剖切面选择【4y 平面】，拖动剖切面到适当的位置，单击【应用】按钮和【确定】按钮。剖切点云如图 4-18 所示。

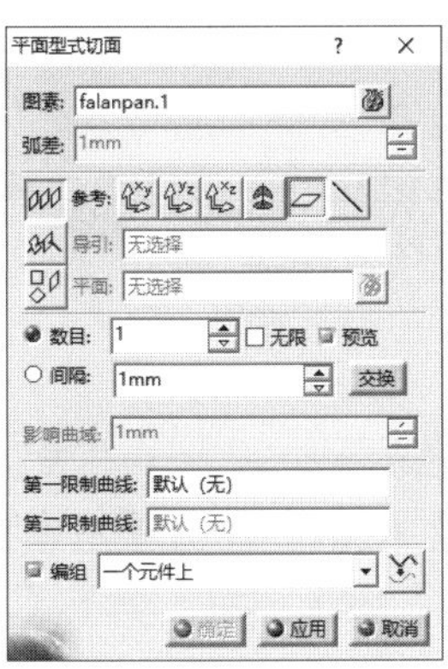

图 4-17　【平面型式切面】对话框 3

图 4-18　剖切点云 3

10）在零件设计模块中，单击【草绘】按钮，选择大台阶面为草绘面，在草绘界面中先单击【延长孔】按钮，绘制延长孔，再单击【尺寸】按钮，标注尺寸，绘制延长孔如图 4-19 所示，最后退出草图工作台。

11）在零件设计模块中，单击【凹槽】按钮，弹出【定义凹槽】对话框（图 4-20），在【轮廓/曲面】中选择图 4-19 所示的草图，设置【类型】为【尺寸】，【深度】为-10mm，单击【确定】按钮后得到凹槽，如图 4-21 所示。

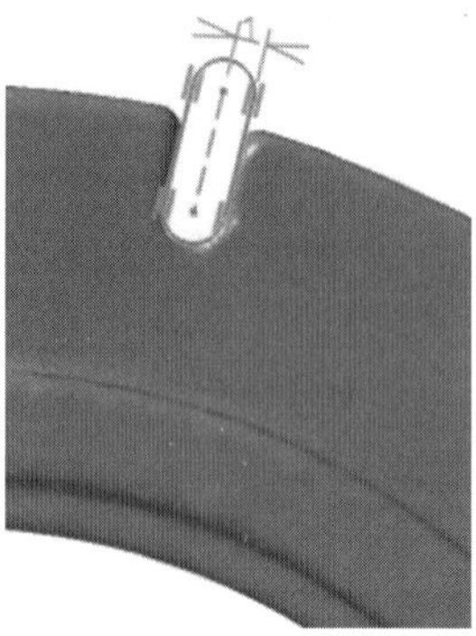

图 4-19　绘制延长孔

图 4-20　【定义凹槽】对话框

图 4-21　凹槽 1

12）先选择菜单栏中的【开始】→【形状】命令，再选择【QSR】选项，进入 QSR 模块。单击【激活】按钮，弹出【激活】对话框（图 4-22），选择刷子方式，在法兰盘点云中选择如图 4-23 所示点云。激活点云如图 4-24 所示。

图 4-22　【激活】对话框

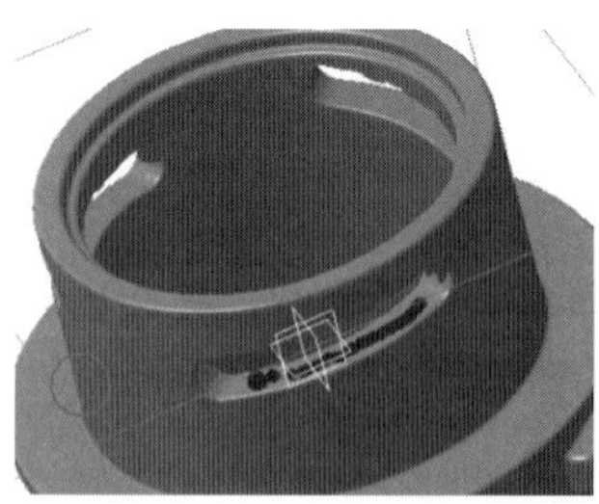

图 4-23　选择点云

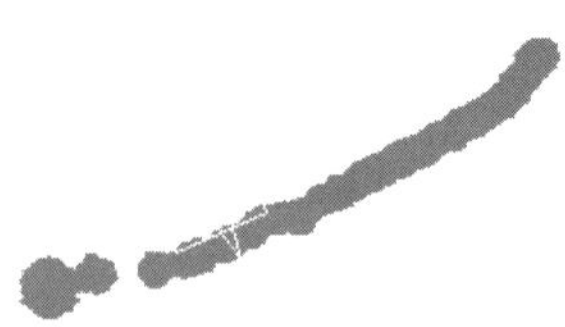

图 4-24　激活点云

13）在逆向曲面重建模块中，单击【基本曲面辨识】按钮，弹出【基本曲面辨识】对话框（图 4-25），选择图 4-24 所示的点云，选中【平面】单选按钮，单击【应用】按钮和【确定】按钮。构建平面如图 4-26 所示。

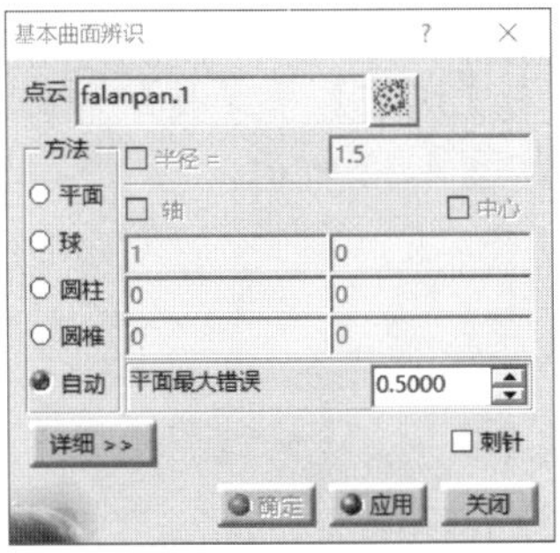

图 4-25　【基本曲面辨识】对话框

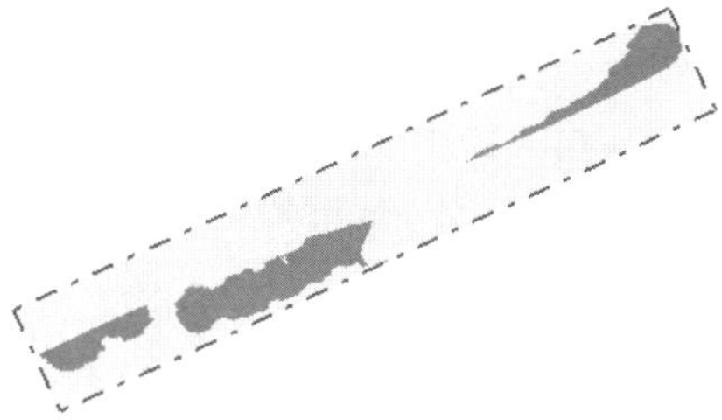

图 4-26　构建平面

14）在创成式外形设计模块中，单击【平面】按钮，弹出【平面定义】对话框（图 4-27），选择偏移平面，参考平面为图 4-26 所示的平面，偏移距离为 2.5mm，结果如图 4-28 所示。

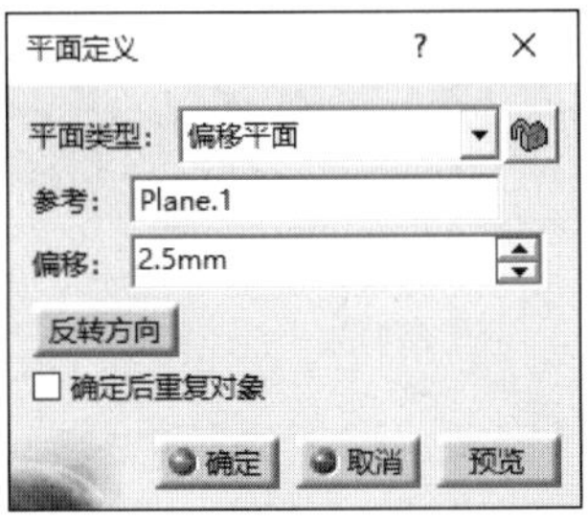

图 4-27　【平面定义】对话框

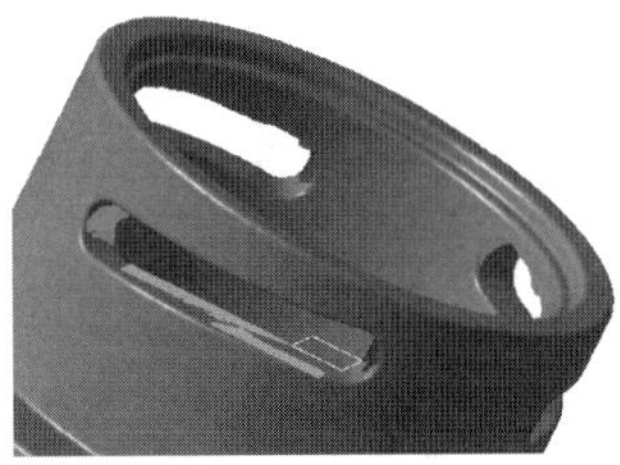

图 4-28　平面

15）在逆向曲面重建模块中剖切点云，单击【平面型式切面】按钮，弹出【平面型式切面】对话框，选择法兰盘点云，剖切面选择图 4-28 所示的平面，单击【应用】按钮和【确定】按钮。剖切点云如图 4-29 所示。

16）在零件设计模块中，单击【草绘】按钮，选择图 4-28 所示平面为草绘面。在草绘界面中，先单击【直线】按钮，绘制直线；再单击【尺寸】按钮，标注尺寸；最后单击【快速修剪】按钮，修剪多余的线。草绘曲线如图 4-30 所示，最后退出草图工作台。

图 4-29　剖切点云 4

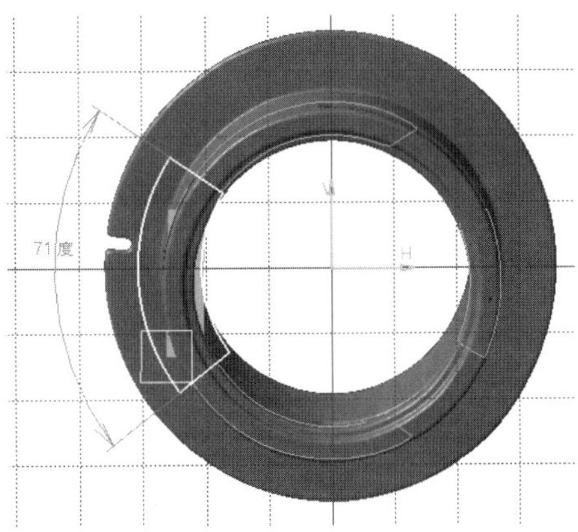

图 4-30　草绘曲线 3

17）在零件设计模块中，单击【凹槽】按钮，弹出【定义凹槽】对话框（图 4-31），在【轮廓/曲面】中选择图 4-30 所示的草图，设置【类型】为【尺寸】，【深度】为 2.5mm，选择【镜像范围】选项，单击【确定】按钮后得到凹槽，如图 4-32 所示。

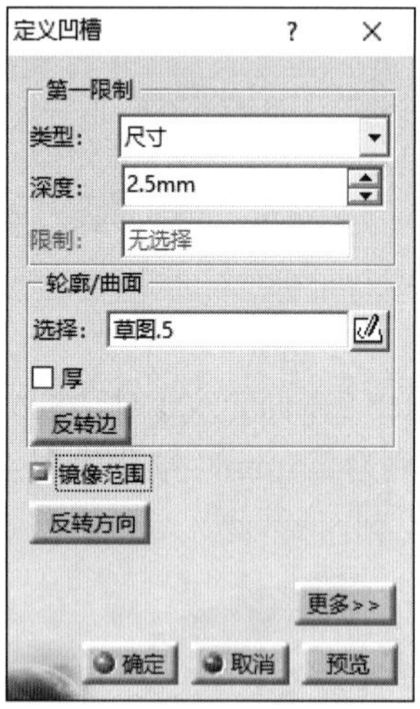

图 4-31 【定义凹槽】对话框

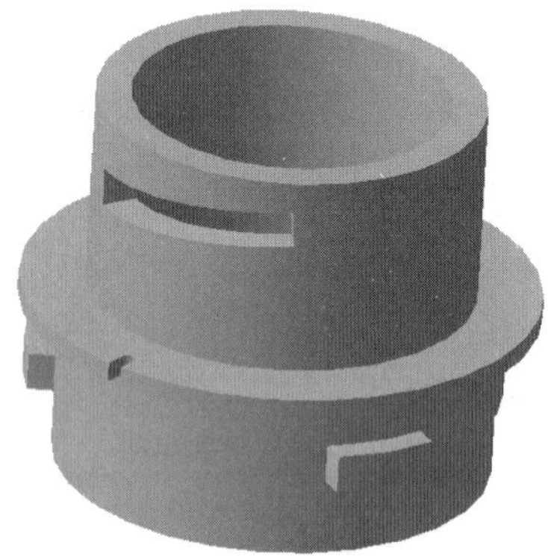

图 4-32 凹槽 2

18）在零件设计模块中，单击【圆形阵列】按钮，弹出【定义圆形阵列】对话框（图 4-33），设置【参数】为【实例和角度间距】，【实例】为 3，【角度间距】为 120°，【参考元素】为任意圆柱面，【要阵列的对象】为图 4-32 所示的凹槽，单击【确定】按钮，完成凹槽的阵列，结果如图 4-34 所示。

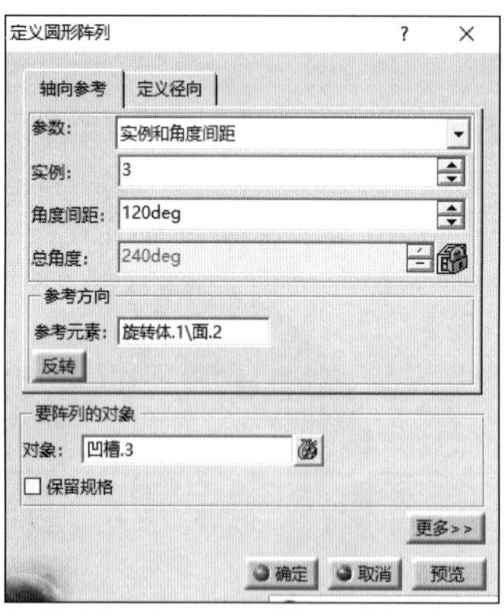

图 4-33 【定义圆形阵列】对话框

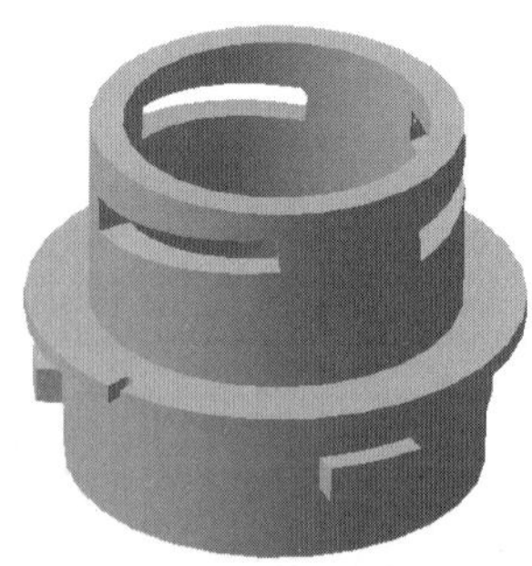

图 4-34 圆形阵列凹槽

19）在零件设计模块中，单击【三切线内圆角】按钮，弹出【定义三切线内圆角】对话框（图 4-35），设置【要圆角化的面】为凹槽的上下面，【要移除的面】为一个侧面，其他圆角面按照步骤依次进行圆化，结果如图 4-36 所示。

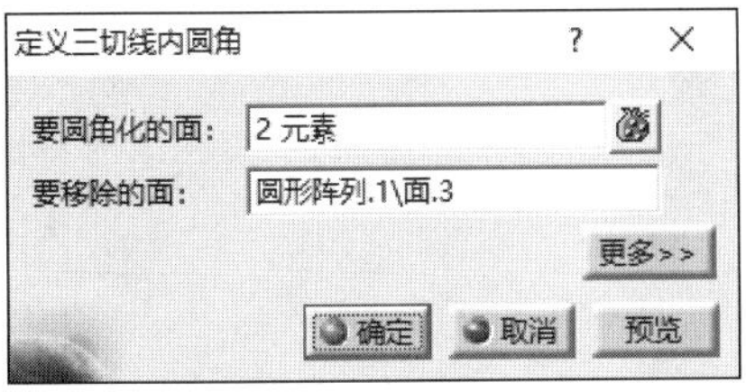

图 4-35　【定义三切线内圆角】对话框

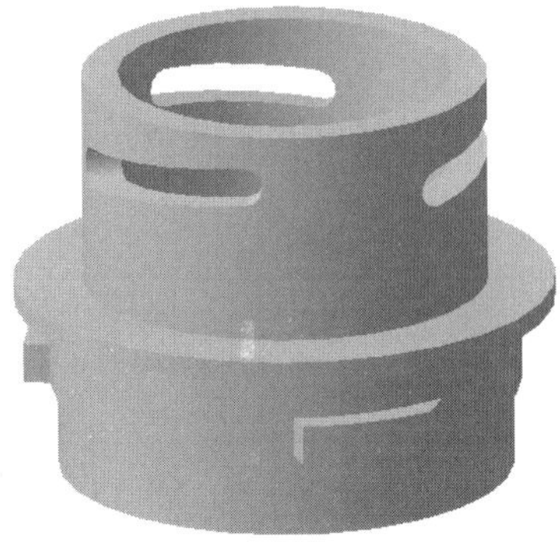

图 4-36　圆角

20）在零件设计模块中，单击【草绘】按钮，选择【yz 平面】，进入草图模式，单击【矩形】按钮，绘制矩形，单击【尺寸约束】按钮，标注尺寸，绘制草图如图 4-37 所示，单击【退出草绘】按钮，退出草图。

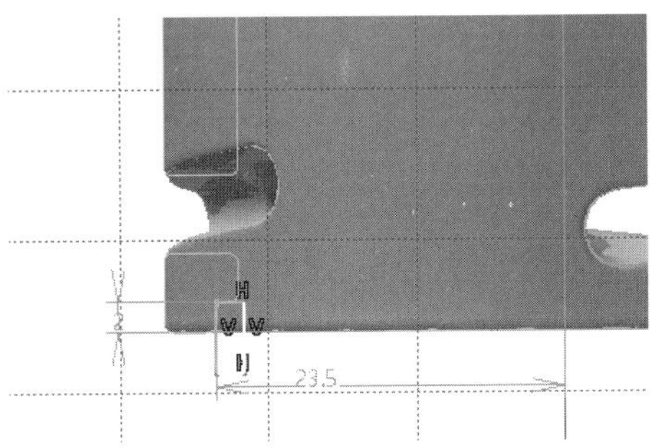

图 4-37　绘制草图

21）在零件设计模块中，单击【旋转槽】按钮，弹出【定义旋转槽】对话框（图 4-38），在【轮廓/曲面】中选择图 4-37 所示的草图，在【轴线】中选择任一圆柱面轴线，单击【确定】按钮，完成旋转槽的绘制，如图 4-39 所示。

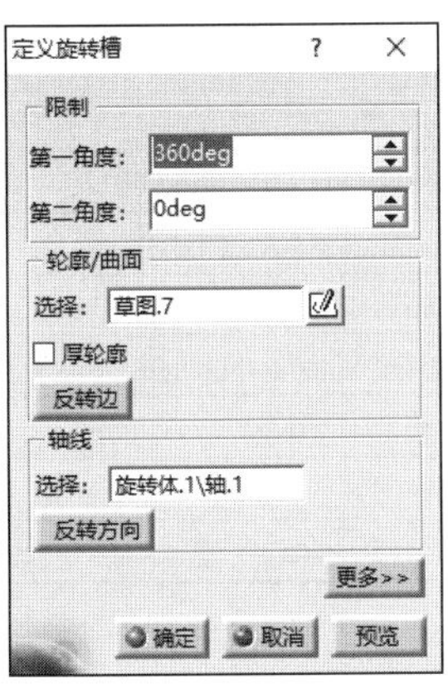

图 4-38　【定义旋转槽】对话框

图 4-39　旋转槽

22）在零件设计模块中，单击【倒角】按钮，弹出【定义倒角】对话框（图 4-40），选择要倒角的对象，设置【长度 1】为 1mm，【角度】为 45°，进行倒角，如图 4-41 所示。按照同样的方法进行其余倒角，长度为 0.5mm，结果如图 4-42 所示。

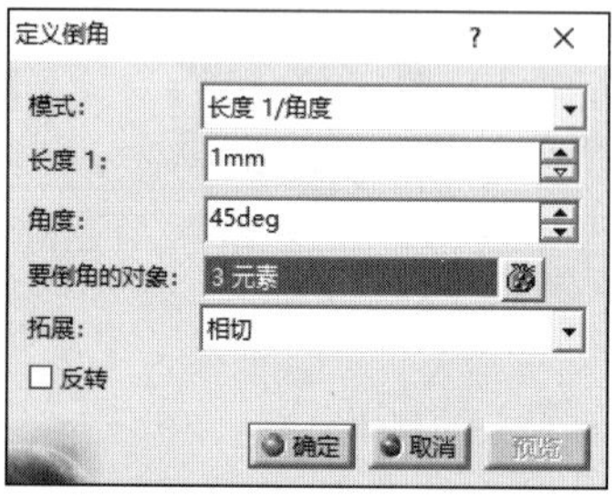

图 4-40　【定义倒角】对话框

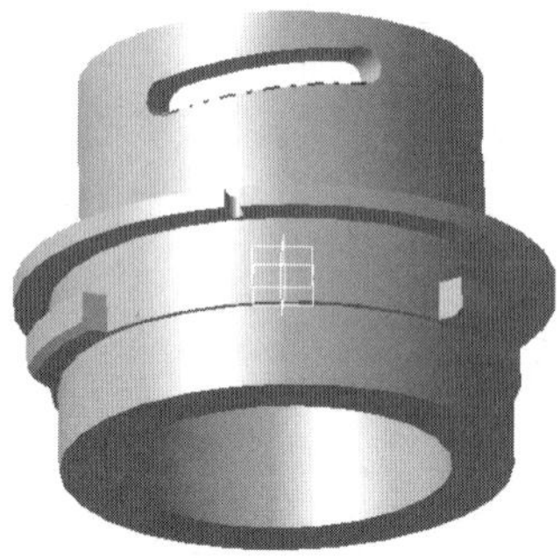

图 4-41　倒角 1mm

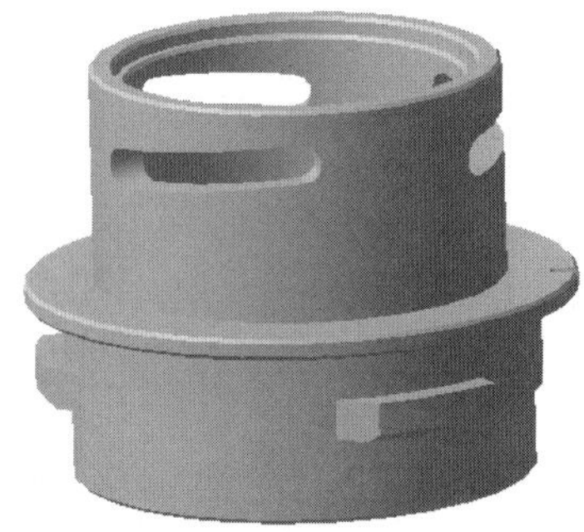

图 4-42　其余倒角

4.3.3　法兰盘 3D 打印

1．设备准备

法兰盘的 3D 打印采用 Lasercore 5300 设备进行打印。该设备的主要参数如表 4-4 所示。

表 4-4　Lasercore 5300 设备的主要参数

序号	参数	指标
1	激光器	射频二氧化碳 55W
2	光学系统	动态聚焦高精度扫描振镜
3	成型缸体积	700mm×700mm×650mm
4	成型层厚	0.1～0.35mm
5	扫描速度	最大 6000mm/s
6	成型速度	90～130cm^3/h
7	操作系统	Windows
8	控制软件	AFSwin
9	数据格式	STL
10	成型材料	精铸磨料 PSB 粉/树脂覆膜砂
11	电源	380V/50Hz/15KVA/三相五线制
12	主机尺寸	1970mm×1500mm×2785mm
13	操控台尺寸	660mm×800mm×1600mm
14	主机重量	2550kg
15	运行环境温度	15～28℃
16	相对湿度	<80%

成型机由机械主体部分、光学系统、控制系统三部分组成。机械主体部分主要由机架、工作平台、铺粉机构、送粉机构、成型缸、集料箱、加热灯和通风除尘装备组成。光学系统主要由激光器、反射镜、扩束、聚焦系统、扫描器（或称振镜）、窗口、光束合成器、指

示光源组成。成型机的控制系统是一个以计算机为核心，控制激光在粉末表面选区烧结，由机械电气实现烧结区逐层叠加的一个系统，其由工控机、激光系统、运动部件、辅助部件等组成。Lasercore 5300 的结构示意图如图 4-43 所示。

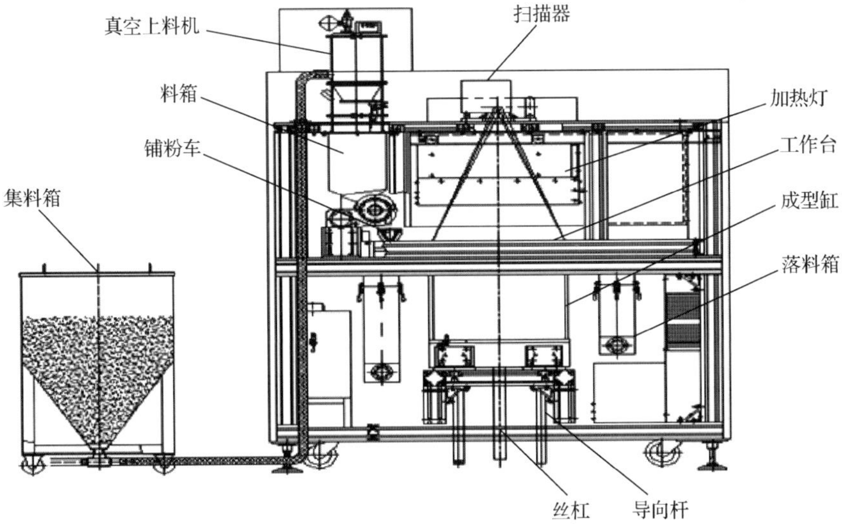

图 4-43　Lasercore 5300 的结构示意图

2．成型机的操作

（1）开机操作

1）打开成型仓门，检查并清扫成型机铺粉轨道及工作平台使之清洁无异物，检查完毕后关闭大门。

2）将电源开关置于开位，按下绿色启动开关按钮。保持 1s，成型机通电，计算机开启，绿灯长亮。

3）检查集料箱中的集料状况，用吸料机将集料箱中的粉体吸净。

4）检查激光窗口镜，若窗口镜被污染，则将其卸下用丙酮或无水酒精清洗。

5）将外置料箱加满料。

注意： 确定待加的粉料与料缸中的粉料属于同一类型；粉料中应无烧结块、板结块或其他杂物，否则必须用振动筛筛分。

6）启动 AFSwin 控制程序，激光冷却器、扫描器、激光器、电机、通风等的电源自动开启，铺粉车自动回位。

（2）成型操作

1）打开待成型零件的 AFI 文件，控制软件自动将零件置中。

2）若须同时制作多个零件或同时加工几个不同的零件，则可用零件菜单中的排列 AFI 文件和添加 AFI 文件进行操作。若情况特殊，则可对零件进行缩放和位移。

3）预览、逐层查看零件各层状态，若有异常（出边界、数据反转等），则返回切片软件检查错误。

4）修改成型参数和设置温控曲线。观察屏幕上各项参数的参数值，若须改动，则进入【工具】菜单，逐项修改。

5）加料。运行【电机】菜单中的【料缸移动】项或按小车复位按钮 F9，向铺粉车中定量加入选用的粉料。

6）运行【电机】菜单中的【成型缸移动】项，首先将成型缸（PART）活塞上升到适当位置，放入取件底板；然后将成型缸（PART）活塞上升到上限位位置，下降 1mm。

7）运行【电机】菜单中的【铺粉】项，反复运行（一般为 4～5 遍）铺粉装置直到将成型缸填满铺平。

注意：成型机运行过程中排风装置必须始终处于开启状态，操作人员应佩戴防尘口罩，以免粉尘污染。

8）将加热灯移到成型缸上方位置，设置成型温度，打开加热器。

注意：当加热灯为开启状态时，严禁将手伸到加热灯内部，以免烫伤和触电。

9）打开大门，用红外测温仪测量成型缸粉表面温度，当温度达到要求时，准备零件成型。

10）打开激光器，调节激光功率调节钮，根据不同原料和零件，选择适当功率。在成型中可根据需要调节功率。

11）仔细观察烧结过程，若有异常，则可随时按【终止】按钮退出，修改工艺参数后选择【加工】→【继续加工】选项重新加工。

注意：在成型烧结过程中，切忌身体的任何部位进入成型室，以避免激光将身体烧伤。

（3）停机取件

1）零件成型完成后，软件自动记录加工时间。系统自动关闭除计算机外的所有电源，绿灯闪亮。

2）开电机、通风和照明开关。

3）将加热灯向右移出成型仓，用旋风吸砂机沿零件的四周将未烧结的粉体慢慢吸出，同时将成型活塞分段升起，直到最顶部，零件完全露出，尽可能将浮粉吸净。

注意：清粉前应检查集料箱是否有足够的空间，若没有，则须先清除干净。

4）将零件连同取件板一起取出，放在清粉平台上，若零件较重，则可用叉车。

5）将零件放入专用清理盘中，进行清粉等后处理工作。

6）关机。关闭控制界面中各控制开关，退出程序，按红色停止按钮，保持 1s，成型机断电，红绿灯全灭。

（4）法兰盘后处理

1）清粉。为了避免清粉时损坏零件，清粉前应了解零件结构。将盛有零件的托盘放在通风工作台上，用刷及专用工具将零件上的浮粉清除，最后用压缩空气将粉吹掉。若遇小孔或狭小处有积粉，则先用锥、针清除，再用压缩空气吹掉，用气时要注意气压，处理薄壁件时更要小心。

2）蜡化或树脂增强。

① 蜡化。用可消失的 PSB 制作用于消失铸造的蜡模，零件清理干净后，须进行蜡化处理。将零件放在网状平台上的适当位置，将蜡熔化，在 70℃环境下保温 30min，待蜡温稳定后将平台缓慢沉入蜡中。当零件完全进入蜡中后，放置 3min，待无气泡溢出时，把零件取出，静置，使多余蜡析出。待零件冷却至室温时，即可进行精整处理。

② 树脂增强。对于无消失要求、须满足一定强度要求的零件，烧结成型后，应进行树

脂增强。

a．树脂刷涂。放置——将零件放置在工作台上，下面垫易吸水材料；配料——将树脂 E-1000（A 组分）与固化剂（B 组分）以 100∶34（重量比）的比例混合，搅拌均匀；刷涂——操作人员手戴一次性塑料手套，用一次性毛刷蘸取树脂混合液，在零件上刷涂，刷涂树脂要均匀，保证树脂能渗透零件。刷涂完毕后，零件表面应无积液，保持润湿状态。

b．常温固化。将刷涂后的零件在室温下固化 6h，特殊结构的零件应埋入聚乙烯或聚丙烯粒料中，埋放固化。

c．热固化。将零件放入恒温 50℃的烘箱内，热固化 3～6h，最好固化 6h 以上，树脂固化完全，零件强度达到最高。

3）精整及表面处理。经过蜡化或树脂增强后的零件须进行精整和表面抛光，有时还须对零件表面进行涂漆处理，使其符合实际应用的要求。成型机制作的零件经过蜡化、精整后被称为蜡模，用于精铸需要经过以下工艺过程。

① 涂壳：用无机黏结剂与一定细度的二氧化硅粉及助剂混为一定黏度的刷涂浆料，将蜡模沉入浆料中挂浆，要求挂浆均匀，然后在表面撒砂，阴干。重复此过程 8～12 次，除第一层外，逐层撒砂加工，制壳完成后阴干 24h。

② 失蜡：将阴干的型壳架在明火上或放入高温炉内，烧蚀，使型壳中的熔模熔化流出，余量分解、消失。

③ 焙烧：烧蚀完成后，型壳只有在 950℃以上焙烧，才能达到最大强度，同时，残留物经过焙烧后，壳内消失无物，以满足设计要求。

经过全部工序所成型壳，即可用于浇铸成型。

考核评价

法兰盘的逆向设计与 3D 打印评价表如表 4-5 所示。

表 4-5　法兰盘的逆向设计与 3D 打印评价表

工作任务名称：法兰盘的逆向设计与 3D 打印

评价项目	考核内容	考核标准	配分	小组评分	教师评分	企业评分	总评
任务完成情况评定（80 分）	任务分析	正确率为 100%得 5 分； 正确率为 80%得 4 分； 正确率为 60%得 3 分； 正确率小于 60%得 0 分	5				
	建模	操作规范、熟练得 10 分； 操作规范、不熟练得 5 分； 操作不规范得 0 分	10				
	数据处理	参数设置正确得 20 分； 参数设置不正确得 0 分	20				
	打印成型	操作规范、熟练得 10 分； 操作规范、不熟练得 5 分； 操作不规范　0 分	30				
		加工质量符合要求得 20 分； 加工质量不符合要求得 0 分					

续表

评价项目	考核内容	考核标准	配分	小组评分	教师评分	企业评分	总评
任务完成情况评定（80 分）	后处理	处理方法合理得 5 分； 处理方法不合理得 0 分	15				
		操作规范、熟练得 10 分； 操作规范、不熟练得 5 分； 操作不规范 0 分					
职业素养（20 分）	劳动保护	按规范穿戴防护用品	每违反一次，扣 5 分，扣完为止				
	纪律	不迟到、不早退、不旷课等					
	表现	积极、主动、互助、负责、有改进精神等					
	6S 规范	符合 6S 管理要求					
总分							
学生签名		教师签名		日期			

自主练习

逆向设计并采用 SLS 技术打印后视镜模型，如图 4-44 所示。

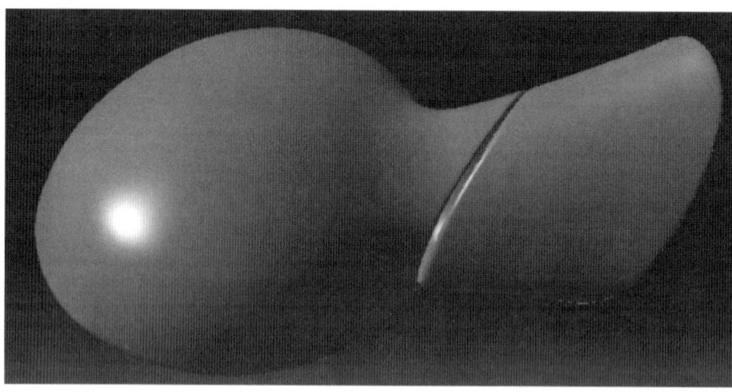

图 4-44　后视镜模型

项目5 安全锤的逆向设计与3D打印

◎ **项目导读**

某公司要求对安全锤进行改进设计，并采用3D打印的方式将其打印出来，以方便检验和测试，经研究决定利用SLM技术进行3D打印。

◎ **知识目标**

1．掌握SLM技术的原理及优缺点。
2．掌握SLM技术的常用材料。

◎ **能力目标**

1．能阅读任务单，制订安全锤的逆向设计方案。
2．能应用Geomagic Design X软件绘制安全锤的三维模型。
3．能选择合适的扫描仪对产品进行数据采集。
4．能应用Geomagic Studio软件优化点云数据。
5．能正确操作SLM打印切片软件及设备。
6．能进行安全锤的后处理。

◎ **素养目标**

1．培养团队意识，增强沟通能力和问题分析能力。
2．培养凝神聚力、精益求精、追求极致的职业品质。

视频：重构安全锤模型

5.1 工作任务：安全锤项目团队与任务单

5.1.1 组建团队及任务分工

组建团队及任务分工如表 5-1 所示。

表 5-1 组建团队及任务分工

团队名称	团队成员	工作任务

5.1.2 发放任务单

任务单如表 5-2 所示。

表 5-2 任务单

产品名称	安全锤	编号		时间	5 天
序号	零件名称	规格	图形	数量/件	设计要求
1	安全锤		根据客户要求进行逆向模型重构并进行 3D 打印	1	（1）模型准确，精度超差小于 0.3mm； （2）完成完全锤模型的 3D 打印
2					
备注	请在指定时间内完成		完成日期		
生产部意见			日期		

5.2 知识准备：Geomagic Design X 操作、SLM 技术与 SLM 3D 打印机

5.2.1 Geomagic Design X 操作

Geomagic Design X 是一款强大的正逆向混合设计软件，具有模型扫描、三维点云处理、

三角面片创建编辑、实体建模装配、工程图导出等功能，可无缝连接主流 CAD 软件，包括 Pro/E、SolidWorks、UG 和 AutoCAD 等。同时，Geomagic Design X 具有强大的曲面构建方式，如面填补、放样、境界拟合、面片拟合和放样向导等。

Geomagic Design X 界面由菜单栏、选项卡、工具栏（分为多个工具组）、绘图窗口等部分组成，如图 5-1 所示。

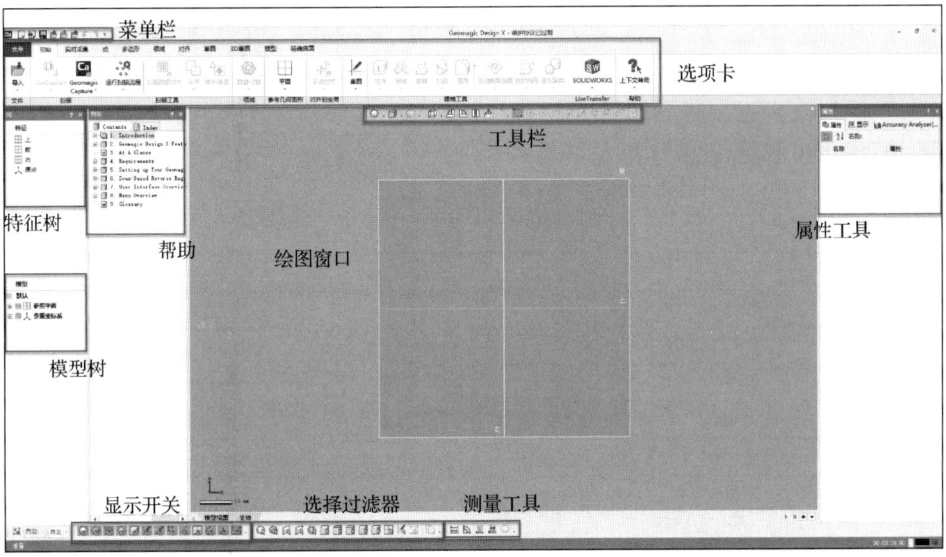

图 5-1　Geomagic Design X 界面

1．鼠标操作

Geomagic Design X 使用三键鼠标操作，即鼠标左键、鼠标右键、鼠标中键。

通过单击鼠标中键，可在视图模式和选择模式中进行切换。在视图模式中，不能进行选择编辑，可以直接按下鼠标左键或右键并移动鼠标进行视图旋转，也可以按下 Alt+鼠标左键或右键并移动鼠标进行视图旋转；按下 Ctrl+鼠标左键或右键并移动鼠标进行视图移动；按下 Shift+鼠标左键或右键并移动鼠标进行视图缩放。视图模式中的鼠标功能可在编辑模式中以 Alt、Ctrl、Shift+鼠标右键实现。

在选择模式中，可通过单击对象进行选择，还可按下鼠标左键拖动鼠标进行框选，通过特征树进行对象选择。

鼠标模式如表 5-3 所示。

表 5-3　鼠标模式

模式	光标形状	操作
选择模式		按下鼠标右键并移动鼠标进行视图旋转； 按下 Alt+鼠标右键并移动鼠标进行视图旋转； 按下 Ctrl+鼠标右键并移动鼠标进行视图移动； 滚动鼠标中键滚轮进行视图缩放； 按下 Shift+鼠标右键并移动鼠标进行视图缩放

续表

模式	光标形状	操作
视图模式		按下鼠标左键或右键并移动鼠标进行视图旋转； 按下 Alt+鼠标左键或右键并移动鼠标进行视图旋转； 按下 Ctrl+鼠标左键或右键并移动鼠标进行视图移动； 滚动鼠标中键滚轮进行视图缩放； 按下 Shift+鼠标左键或右键并移动鼠标进行视图缩放

2．快捷键

Geomagic Design X 中常用的快捷键如图 5-4 所示。

表 5-4　Geomagic Design X 中常用的快捷键

类型	命令	快捷键	类型	命令	快捷键
菜单操作	新建	Ctrl+N	视图操作	草图	Ctrl+6
	打开	Ctrl+O		3D 草图	Ctrl+7
	保存	Ctrl+S		参照点	Ctrl+8
	选择所有	Ctrl+A；Shift+A		参照线	Ctrl+9
	撤销	Ctrl+Z		参照平面	Ctrl+0
	恢复	Ctrl+Y		法向	Ctrl+Shift+A
	命令重复	Ctrl+Space		前视图	Alt+1
视图操作	实时缩放	Ctrl+F		后视图	Alt+2
	面片	Ctrl+1		左视图	Alt+3
	领域	Ctrl+2		右视图	Alt+4
	点云	Ctrl+3		俯视图	Alt+5
	曲面体	Ctrl+4		仰视图	Alt+6
	实体	Ctrl+5		等轴测视图	Alt+7

3．工具栏

Geomagic Design X 的工具栏包括数据显示模式、视点选项与选择工具等，如图 5-2 所示。图标旁边有倒立小三角的，表示里面包含工具组，可以通过单击倒立小三角进行下拉切换。

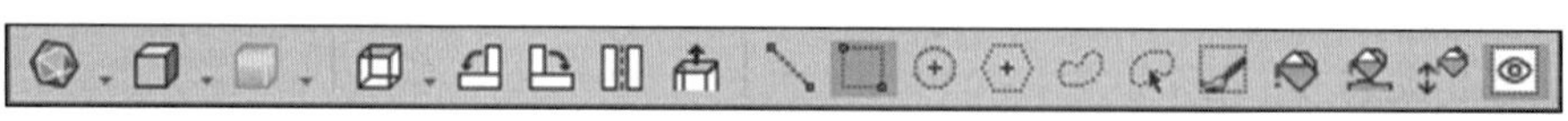

图 5-2　工具栏

（1）面片显示

面片显示主要用来更改面片的渲染模式，其主要包括点集、线框、渲染、边线渲染、曲率、领域、几何形状类型七个命令，如表 5-5 所示。

表 5-5　面片显示

命令	图标	说明	命令	图标	说明
点集		面片仅显示为单元点云	曲率		打开或关闭面片曲率图的可见性
线框		面片仅显示为单元边界线	领域		打开或关闭领域的可见性
渲染		面片显示为渲染的单元面	几何形状类型		改变领域显示，对所有领域进行颜色分类
边线渲染		面片显示为单元边界线的渲染单元面			

（2）体的显示

体的显示可用来更改实体的显示模式，其主要包括线框、隐藏线、渲染、渲染可见的边界线四个命令，如表 5-6 所示。

表 5-6　体的显示

命令	图标	说明	命令	图标	说明
线框		仅显示物体的边界线	渲染		仅进行没有边界线的渲染
隐藏线		仅显示物体的边界线，将边界线显示为虚线	渲染可见的边界线		显示个体的面与可见的边界线

（3）精度分析

精度分析用于实体或曲面模型与原扫描数据的比较。在建模命令或基准模式中将其激活，使用此类命令进行建模决策，以取得最精确的结果，其主要包括体偏差、面片偏差、曲率、曲率梳状线、连续性、等值线、环境写像七个命令，如表 5-7 所示。

表 5-7　精度分析

命令	图标	说明	命令	图标	说明
体偏差		比较实体或曲面与扫描数据的偏差	连续性		显示边线连续性质量
面片偏差		比较面片与扫描数据的偏差	等值线		显示定义曲面的等值线
曲率		分析模型的高曲率区域的实体或曲面	环境写像		在曲面上显示连续性的斑马线
曲率梳状线		分析高曲率区域的实体或曲面			

（4）视点工具

视点工具主要包括视图方向工具组、逆时针方向旋转视图、顺时针方向旋转视图、翻转视点、法向五个命令，如表 5-8 所示。

表 5-8　视点工具

命令	图标	说明	命令	图标	说明
视图方向工具组		可以快捷地显示所有标准视图，即前视图、后视图、左视图、右视图、俯视图、仰视图、等轴测视图	翻转视点		翻转当前视图
逆时针方向旋转视图		逆时针旋转模型视图 90°	法向		视图垂直于选择的曲面
顺时针方向旋转视图		顺时针旋转模型视图 90°			

（5）选择工具

使用选择工具可以进行不同形状选项的切换，选择工具主要包括直线、矩形、圆、多边形、套索、自定义领域、画笔、涂刷、延伸至相似、仅可见十个命令，如表 5-9 所示。

表 5-9　选择工具

命令	图标	说明	命令	图标	说明
直线		画直线选择屏幕上的要素	自定义领域		选择用户选取部分的单元面
矩形		画矩形选择屏幕上的要素	画笔		手动画轨迹选择屏幕上的要素
圆		画圆选择屏幕上的要素	涂刷		选择所有连接的单元面
多边形		画多边形选择屏幕上的要素	延伸至相似		通过相似曲率选择连接的单元面区域
套索		手动画曲线选择屏幕上的要素	仅可见		选择当前视图对象的可见性

4．显示开关

显示开关能显示与隐藏不同数据类型。在建模过程中，数据类型比较多且相互交错，从而影响操作人员观察，降低效率。通过显示开关可以方便地将一些暂时不需要显示的数据类型进行隐藏，便于操作。显示开关如表 5-10 所示。

表 5-10　显示开关

命令	图标	说明	命令	图标	说明
面片		面片显示与隐藏	参照点		参照点显示与隐藏
领域		领域显示与隐藏	参照线		参照线显示与隐藏
点云		点云显示与隐藏	基准面		基准面显示与隐藏
曲面		曲面显示与隐藏	参照多段线		参照多段线显示与隐藏
实体		实体显示与隐藏	参照坐标系		参照坐标系显示与隐藏
草图		草图显示与隐藏	测量		测量显示与隐藏
3D 草图		3D 草图显示与隐藏			

5．选择过滤器

在应用程序中，可以利用选择过滤器选择创建面片、领域、实体、面、边、草图、尺寸等。选择过滤器可以仅选择目标特征，并且在任意一种命令或选择模式下可以直接应用，在模式显示区右击可以直接选取过滤的元素。选择过滤器如表 5-11 所示。

表 5-11　选择过滤器

命令	图标	说明	命令	图标	说明
面片/点云		仅选择面片/点云	环形		仅选择环形
领域		仅选择领域	边线		仅选择边线
单元面		仅选择单元面	顶点		仅选择顶点
面片境界		仅选择面片境界	参照几何		仅选择参照几何
体		仅选择体	草图		仅选择草图
面		仅选择面	约束条件		仅选择约束条件

6．特征树

在重新编辑更改特征时，可以双击特征，也可以选中某一特征右击，在弹出的快捷菜单中选择【编辑】选项。若删除特征，则关联特征也将失效。特征的顺序可通过拖曳特征来更改，在编辑菜单中使用【前移】、【后移】、【移至最后】命令返回特征树里的指定位置。

7．模型树

模型树可以用来选择和控制特征实体的可见性，通过单击【显示/隐藏】按钮可以在隐藏和显示之间切换。

8．选项卡

（1）【初始】选项卡

【初始】选项卡中命令的主要作用是给软件操作人员提供基础的操作环境，包含的主要功能有文件打开与存取、点云或多边形数据采集方式的选择、将建模数据实时转换到正向建模软件中及提供帮助等。【初始】选项卡如图 5-3 所示。

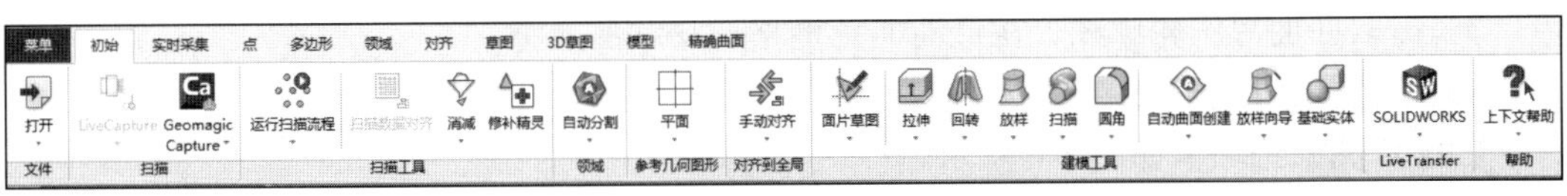

图 5-3　【初始】选项卡

（2）【模型】选项卡

【模型】选项卡中命令的主要作用是对实体模型或曲面进行编辑与修改。此选项卡包含的主要功能如下。

1）创建实体（曲面），包括拉伸、回转、放样、扫描基础实体（或曲面）。

2）进入面片拟合、放样向导、拉伸精灵、回转精灵、扫掠精灵等快捷向导命令。

3）构建参照坐标系与参照几何图形（点、线、面）。

4）编辑实体模型，包括布尔运算圆角、倒角、拔模、建立薄壁实体等。

5）编辑曲面，包括剪切曲面、延长曲面、缝合曲面、偏移曲面等。

6）阵列相关的实体与平面，移动、删除、分割实体或曲面。

【模型】选项卡如图 5-4 所示。

图 5-4　【模型】选项卡

（3）【草图】选项卡

【草图】选项卡的作用是进入草图模式，包括草图与面片草图两种操作形式。草图操作形式指在已知平面上直接绘制草图，相当于正向设计时的二维图形绘制；面片草图操作形式指通过定义一个平面，截取面片数据的截面轮廓线为参考进行草图绘制。此选项卡包含的主要功能如下。

1）绘制直线、矩形、圆弧、圆、样条曲线等。

2）选用【剪切】、【偏置】、【要素变换】、【阵列】等常用绘图命令。

3）设置草图约束条件，设置样条曲线的控制点。

【草图】选项卡如图 5-5 所示。

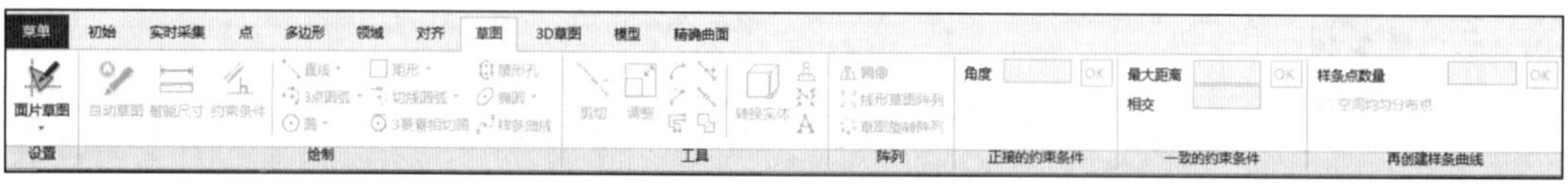

图 5-5　【草图】选项卡

（4）【3D 草图】选项卡

【3D 草图】选项卡的作用是进入 3D 草图模式，包括 3D 草图与 3D 面片草图两种操作形式。此选项卡包含的主要功能如下。

1）绘制样条曲线。

2）对样条曲线进行剪切、延长、分割、合并等。

3）提取曲面片的轮廓线、构造曲面片网格与移动曲面组。

4）设置样条曲线的终点、交叉与插入的控制数。

【3D 草图】选项卡如图 5-6 所示。

图 5-6　【3D 草图】选项卡

（5）【对齐】选项卡

【对齐】选项卡中的命令主要用于将模型数据进行对齐。此选项卡包含的主要功能如下。

1）对齐扫描得到的面片或点云数据。

2）对齐面片与世界坐标系。

3）对齐扫描数据与现有的 CAD 模型。

【对齐】选项卡如图 5-7 所示。

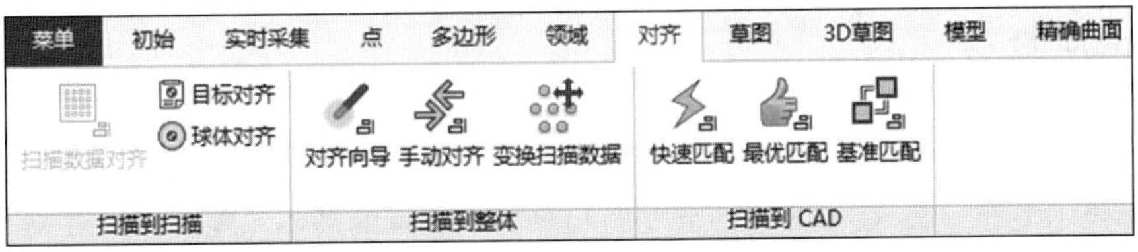

图 5-7　【对齐】选项卡

（6）【精确曲面】选项卡

【精确曲面】选项卡的主要作用是通过提取轮廓线、构造曲面网格，从而拟合出光顺、精确的 NURBS 曲面。此选项卡包含的主要功能如下。

1）自动曲面化。

2）提取轮廓线，自动检测并提取面片上的特征曲线。

3）绘制特征曲线，并进行剪切、分割、平滑等处理。

4）构造曲面网格。

5）移动曲面片组。

6）拟合曲面。

【精确曲面】选项卡如图 5-8 所示。

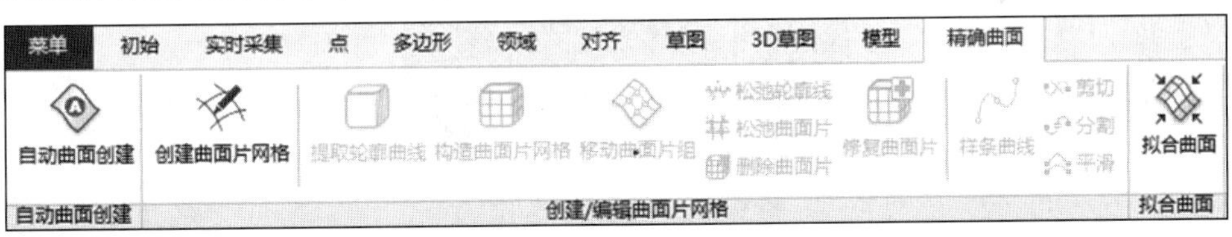

图 5-8　【精确曲面】选项卡

（7）【领域】选项卡

【领域】选项卡的主要作用是根据扫描数据的曲率和特征，将面片划分为不同的几何领域。此选项卡包含的主要功能如下。

1）自动分割领域。

2）重新对局部进行领域划分。

3）手动合并、分割、插入、分离、扩大与缩小领域。

4）定义划分领域的公差与孤立点比例。

【领域】选项卡如图 5-9 所示。

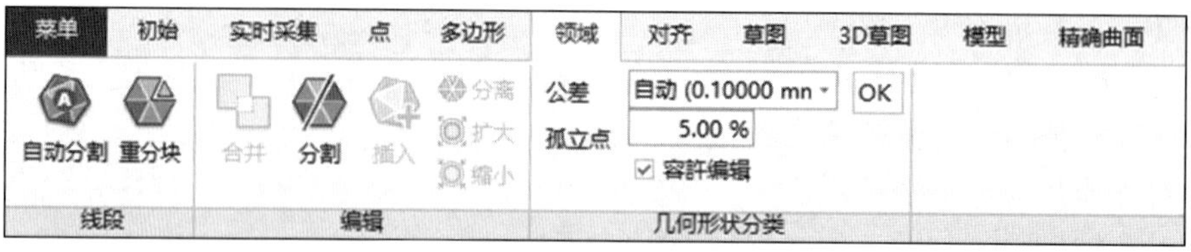

图 5-9 【领域】选项卡

5.2.2 SLM 技术

1. SLM 技术的原理

SLM 技术是在 SLS 技术的基础上发展起来的，二者的基本原理类似。SLM 技术的原理如图 5-10 所示。SLM 技术需要使金属粉末完全熔化，直接成型金属件。因此，在使用高功率密度激光器的激光束开始扫描前，首先用水平铺粉辊把金属粉末平铺到加工室的基板上，激光束将按当前层的轮廓信息选择性地熔化基板上的粉末，加工出当前层的轮廓；然后可将系统下降一个图层的高度，再次用水平铺粉辊在已加工好的当前层上铺金属粉末，设备调入下一图层进行加工。如此层层加工，直到整个零件加工完毕。整个加工过程在抽真空或通有保护气体的加工室中进行，以避免金属在高温下与其他气体发生反应。

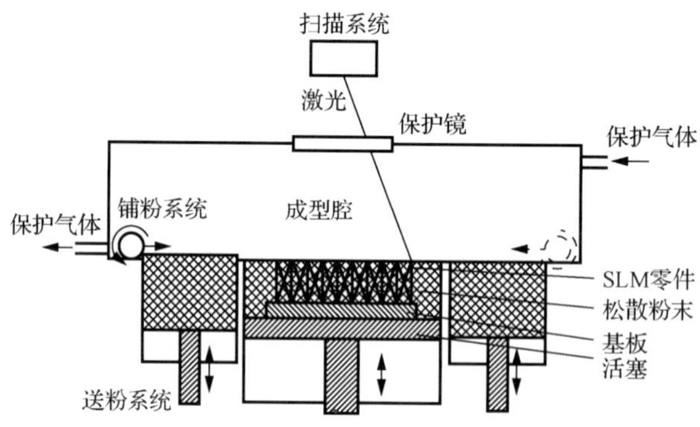

图 5-10 SLM 技术的原理

2. SLM 技术的优点

在原理上，SLM 与 SLS 相似，但因为 SLM 采用了较高的激光能量密度和更细小的光斑直径，所以成型件的力学性能、尺寸精度等均较好，只需要简单后处理即可投入使用，并且成型所用原材料无需特别配制。SLM 技术的优点可归纳如下。

1）直接制造金属功能件，无需中间工序。

2）良好的光束质量，可获得细微聚焦光斑，从而直接制造出具有较高尺寸精度和较好表面粗糙度的功能件。

3）金属粉末完全熔化，所直接制造的金属功能件具有冶金结合组织，致密度较高，具有较好的力学性能，无需后处理。

4）粉末材料可为单一材料，也可为多组原材料，原材料无需特别配制。

5）可直接制造出复杂几何形状的功能件。

6）特别适合用于单件或小批量的功能件制造。

3．SLM 技术的缺点

SLM 技术的缺点可归纳如下。

1）SLM 打印设备价格昂贵，并且金属粉末材料的价格相较于金属坯料的价格更高，因此使用 SLM 技术打印的产品的成本相较于其他加工方式更高。

2）SLM 技术成型速度较慢，不适用于批量加工。

3）SLM 技术打印的产品底部有金属支撑，要想去除该支撑，则需要先使用线切割进行去除，再使用电动打磨工具进行打磨处理，支撑去除难度较大。

4）SLM 技术加工环境要求较高，在加工过程中打印仓室内部必须抽真空，还需要氩气等惰性气体的保护。

4．SLM 技术的常用材料与应用领域

现今，国内外 SLM 技术采用的金属粉末一般有工具钢、马氏体钢、不锈钢、纯钛及钛合金、铝合金、镍基合金、铜基合金、钴铬合金等。SLM 技术的应用领域如下。

1）医疗。

① 牙科：牙冠、牙桥、托槽等牙科应用，实现高质量、高效、低成本生产。

② 骨科：开展手术导板、接骨板应用研究，即通过患者的骨头 CT 扫描数据，设计出完全贴合患者骨骼模型的三维模型，并使用钛合金即时打印，其具有较高的生物相容性、较好的耐蚀性、质轻、较好的韧性、打印效率高的特点，可以有效帮助患者早日康复；开展医疗植入物（以植入骨骼为例）设计和打印研究，即使用钛合金打印具有特定空隙率的精确植入骨骼模型，相邻的骨骼会生长进入植入体的缝隙中，真骨和假骨牢固地结成一体，使患者的恢复周期缩短。

③ 手术器械设计：使用 SLM 技术可以加工各种复杂的手术器械，切实帮助医生做好每台手术。针对不同的患者、不同的伤病，可以快速定制专用的手术器械。

2）航空航天：航空航天金属零件成型实现零部件的轻量化，结构化设计和打印可以降低成本、缩短周期、降低重量、成型复杂零件。

3）模具制造：3D 打印模具缩短了整个产品的开发周期，优化模具设计为产品增加了更多的功能性，实现随形冷却，提高模具寿命和产品成品率及效率，降低制造成本。

4）汽车制造：SLM 技术既可以应用于汽车研发阶段的汽车原型开发与设计验证，又可以制作复杂结构零件、多材料复合零件、轻量化结构零件，还可以定制专用工装，制作售后个性换装件，等等。

5）珠宝设计：SLM 技术推动珠宝原创设计发展，设计人员可以脱离工艺制约，专注于设计本身，设计更自由、更具有活力。

6）个性化定制（以个性化定制耳机为例）：通过采集人体耳蜗三维数据，设计依据耳蜗的随形耳机，实现专属定制。

5.2.3 SLM 3D 打印机

1. 设备参数

以广东汉邦激光科技有限公司生产的设备（HBD-150 型）为例，SLM 3D 打印机基本技术参数如下。

1）电源要求：AC220V/3.5kW。

2）激光功率：500W。

3）扫描范围：φ159mm。

4）成型尺寸：φ159mm×100mm。

5）扫描速度：小于等于 10000mm/s。

6）激光功率控制：0%～100%，可调。

7）压力控制：双重检测，超压释放压力。

8）铺粉安全控制：阻力超限报警停机。

9）打印层厚：10～40μm。

10）铺粉层厚：打印层厚的 1.5 倍以上。

11）氧含量控制：小于等于 0.01%。

12）控制系统软件：自主研发。

13）扫描路径软件：自主研发。

14）需求文件格式：STL 及其他三维软件设计或扫描数据模型的格式。

15）执行文件格式：HBD。

16）整机重量：850kg。

17）设备使用环境温度：15～30℃，确保不结冰、不结露。

2. 软件主界面

软件主界面分为菜单栏、状态栏、任务栏和打印显示界面，如图 5-11 所示。此处主要介绍前三者。

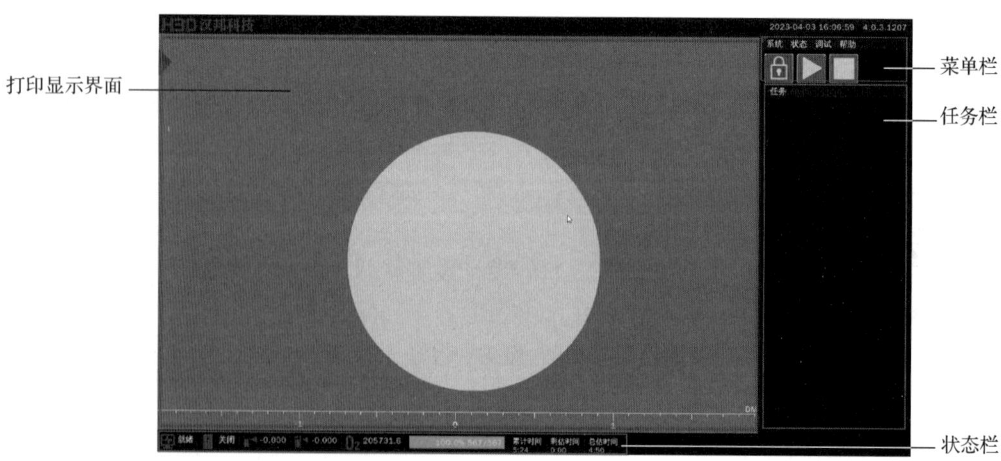

图 5-11　软件主界面

软件主界面无任何操作 10min 后，进入自动锁屏状态，会弹出【系统已锁定，请输入解锁密码】提示对话框，输入密码“123”即可解锁，该锁屏状态也可以手动进入，单击菜单栏中的【锁屏】按钮即可进入。

（1）菜单栏

菜单栏有以下功能：添加任务、导入参数、保存参数、窗口最小化、窗口显示、全屏显示和退出系统。

添加任务：单击【添加任务】按钮，弹出【添加任务】窗口，单击要打印的任务文件。在窗口左侧有【我的最爱】一栏，可以将目录文件夹设定到该位置，方便快捷地查找打印的任务文件。具体方法：右击目录文件夹，弹出【加入我的最爱】对话框，单击【确认】按钮，该目录文件夹就会被添加在【我的最爱】一栏下面。

导入参数和保存参数：可以导入和保存设置里面的所有参数。

窗口最小化：单击【窗口最小化】按钮，可以将软件窗口最小化至计算机任务栏。

窗口显示：在软件界面全屏显示时，单击【窗口显示】按钮可以将软件界面小窗口显示。

全屏显示：在软件界面窗口显示时，单击【全屏显示】按钮可以将软件界面全屏显示。

退出系统：单击【退出系统】按钮，会弹出【是否确认退出系统！】提示对话框，单击【确认】按钮，退出软件。

（2）状态栏

状态栏可显示设备当前运行状态，通过观察状态值可以掌握设备相应的运行状态。状态栏如图 5-12 所示。

图 5-12　状态栏

状态栏包含以下窗口：【通讯状态】、【净化器状态】、【日志】和【快速层预览】。

其中，【通讯状态】窗口用来显示和查看氧含量、环境温度、舱内温度、风速、粉料缸位置、成型缸位置、总打印小时和总出光小时等状态信息，如图 5-13 所示。

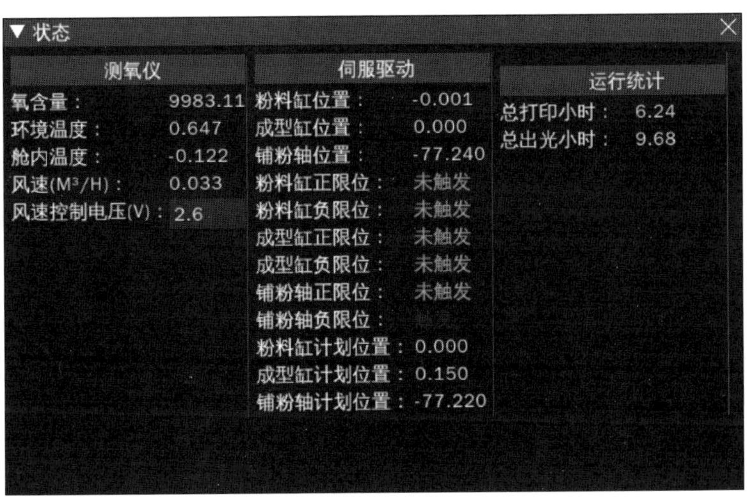

图 5-13　【通讯状态】窗口

（3）任务栏

任务栏显示加载进软件的打印数据，可以查看每层的切片数据图形，也可以设置每层的加工参数。单击【任务】按钮会出现【删除任务】选项，选择该选项可以删除当前的打印任务。任务栏包括【任务信息】、【部件参数】和【图层浏览】三个部分，如图 5-14 所示。

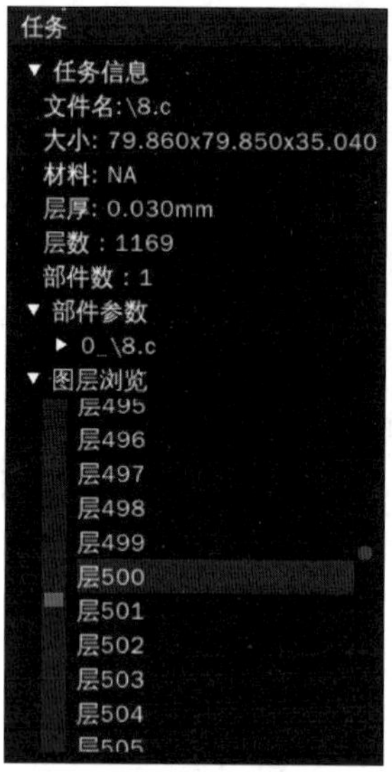

图 5-14　任务栏

【任务信息】：包括文件名、大小、材料、层厚、层数和部件数。

【部件参数】：显示每个零件对应的打印数据。【部件参数】具有选择某个零件不打印的功能，勾选表示打印；不勾选表示不打印，同时加工窗口对应的零件会显示灰色。【部件参数】中的偏移设置可以对打印数据的位置进行偏移和旋转。x 和 y 偏移的坐标原点是打印零件图形的几何中心，偏移数值的单位是毫米；旋转中心是打印零件图形的几何中心，旋转角度的单位是度。【部件参数】还可以显示每个零件所有路径的扫描参数，包括扫描速度、扫描功率、光斑直径。当暂停后，等当前层打印完成，可以修改扫描速度、扫描功率、光斑直径，输入修改数值，按 Enter 键就会生效。

【图层浏览】：显示零件每层的切片信息。单击选中任一层，右击弹出一个窗口。单击【设为开始】按钮，在该层前会出现“*”标识，此时，该层就会被设定为打印起始层。单击【红光测试】按钮，设备会使用激光红光扫描测试数据。在【图层浏览】中，可以查看和修改任一层的供粉量，修改好供粉量，按 Enter 键就会生效。在设定供粉量时，如果选中【层间继承】复选框，在任意层设定一个供粉量数值，则该层以下的打印层的供粉量数值都会与该层相同；如果不选中【层间继承】复选框，在任意层设定一个供粉量数值，则只会在该层生效，其他层供粉量数值不变。

3．调试

在准备设备时，【铺粉装置调试】可以控制粉料缸、成型缸和铺粉轴的移动。运动模式分为点位运动和连续运动，如图 5-15 所示。点位运动可以设定手动倍率（微米/按），即每单击一次按钮，运动装置运动指定的距离；连续运动可以设定运动速度，即连续单击按钮，运动装置按照设定的速度进行移动。

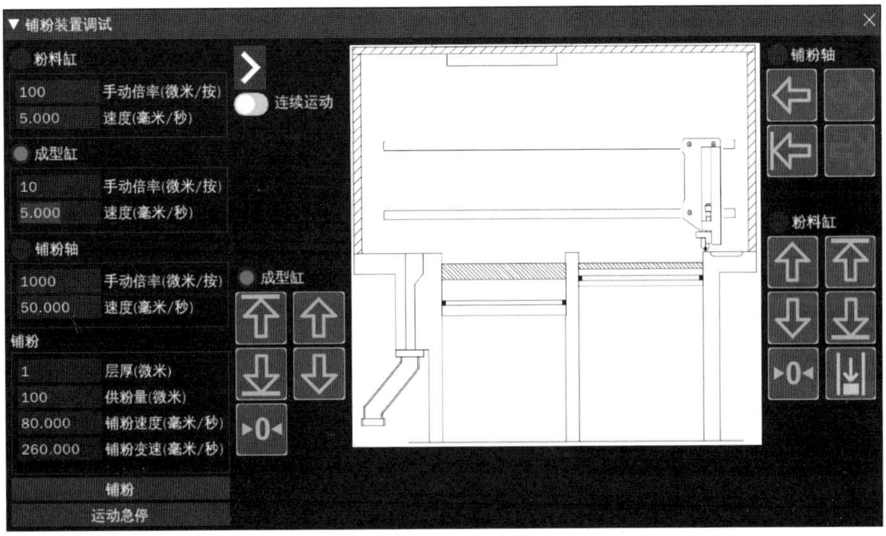

图 5-15　点位运动和连续运动

4．常用图标

操作中常用图标如表 5-12 所示。

表 5-12　常用图标

图标	功能说明	图标	功能说明
	自动除氧		激光器
	照明		自动校验
	复位渲染视图		锁屏
	一键启动；打印过程暂停		暂停加工任务
	停止加工任务		隐藏
	通信状态		摄像头

续表

图标	功能说明	图标	功能说明
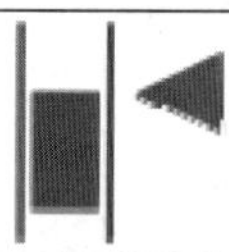	成型缸位置	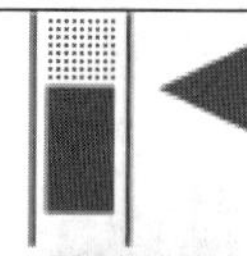	粉料缸位置
	含氧值		位置清零
	左点位运动		右点位运动
	左连续运动		右连续运动
	上点位运动		下点位运动
	上连续运动		下连续运动
	粉料缸自动下降 到规定供粉量位置		

5.3 任务实施：重构安全锤模型并打印

5.3.1 安全锤数据采集与处理

安全锤点云数据采集采用手持式激光三维扫描仪完成。

5.3.2 安全锤三维模型重构

使用 Geomagic Design X 软件完成如图 5-16 所示安全锤模型的逆向建模。

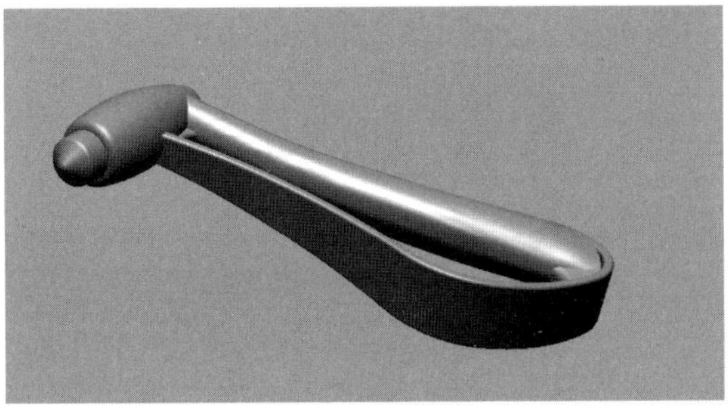

图 5-16　安全锤模型

1．数据导入

数据导入可以通过直接拖曳数据到软件绘图窗口进行，也可以通过单击菜单栏中的【导入】按钮进行。导入安全锤点云数据如图 5-17 所示。

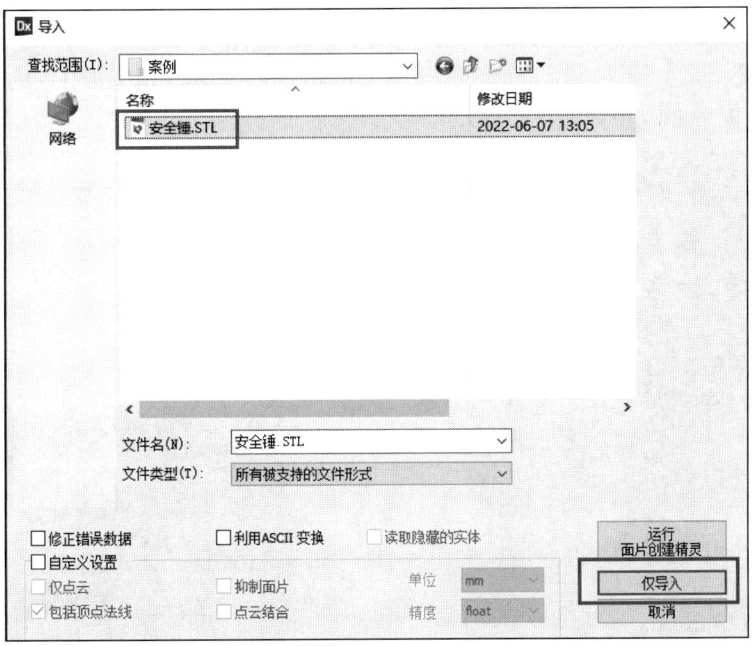

图 5-17　导入安全锤点云数据

2．对齐坐标

通过观察可以发现，安全锤为对称模型，可以优先考虑利用对称对齐坐标。

1）在【模型】选项卡中，先找到平面工具，再在【方法】下拉列表中选择【绘制直线】选项。调整视图至对称面，单击，绘制一条对称面上的直线，如图 5-18 所示。

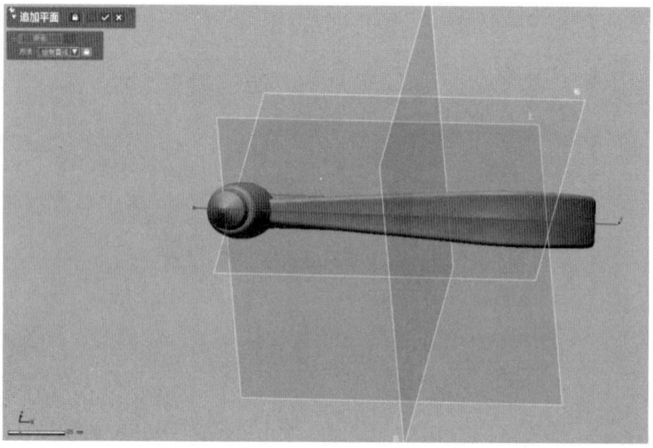

图 5-18　绘制对称线

2）再次选择【模型】选项卡中的平面工具，在【方法】下拉列表中选择【镜像】选项，添加镜像平面如图 5-19 所示。

3）单击【要素】按钮，在特征树中按住 Ctrl 键选择安全锤和平面 1，选择完成后单击白色小勾，镜像平面设置如图 5-20 所示。

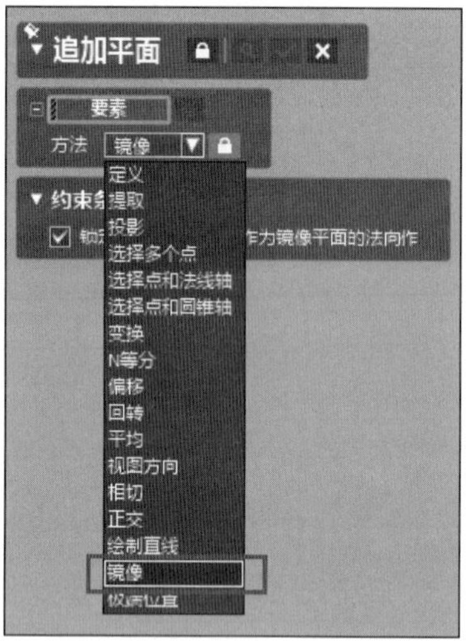

图 5-19　添加镜像平面

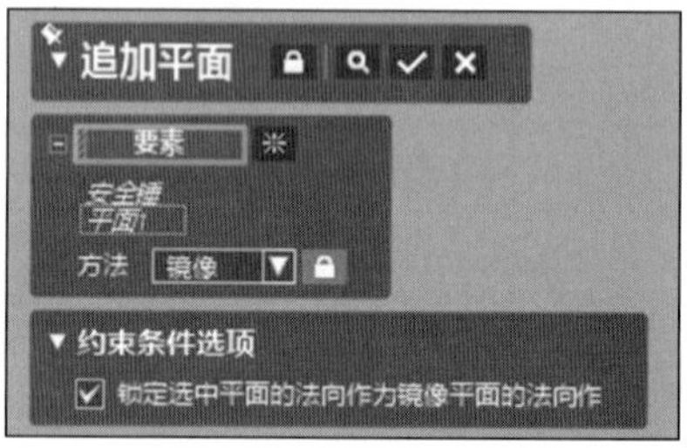

图 5-20　镜像平面设置

4）在【草图】选项卡中选择【面片草图】操作形式，如图 5-21 所示。

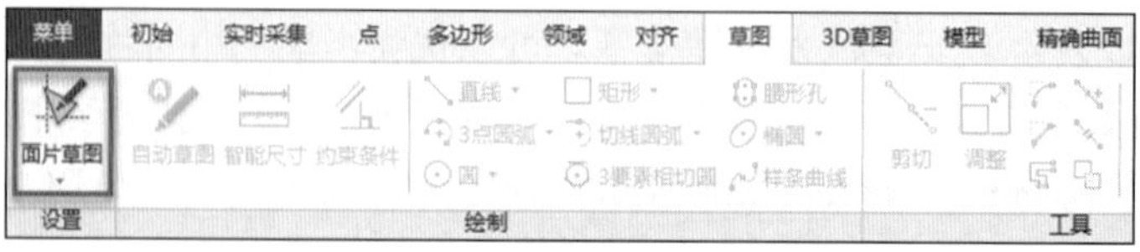

图 5-21　选择【面片草图】操作形式

5）设置【Target】为【安全锤】，【基准平面】为【平面 2】，面片草图设置如图 5-22 所示。

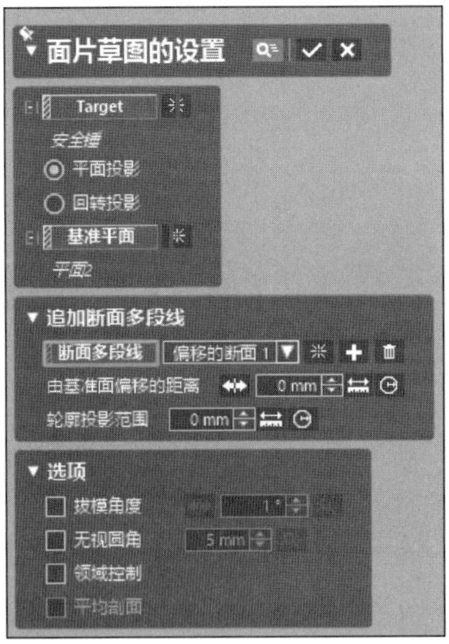

图 5-22　面片草图设置

6）进入草图绘制模式，先用圆形工具绘制安全锤头部的两个圆，再用直线工具连接两个圆的圆心，并在大圆处拉一条直线（图 5-23），绘制完成后右击完成直线绘制。

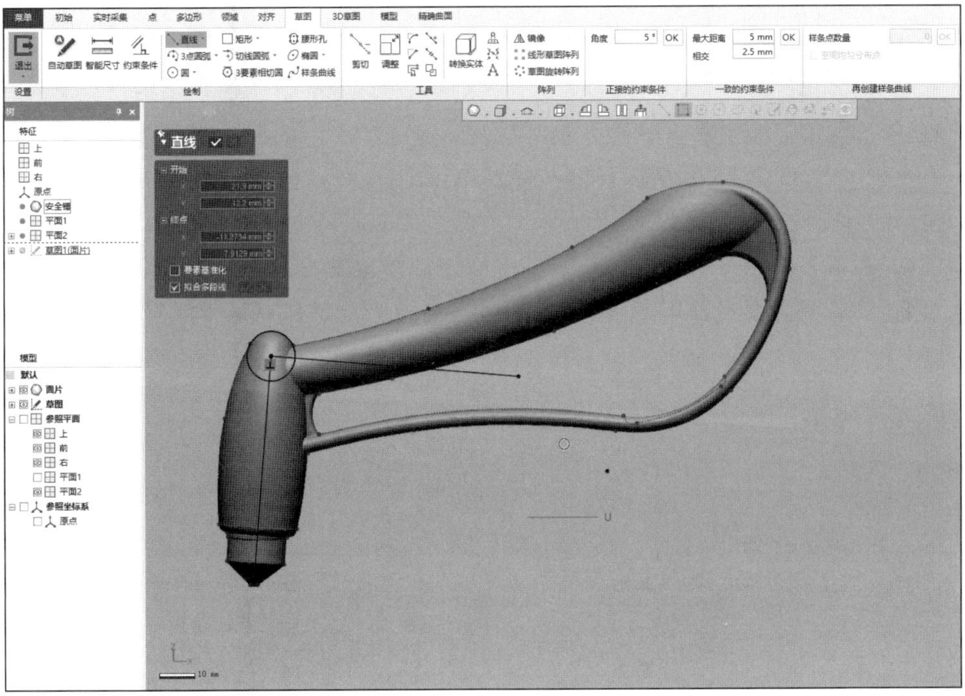

图 5-23　绘制对称线

7）单击两圆之间的直线，设置约束条件为固定约束。按住 Ctrl 键选择两条直线，单击【草图】选项卡中的【约束条件】按钮，将两条直线设置为正交约束，然后删除两个圆。绘制草图如图 5-24 所示。完成后退出草图绘制模式。

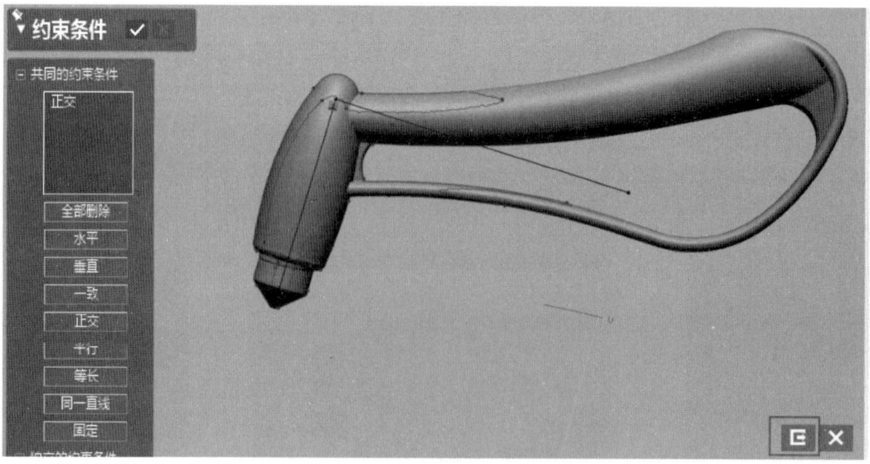

图 5-24　绘制草图

8）回到【模型】选项卡中，用拉伸工具拉伸所绘制的草图至任意尺寸。找到【对齐】选项卡，选择【手动对齐】工具。设置对齐及选择直线如图 5-25 所示。

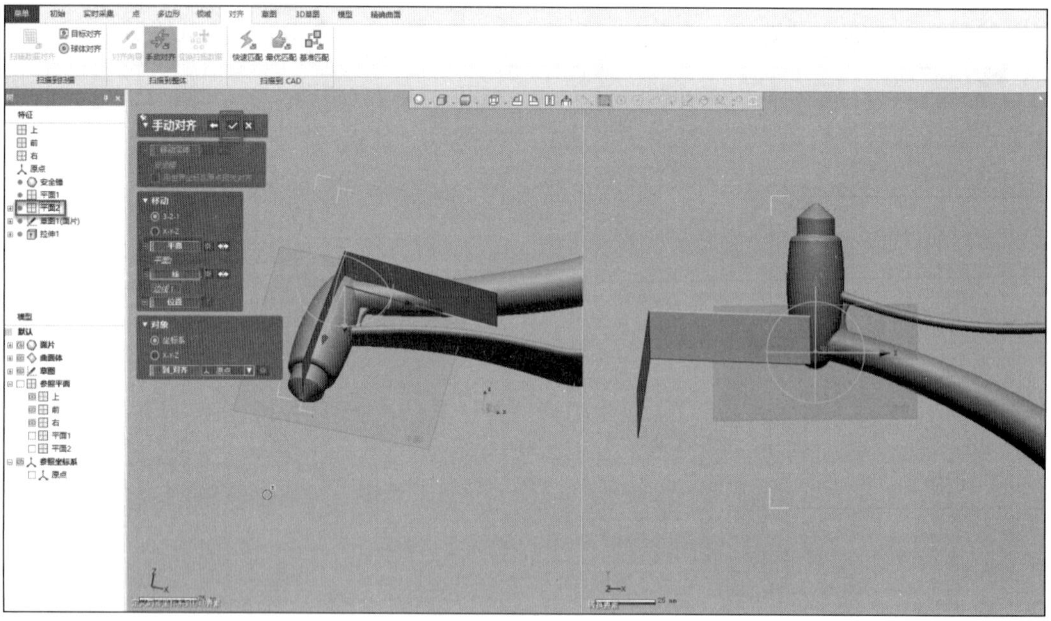

图 5-25　设置对齐及选择直线

9）完成后，可以将特征树中的【平面 1】、【平面 2】、【草图 1（图片）】、【拉伸 1】全部删除。对齐操作如图 5-26 所示。

10）完成对齐如图 5-27 所示。

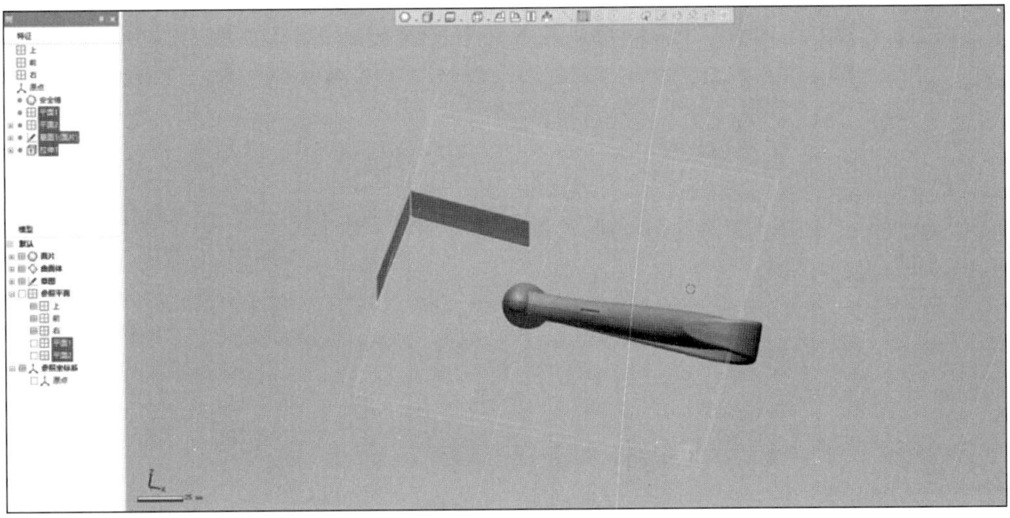

图 5-26　对齐操作

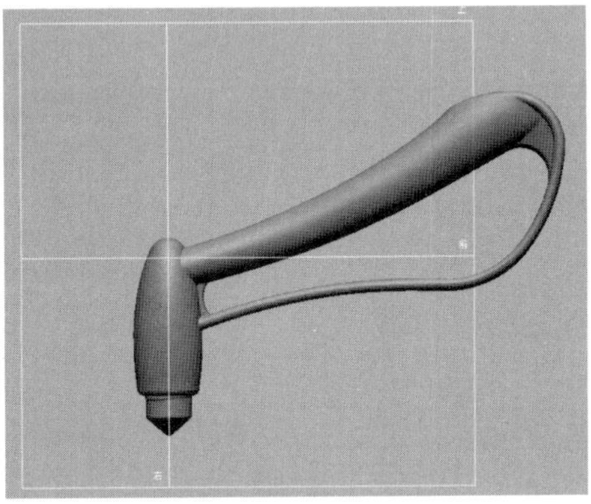

图 5-27　完成对齐

3．模型绘制

（1）绘制锤头

1）通过观察发现，锤头是一个规则的回转体，我们可以先做该部分的逆向设计。在【草图】选项卡中，单击【面片草图】按钮，在弹出的对话框中进行设置。面片草图设置如图 5-28 所示。

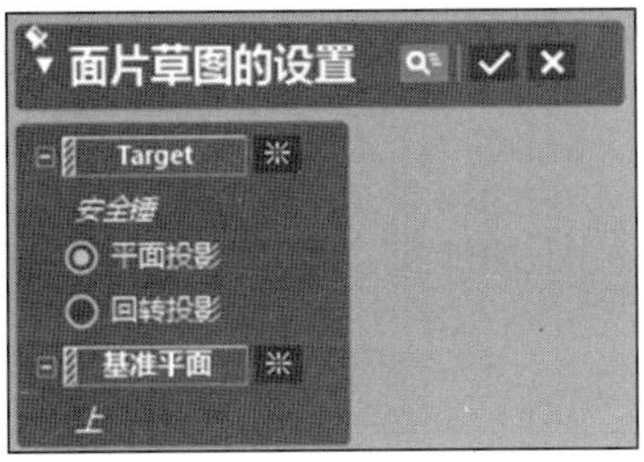

（a）面片草图设置 1

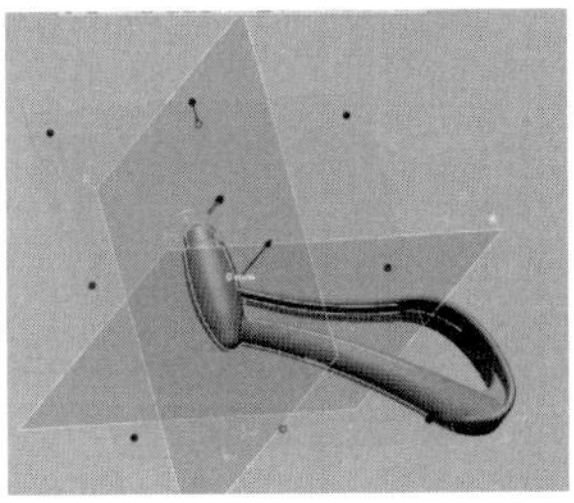

（b）面片草图设置 2

图 5-28　面片草图设置

2）用【草图】选项卡中的工具绘制边线并进行约束和修剪，如图 5-29 所示。

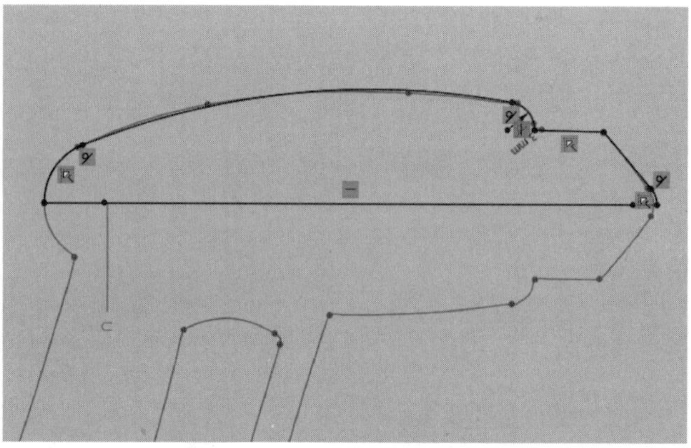

图 5-29　绘制草图

3）回到【模型】选项卡中，单击【回转】按钮，在弹出的对话框中选择轴线为中心线。绘制锤头如图 5-30 所示。

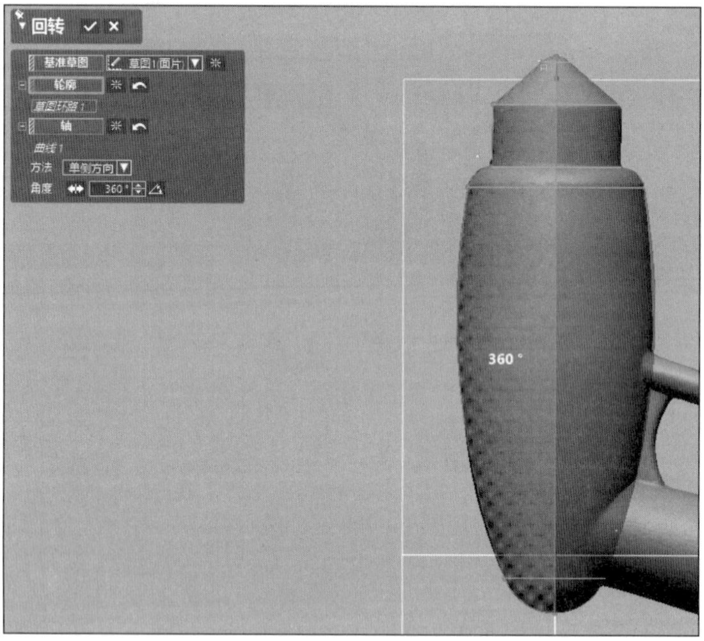

图 5-30　绘制锤头

（2）绘制锤柄

1）在工具栏中选择智能选择工具，先单击曲面点云任意位置，再单击【领域】选项卡中的【插入】按钮。选择领域如图 5-31 所示。

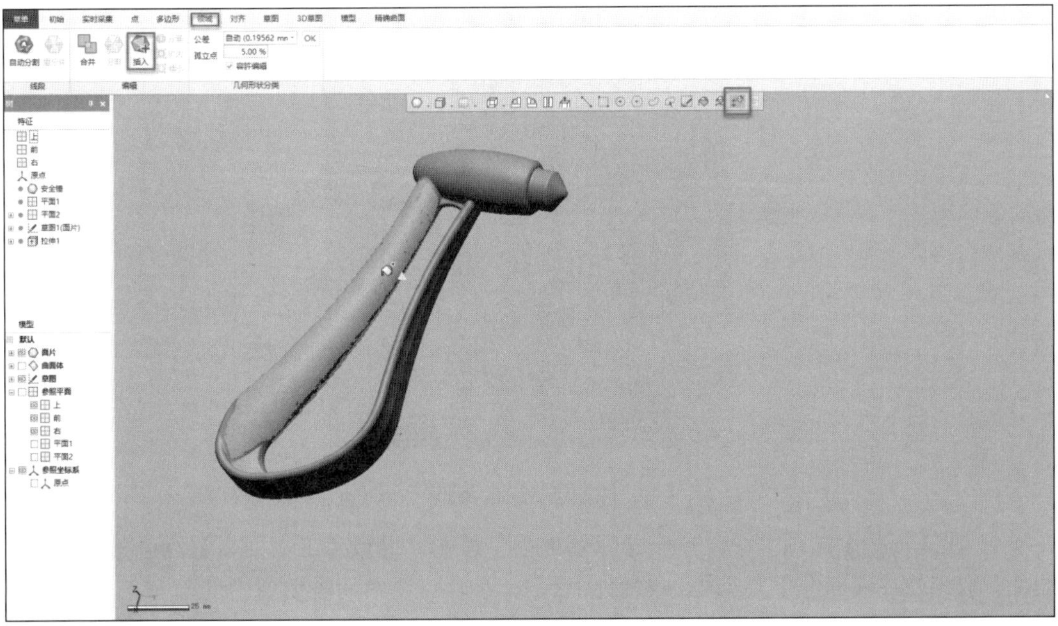

图 5-31　选择领域

2）在【领域】选项卡中，单击【分割】按钮，将中间连接的地方分割为两个领域，如图 5-32 所示。

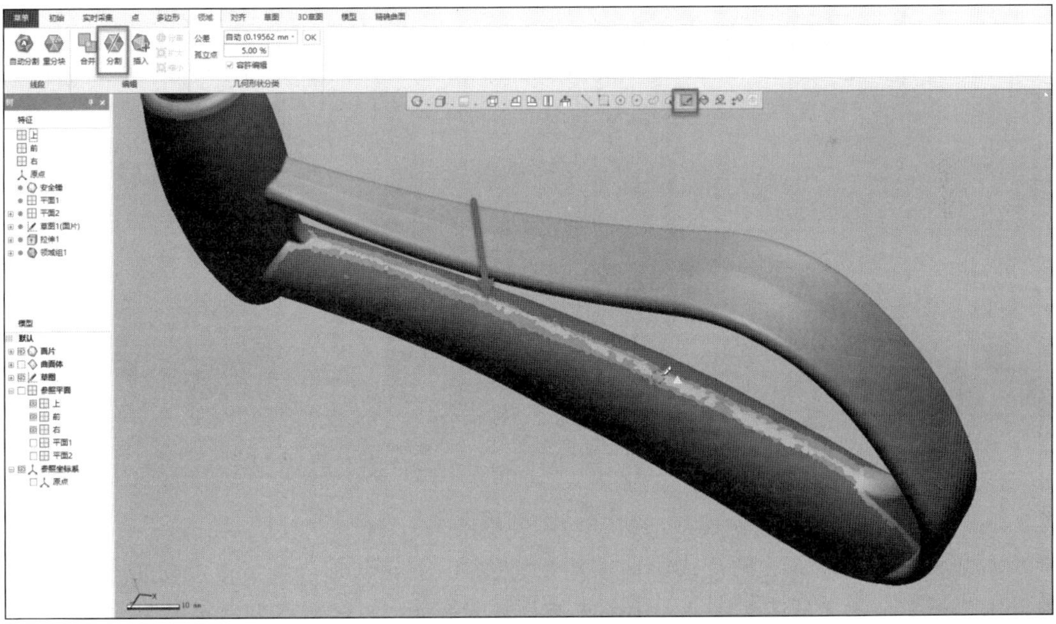

图 5-32　领域分割

3）回到【模型】选项卡中，单击【面片拟合】按钮，首先选中其中一个领域，然后预览，确定没有问题后单击【确认】按钮。用相同的方法制作另外一个领域的曲面。拟合曲面如图 5-33 所示。

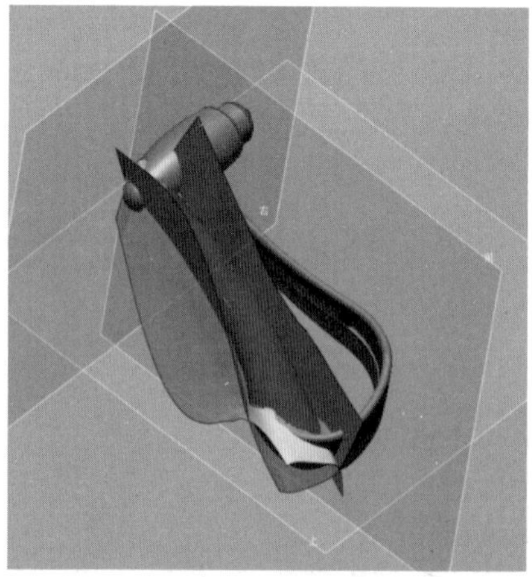

图 5-33　拟合曲面

4）在【模型】选项卡中，单击【剪切曲面】按钮，设置【工具要素】为创建好的两个曲面，取消选中【对象】复选框，然后进行下一步。点选中间需要保留的部分，单击【√】确认。剪切曲面如图 5-34 所示。

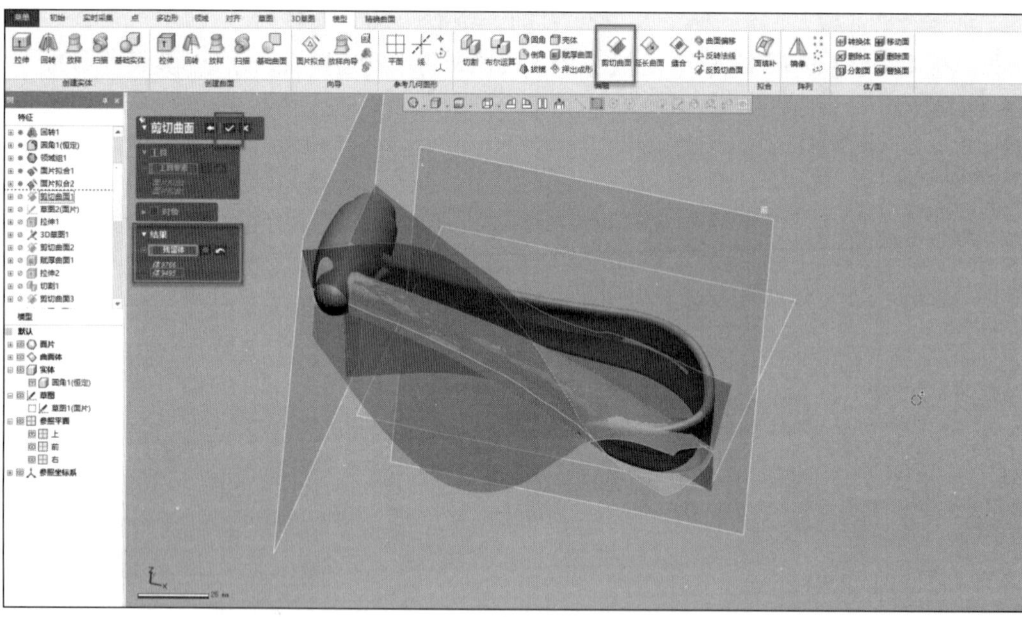

图 5-34　剪切曲面

5）在模型树中，将已经建成的曲面和实体隐藏，单击需要隐藏对象前面的“眼睛”进行隐藏操作。单击【草图】选项卡中的【面片草图】按钮，设置【基准平面】为上平面，可单击左侧特征树进行选择，也可单击绘图窗口的平面进行选择，进入草图绘制模式。首先选择圆形工具，依次单击框选区域的三个圆弧线段（需要一个圆一个圆地创建），创建三个圆；然后选择剪切工具，修剪图形；最后选择倒圆角工具，将线段尖锐处进行倒圆角，与点云曲面贴合即可。绘制草图如图 5-35 所示。

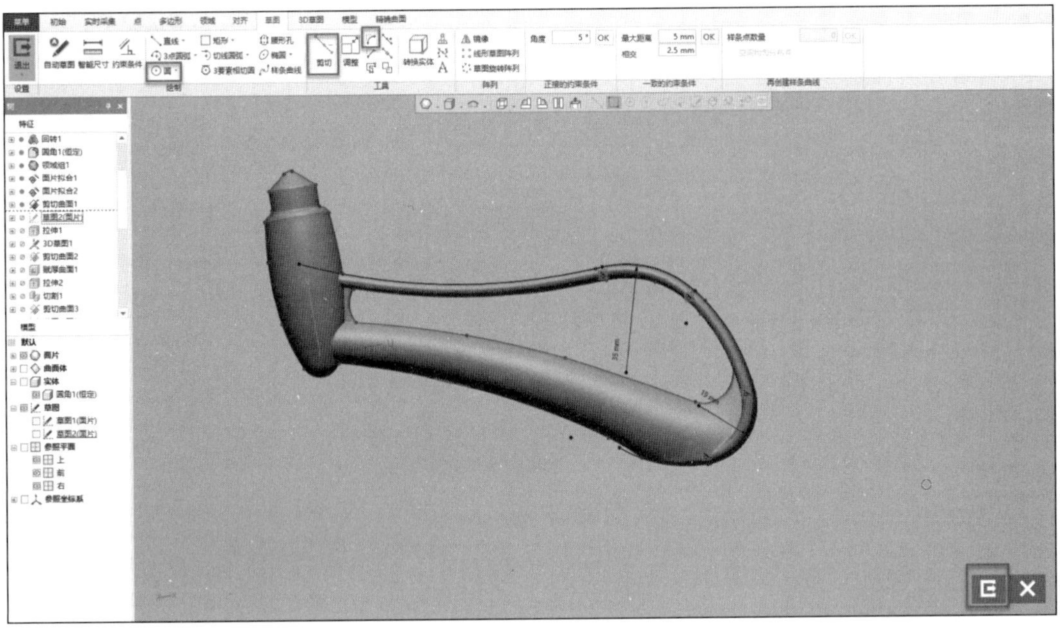

图 5-35　绘制草图

6）在【模型】选项卡中，单击【拉伸】按钮，使用拉伸工具进行操作，拉伸高度超过点云即可。模型拉伸如图 5-36 所示。

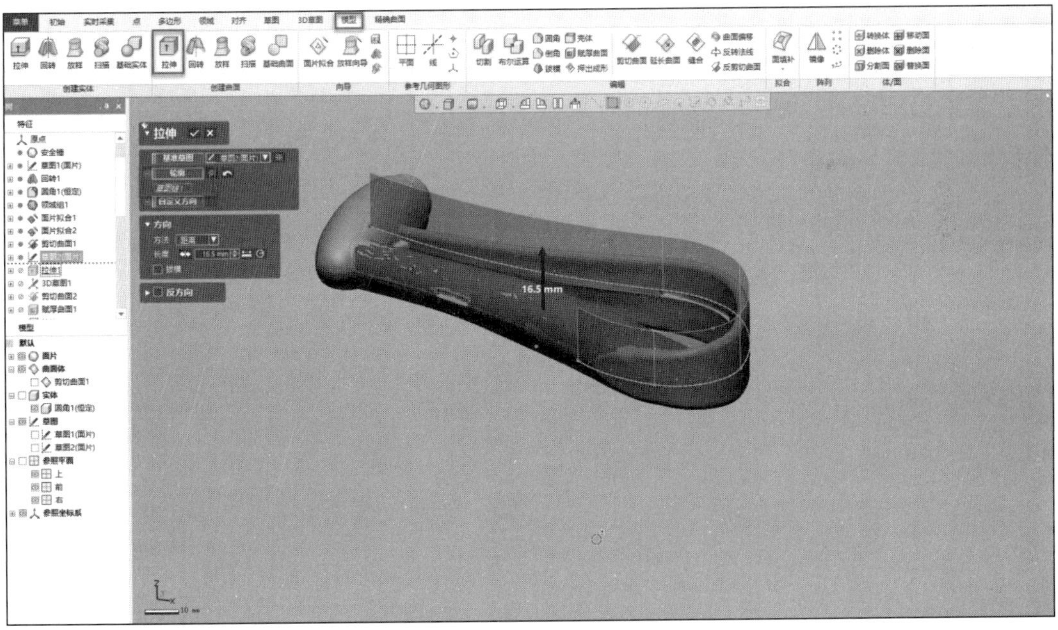

图 5-36　模型拉伸

7）在【3D 草图】选项卡中，选择 3D 面片草图操作形式，单击【样条曲线】按钮，依次在点云上选取通过点，在把手上绘制样条曲线，如图 5-37 所示。完成后退出草图绘制模式。

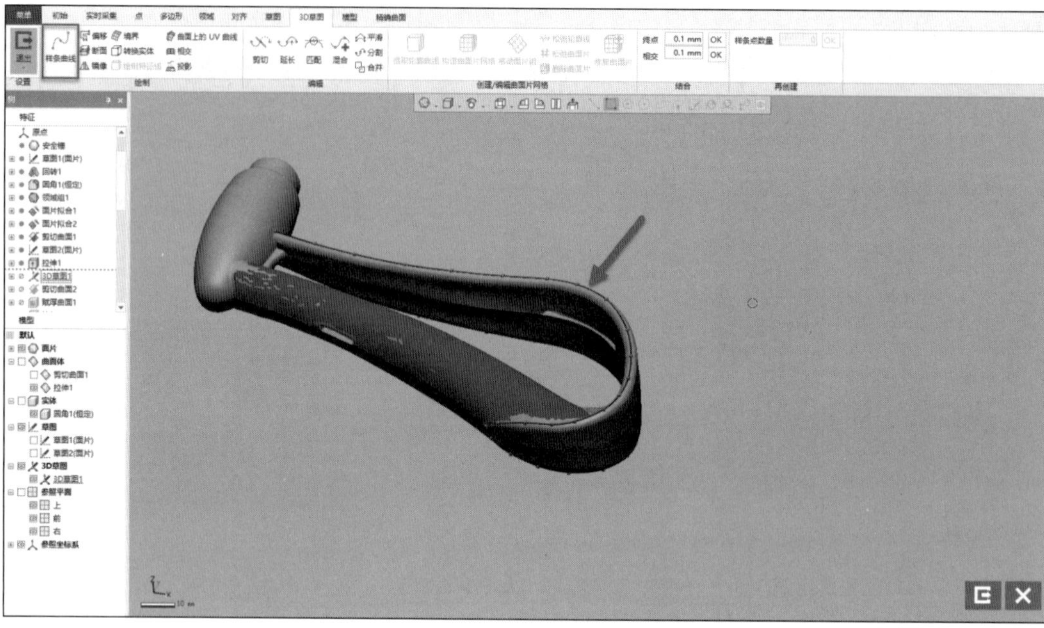

图 5-37　绘制样条曲线

8）再次回到【模型】选项卡中，单击【剪切曲面】按钮，设置【工具要素】为创建好的样条曲线，【对象体】为拉伸的曲面，单击选择需要保留的部分。剪切曲面如图 5-38 所示。

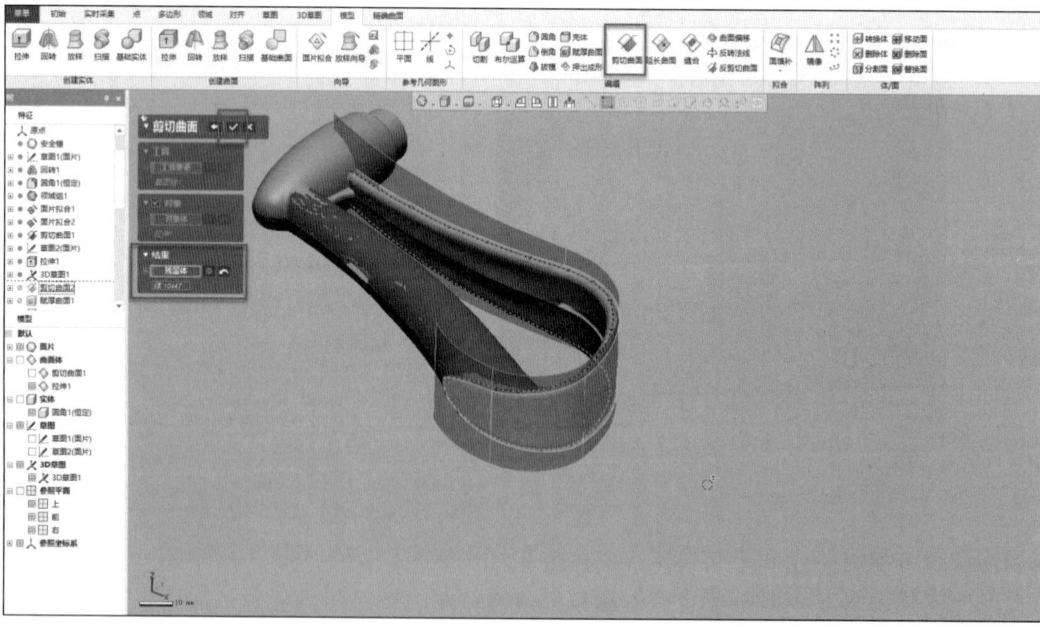

图 5-38　剪切曲面

9）在【模型】选项卡中，单击【赋厚曲面】按钮，对刚刚剪切好的曲面进行赋厚处理，厚度参考点云。赋厚曲面如图 5-39 所示。

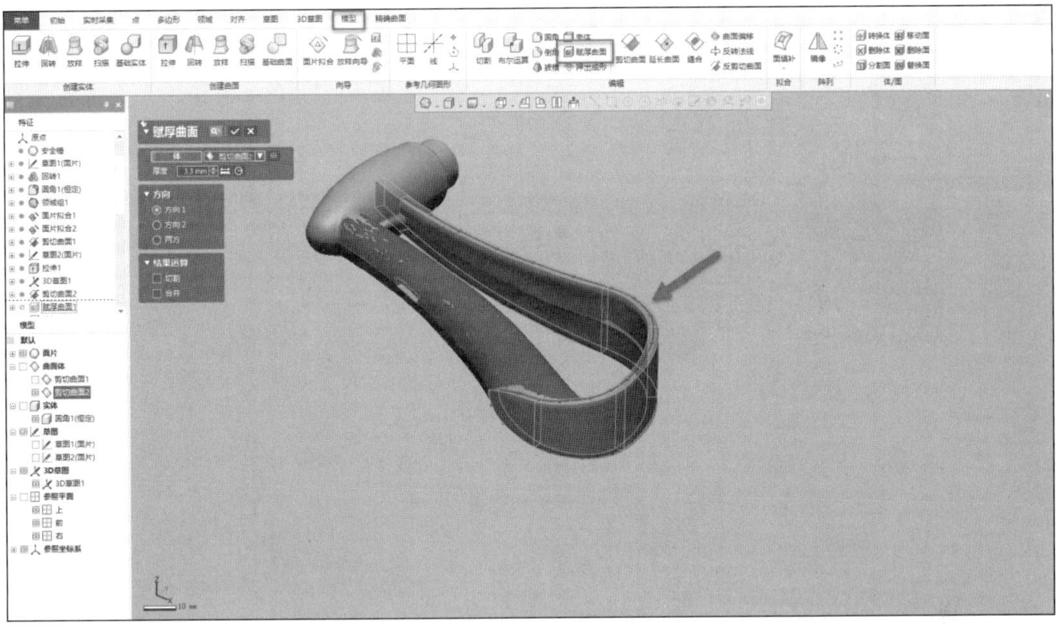

图 5-39　赋厚曲面

10）在模型树中将 3D 草图隐藏，将草图中的草图 2（把手的曲面轮廓线）显示出来。单击【模型】选项卡中的【拉伸】按钮，拉伸显示出来的草图 2，拉伸的时候注意选中【反方向】复选框。拉伸如图 5-40 所示。

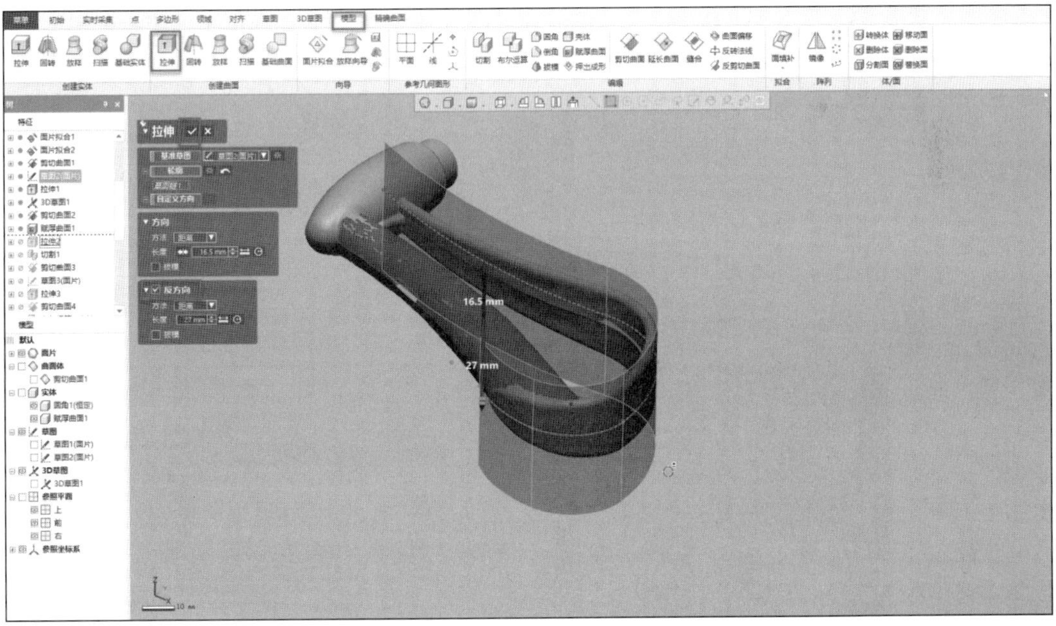

图 5-40　拉伸

11）在【模型】选项卡中，单击【镜像】按钮，对赋厚曲面进行镜像处理，设置对称平面为上平面。先在模型树中将剪切曲面显示出来，再单击【模型】选项卡中的【切割】

按钮，将剪切曲面 1 设置为【工具要素】，将赋厚曲面及镜像的赋厚曲面设置为【对象体】，保留赋厚曲面中与点云贴合的部分。切割曲面如图 5-41 所示。

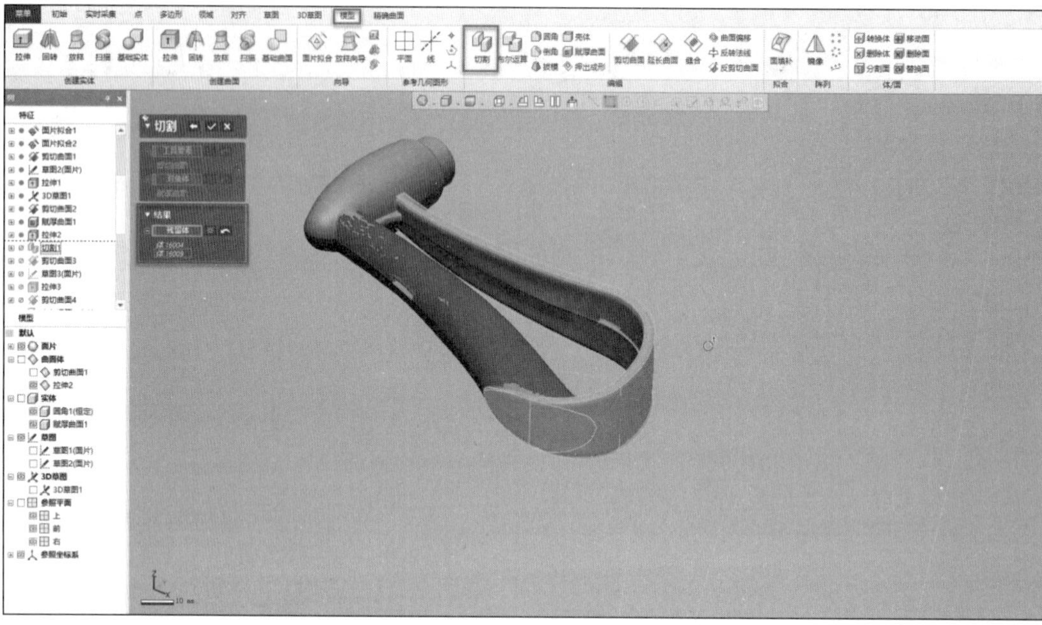

图 5-41 切割曲面

12）在【模型】选项卡中，单击【剪切曲面】按钮，设置【工具要素】为拉伸 2 和剪切曲面 1，注意取消选中【对象】复选框，然后执行下一步。将与点云贴合的部分保留，剪切其他多余的部分，如图 5-42 所示。

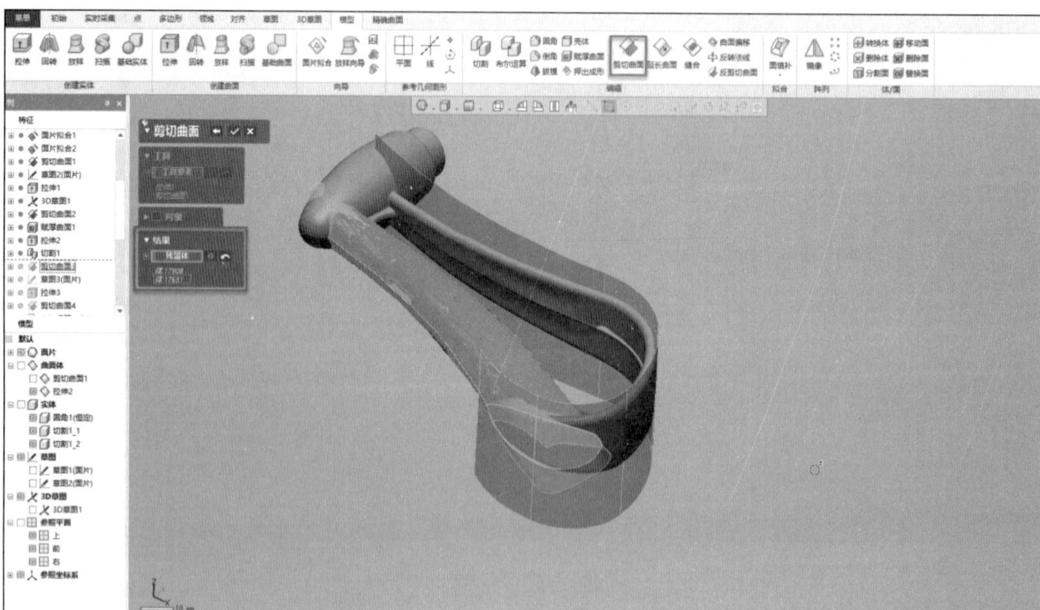

图 5-42 剪切曲面

13）在【草图】选项卡中，选择面片草图操作形式。设置【基准平面】为上平面，创建草图。用直线工具绘制一条直线，用于切割把手曲面部分，如图 5-43 所示。

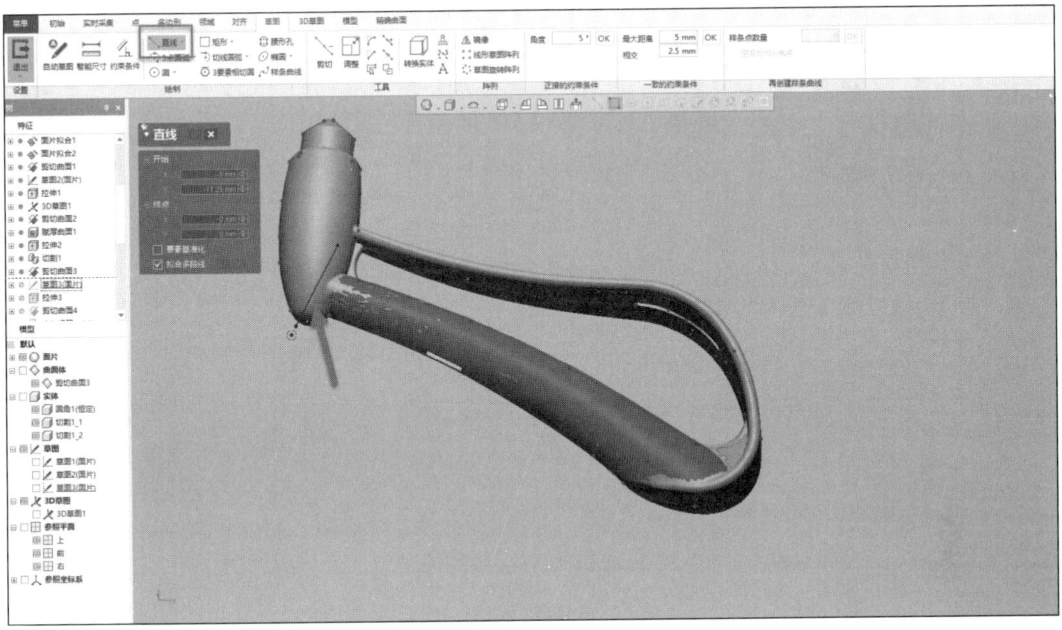

图 5-43　切割把手曲面部分

14）在【模型】选项卡中，单击【拉伸】按钮，对绘制的直线进行拉伸，注意选中【反方向】复选框。拉伸直线如图 5-44 所示。

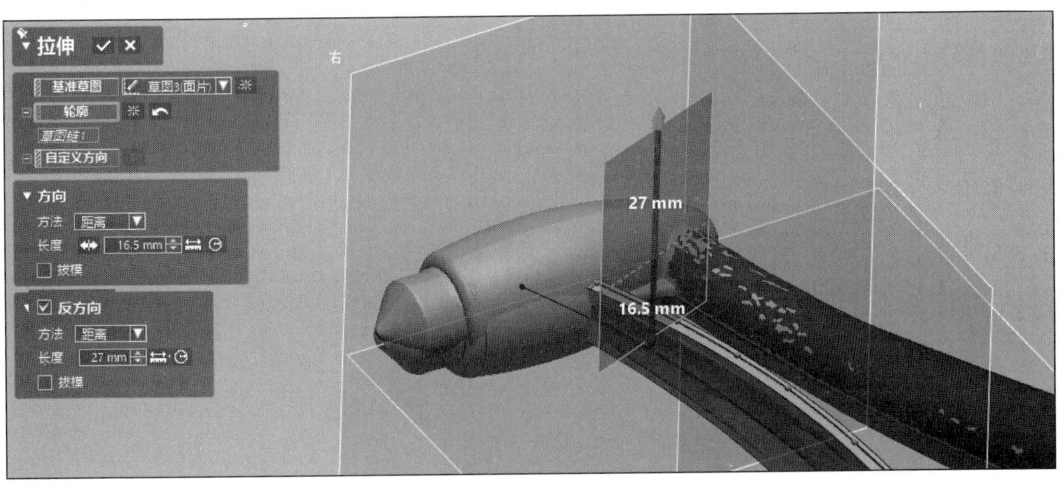

图 5-44　拉伸直线

15）在【模型】选项卡中，单击【剪切曲面】按钮，设置【工具要素】为剪切曲面 3 和拉伸 3，取消选中【对象】复选框。找到绘图窗口底部的显示开关工具条，单击面片，取消其激活状态，将点云数据隐藏，在修剪结果中选择需要保留的把手部分的曲面。修剪如图 5-45 所示。

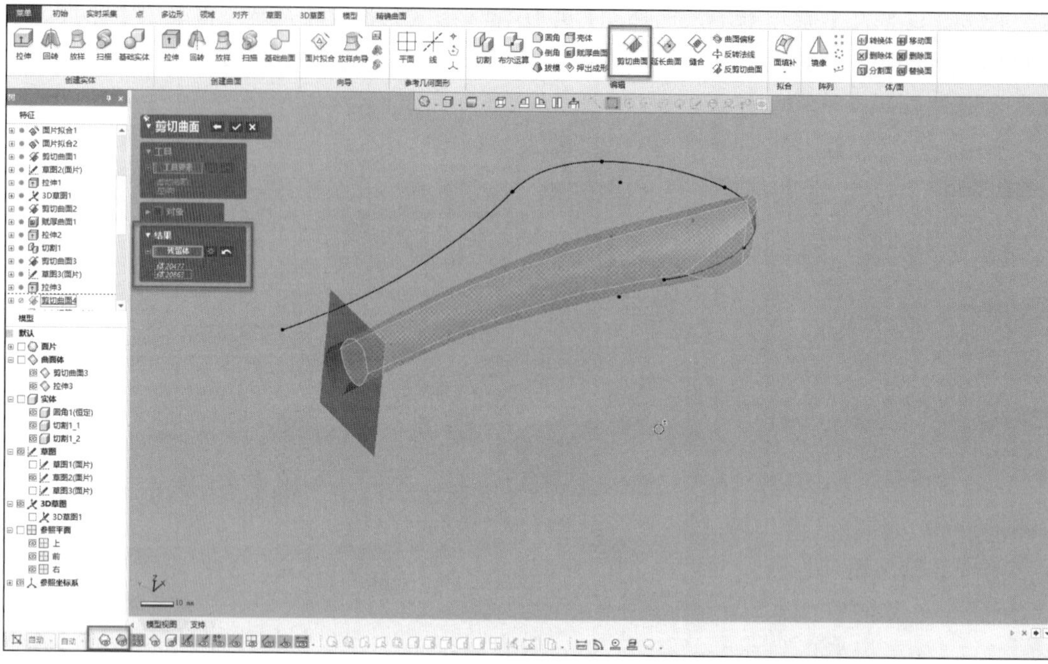

图 5-45　修剪

16）在【模型】选项卡中，单击【布尔运算】按钮，对所有实体进行合并运算；单击【圆角】按钮，对把手部分进行倒圆角处理，如图 5-46 所示。

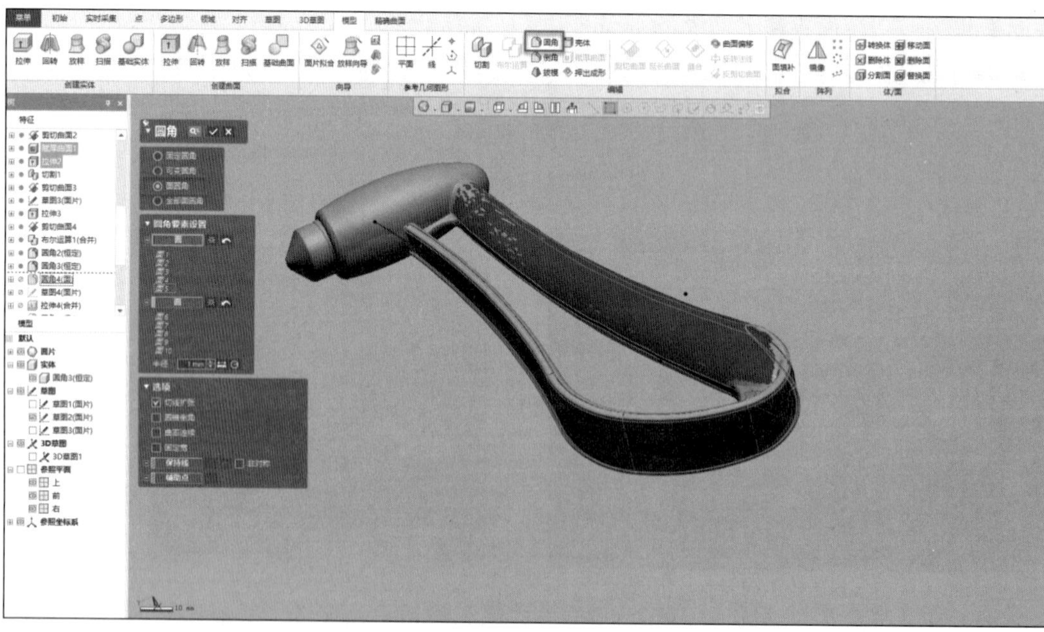

图 5-46　倒圆角

17）在绘图窗口底部找到显示工具中的面片，单击激活。在【草图】选项卡中，选择面片草图操作形式，设置【基准平面】为上平面。先用圆形工具、直线工具绘制把手上端的加强筋结构，再用剪切工具剪切封闭轮廓。绘制草图如图 5-47 所示。完成后退出草图绘制模式。

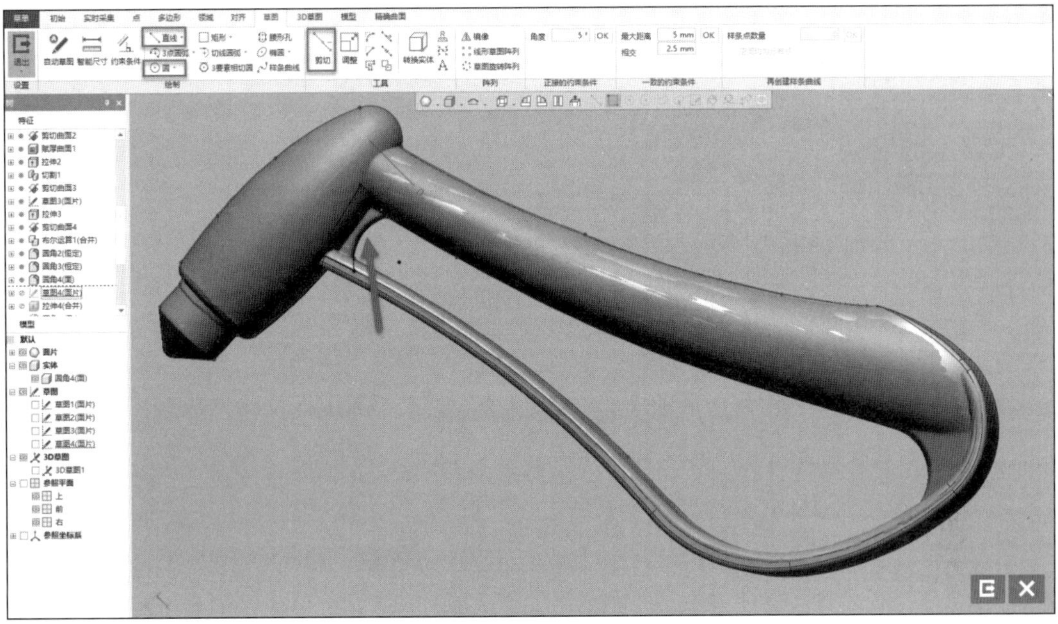

图 5-47　绘制草图

18）在【模型】选项卡中，单击【拉伸】按钮，对绘制的轮廓进行拉伸处理，厚度参考点云数据。注意选中【结果运算】中的【合并】复选框。单击【圆角】按钮，对刚绘制的特征结构进行倒圆角处理。拉伸与倒圆角如图 5-48 所示。

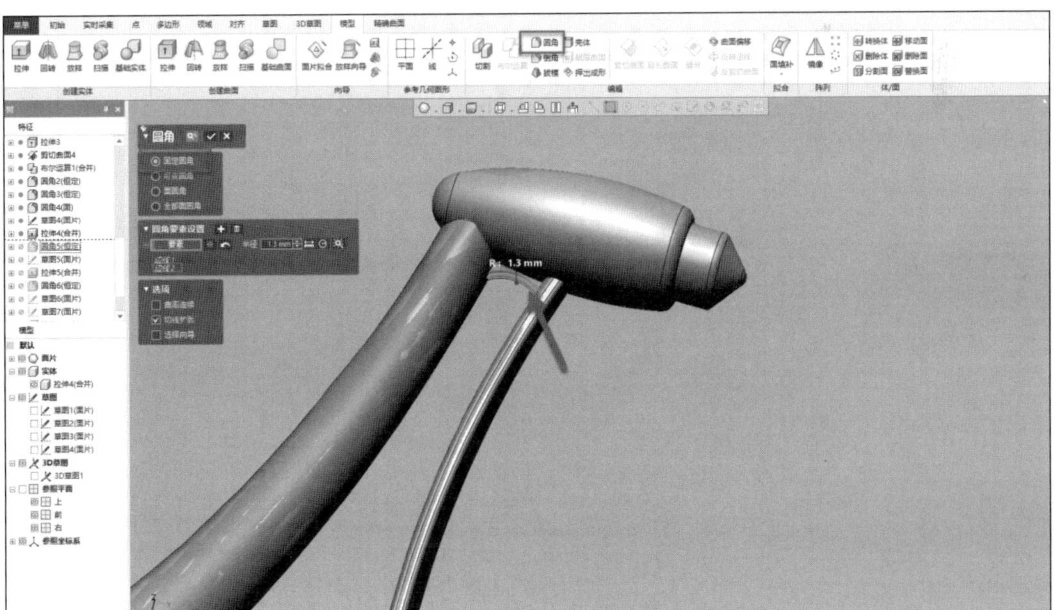

图 5-48　拉伸与倒圆角

19）同样地，使用面片草图操作形式绘制把手下端的特征结构。绘制草图如图 5-49 所示。绘制完成后退出草图绘制模式。

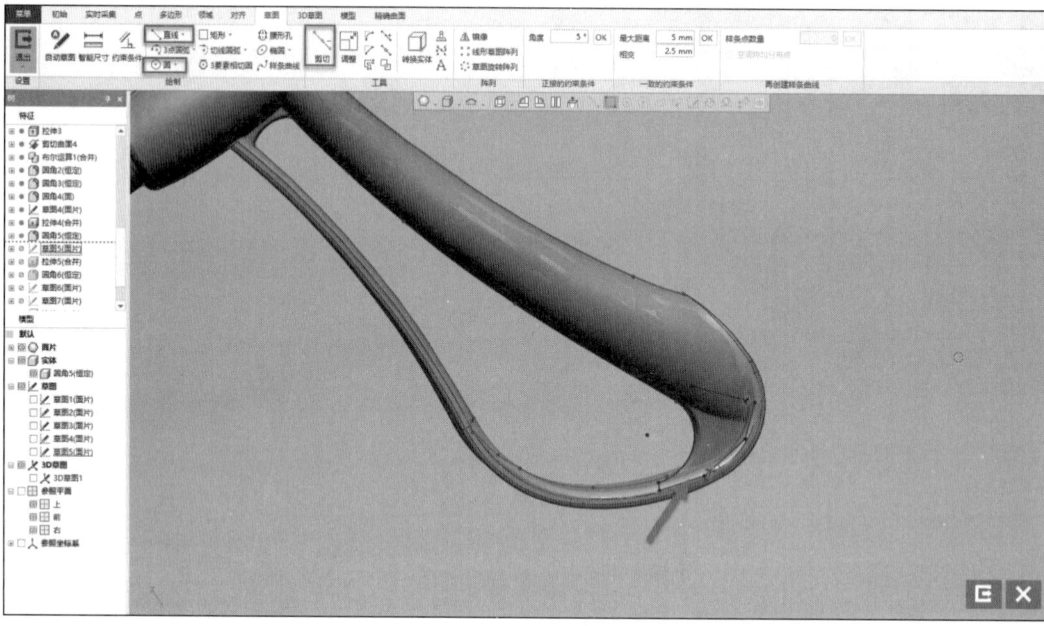

图 5-49　绘制草图

20）在工具栏中选择【延伸至相似】命令，先单击特征结构的平面部分，再单击【领域】选项卡中的【插入】按钮。选择领域如图 5-50 所示。用同样的方法，为把手底部背面的特征平面创建一个领域。

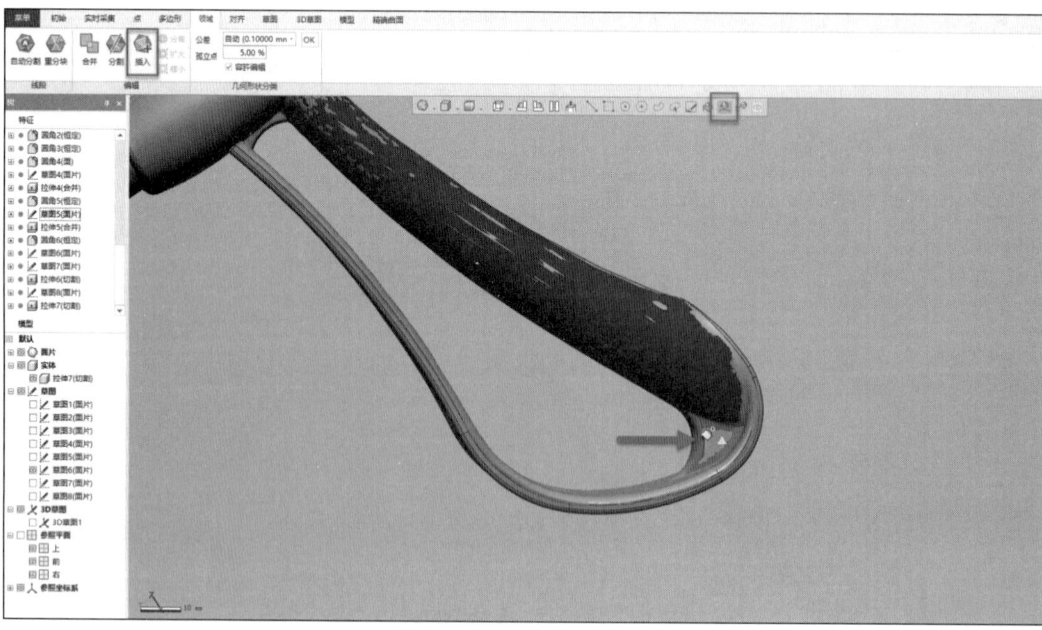

图 5-50　选择领域

21）在【模型】选项卡中，单击【拉伸】按钮，拉伸把手底部的特征结构，设置【方法】为【到领域】,【选择要素】为刚创建出来的两个领域，注意在【结果运算】中选中【合并】复选框，结果如图 5-51 所示。单击【圆角】按钮，对该特征用【固定圆角】进行倒圆角处理，结果如图 5-52 所示。

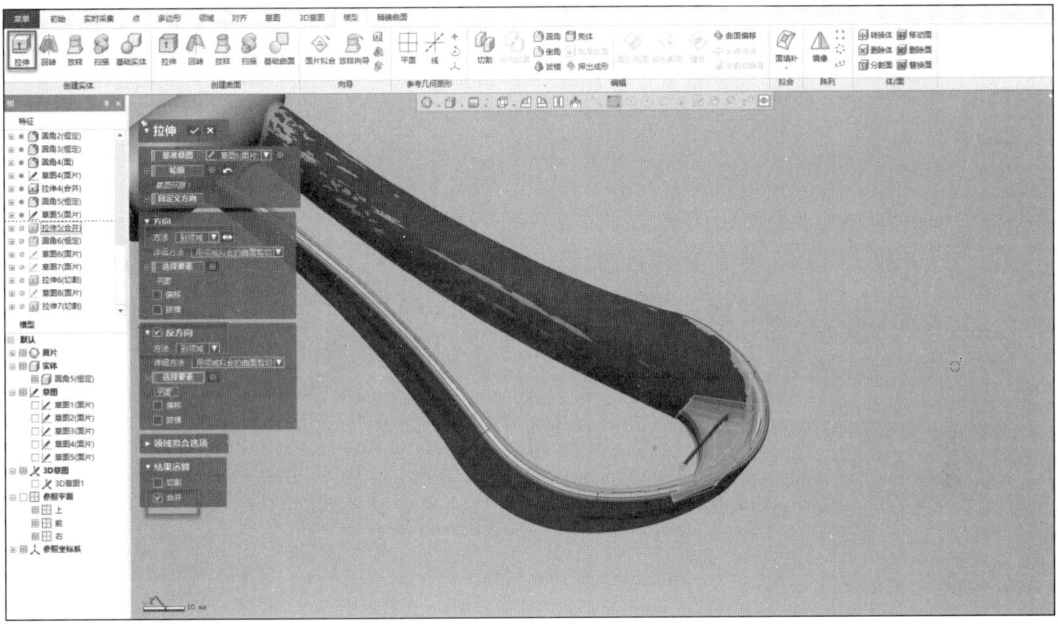

图 5-51　拉伸

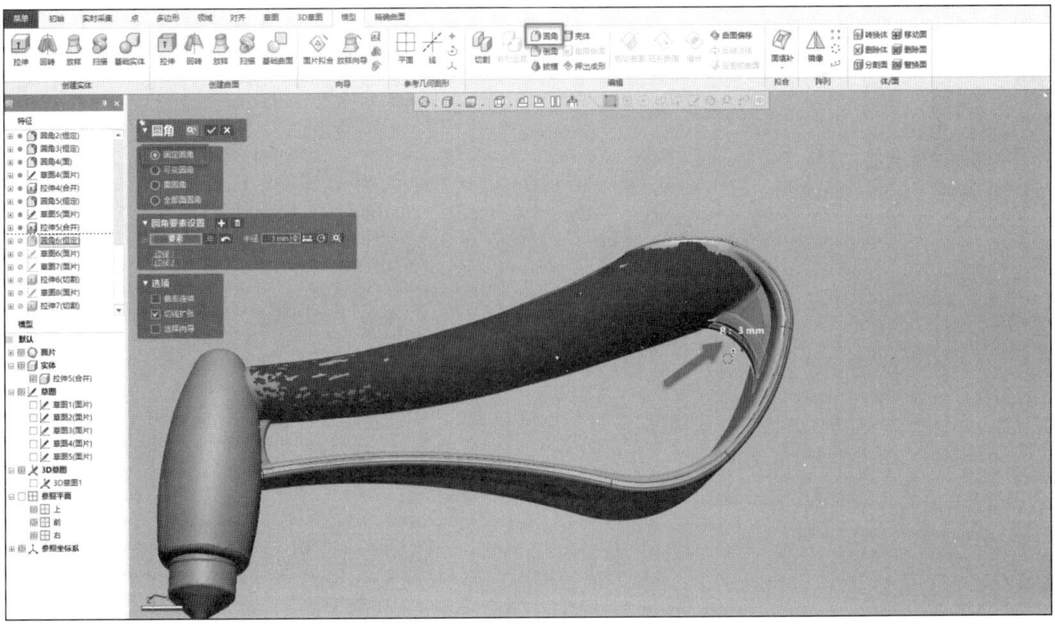

图 5-52　倒圆角

22）使用面片草图操作形式，绘制把手上的凹槽部分。需要注意：拖动较小的箭头，将凹槽特征清晰地呈现出来。使用直线工具、圆角工具绘制凹槽轮廓即可。绘制凹槽如图 5-53 所示。

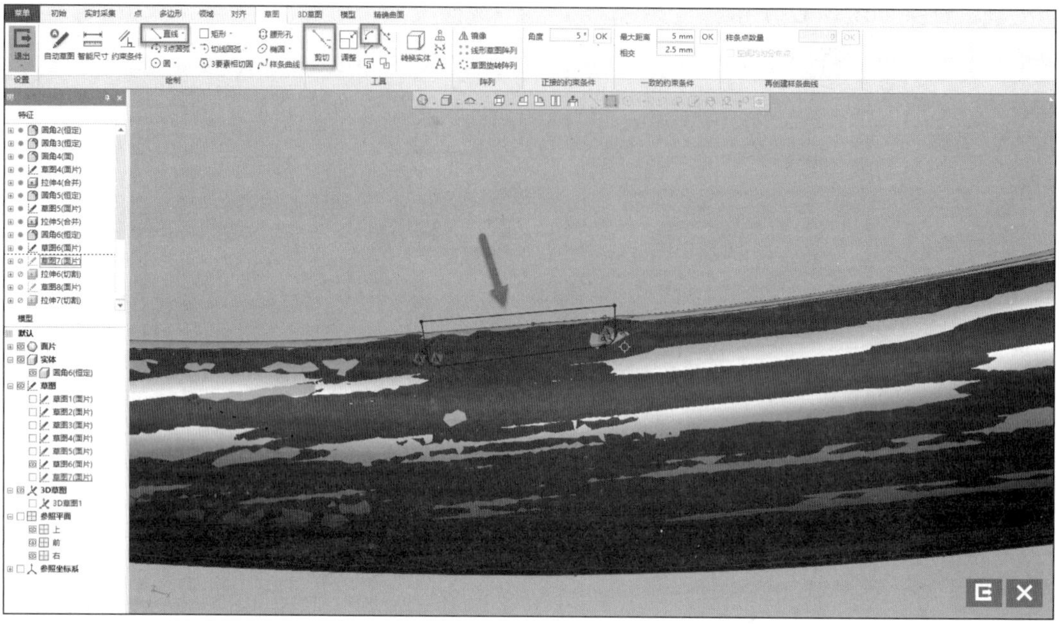

图 5-53　绘制凹槽

23）绘制完成后，单击【模型】选项卡中的【拉伸】按钮，拉伸的时候在【结果运算】中选中【切割】复选框。绘制草图如图 5-54 所示。

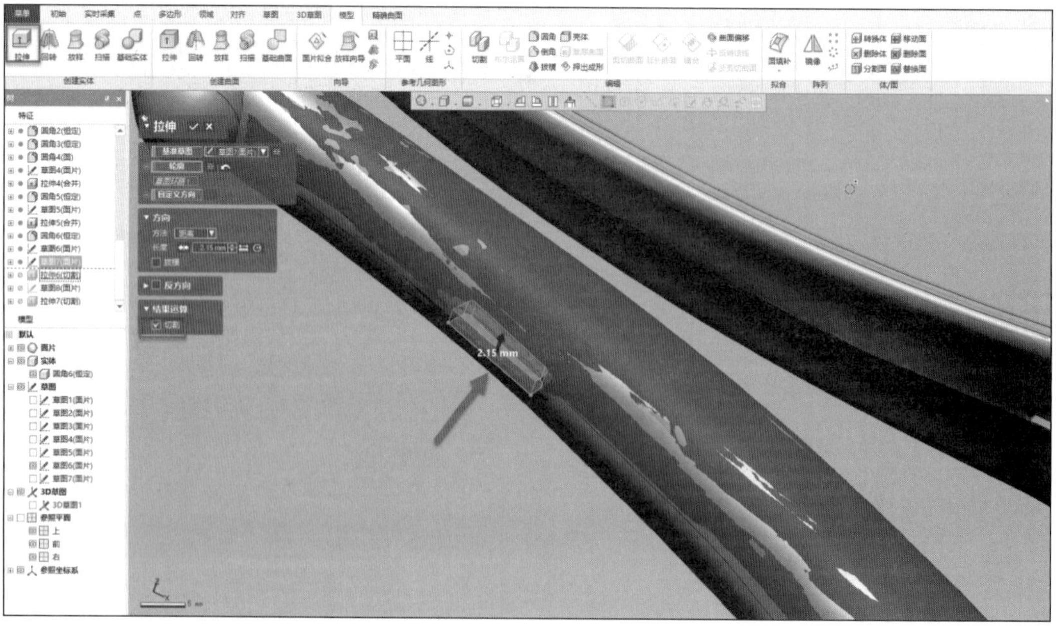

图 5-54　绘制草图

24）用相同的方法绘制另一个凹槽，结果如图 5-55 所示。

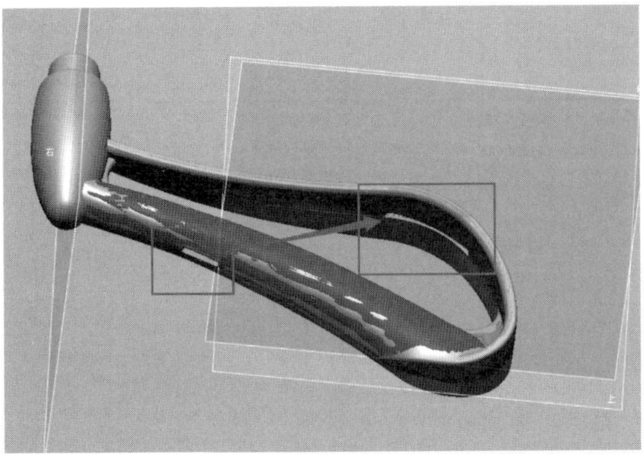

图 5-55　凹槽

25）绘制完成后，在工具栏中选择【体偏差】命令，对逆向模型进行误差分析。需要注意：保证逆向模型在误差范围内，即呈现为绿色。体偏差检测如图 5-56 所示。

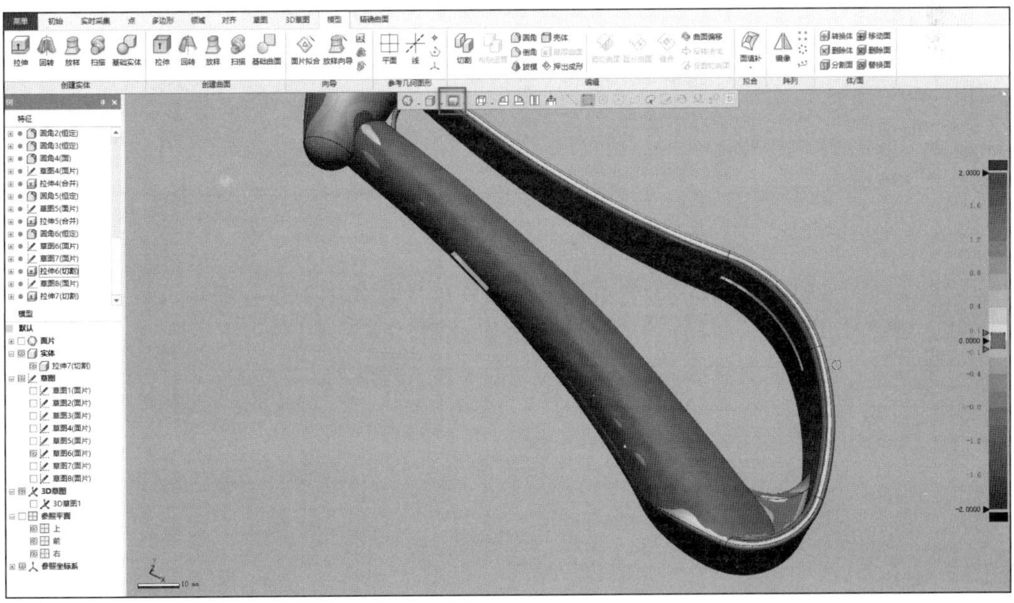

图 5-56　体偏差检测

26）至此，逆向设计完成。

27）选择菜单栏中的【文件】→【输出】命令，设置【输出要素】为实体部分，将文件保存为通用格式，即 STP 格式。

5.3.3　安全锤 3D 打印

1．数据切片

1）在执行打印操作之前，需要进行数据分析，判断其是否适用于 3D 打印技术。在

Magics 软件中对数据添加支撑，进行排版切片处理。将数据直接拖入软件中，进行数据分析，检查是否存在破面等。当【壳体】为 1、其他为 0 时，即满足基本打印要求。模型检查如图 5-57 所示。

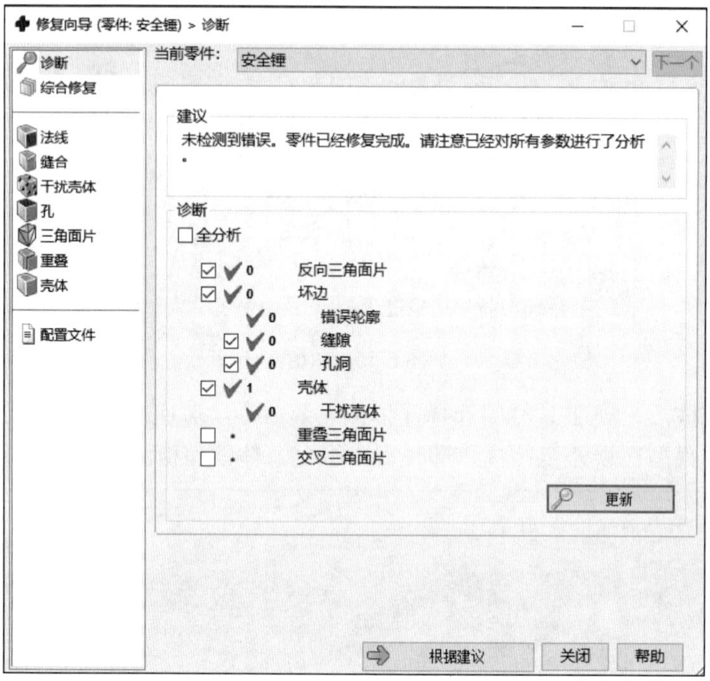

图 5-57　模型检查

2）进行打印分析，如图 5-58 所示，主要检查尺寸是否满足打印要求。关于打印技术、打印设备、最低打印要求，具体可查询设备使用说明。

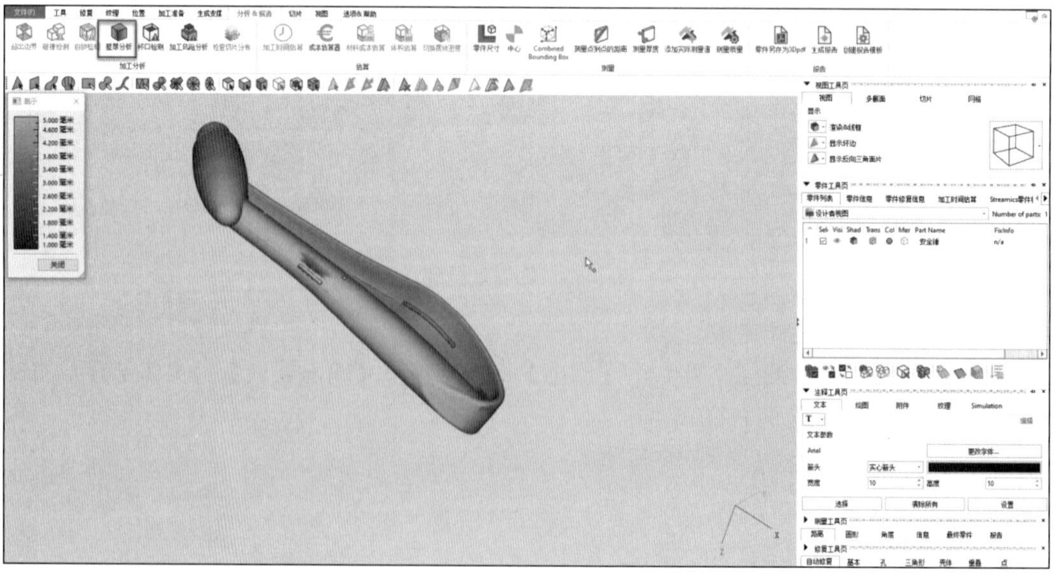

图 5-58　打印分析

3）加载打印平台，选择打印机型号，如图 5-59 所示。

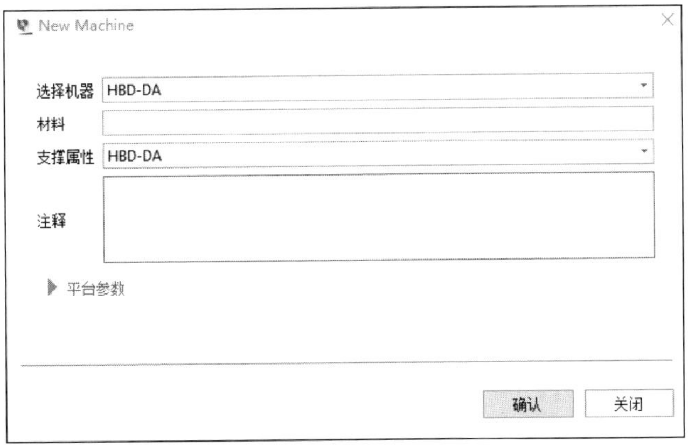

图 5-59　选择打印机型号

4）设置零件底面，改变零件方向。零件的摆放需要注意：避免在重要外观面添加支撑，让支撑数量尽量少，尖锐处要顺着刮刀方向。摆放好以后设置零件高度，一般设置为 5～10mm。摆放零件如图 5-60 所示。

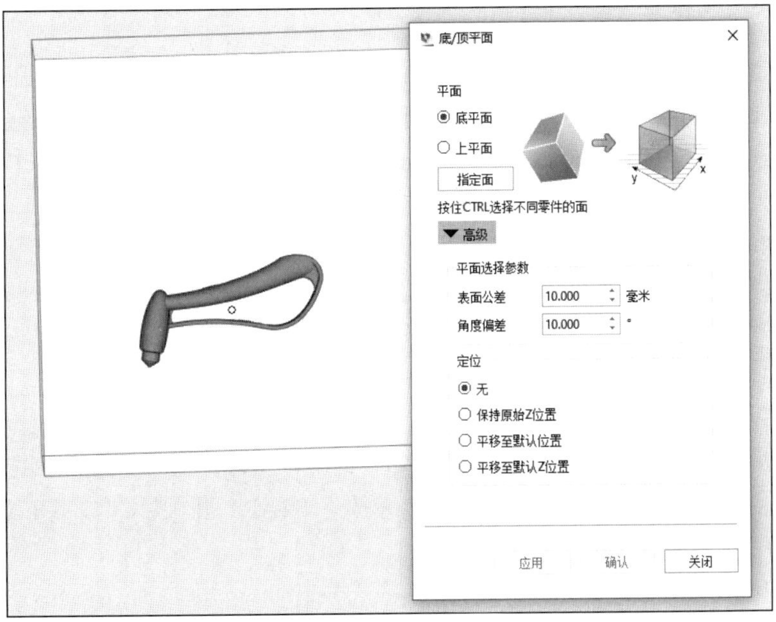

图 5-60　摆放零件

5）在【生成支撑】选项卡中，生成并调整支撑，如图 5-61 所示，使其满足打印要求。最后单击【切片】按钮，生成切片文件。

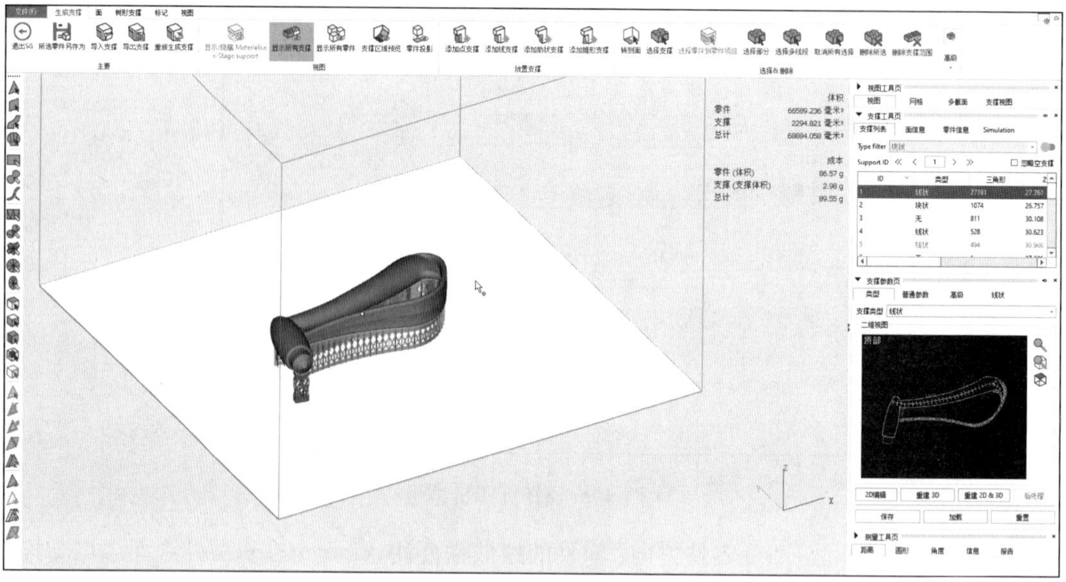

图 5-61　生成并调整支撑

2．设备运行前准备

1）由于金属粉末对人体有一定危害，相关操作人员须佩戴口罩及橡胶手套。

2）用毛刷和吸尘器仔细清理成型仓内部的尘埃等杂物，若打印需要更换金属粉末，则需要彻底清洁成型仓内部所有可能沾着粉末的部位，确保不污染金属粉末原料。

3）清理保护镜片：使用无尘纸蘸取高纯度酒精小心地擦拭镜片，除去镜片上沾着的微小颗粒；用棉签擦拭镜片，当棉签没有黑色时，用无尘纸蘸取少量的酒精继续轻轻擦拭镜片。用灯照射镜片，进行观察，至其十分洁净、无油污、无污染为止。

3．设备运行操作

（1）开机

开机之前务必检查设备电源是否连接正常，否则不允许开机。开机务必遵守以下步骤：①旋开机器右上方操作面板中的钥匙开关；②按下 START 开关；③按下 LASER 开关；④按下 IPC 开关，等待开机。

（2）对刀

1）打开软件。打开计算机桌面上的 HBDSystem150 软件，软件界面如图 5-62 所示。

2）调节粉料缸活塞高度。选择菜单栏中的【调试】→【铺粉装置】命令，进入【铺粉装置调试】界面（整个对刀过程的操作都在【铺粉装置调试】界面中执行），选中【铺粉装置调试】界面内的【粉料缸】或【成型缸】单选按钮，调节粉料缸及成型缸活塞高度，如图 5-63 所示。

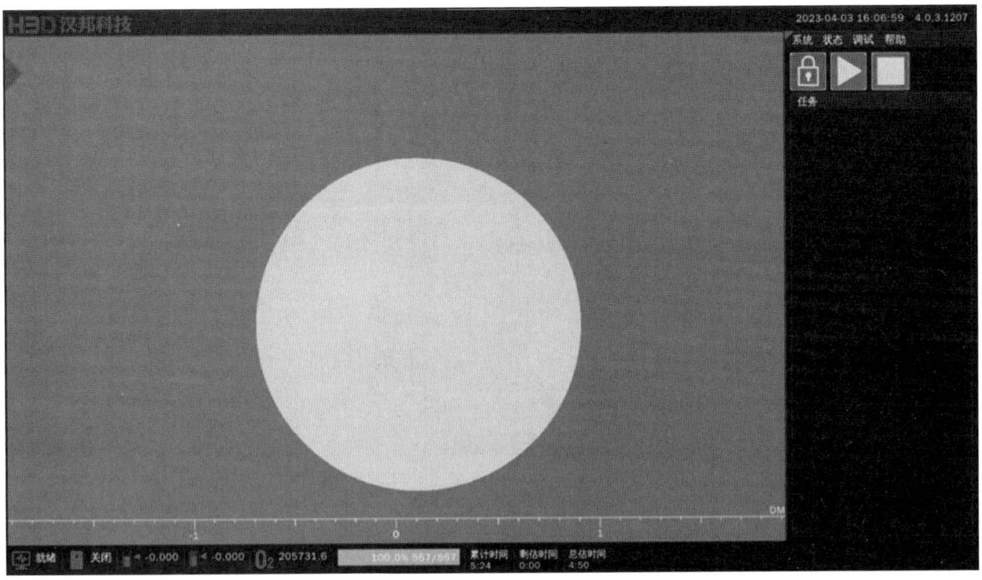

图 5-62　软件界面

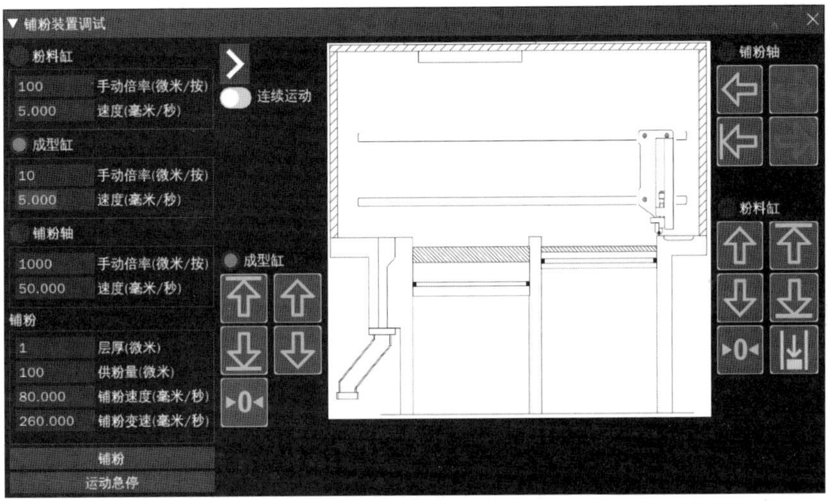

图 5-63　调节粉料缸及成型缸活塞高度

3）调平基板与对刀。调平基板时，以缸体为基准。首先安装基板于活塞上面，升降活塞，观察基板的各边是否与缸体水平（可通过直尺观察间隙来确定是否水平）。调平基板后，移动基板使之与缸体平面相平，关闭成型仓的灯，移动铺粉臂，用小手电照射，观察基板与铺粉臂间的间隙，调整基板位置，使基板与刀刃在不接触的情况下间隙尽可能小，即完成对刀。如果出现严重碰刀现象，则关闭 I/O 控制面板中的电机电源，等待 10s 以上，再次启动电机。在整个操作过程中，成型缸与粉料缸活塞一定不能上升到调节板下底面处。对刀如图 5-64 所示。

图 5-64 对刀

基板安装过程：首先使用螺栓将基板固定在基板固定板上，然后整体顺时针旋转固定在活塞上。

4）换刀。磨损修复后，首先须重新对刀具进行撞刀，然后将铺粉臂移动至缸体中间上方，最后将刀具安装到铺粉臂上，依次拧紧螺钉。

5）清理镜片。用灯光照射上方的保护镜片，观察其表面有无杂质污染，使用无尘棉签蘸取少许酒精轻轻擦拭干净。

6）铺粉。将金属粉末缓慢倒入粉料缸内，用洁净的金属片将粉末大致刮平，上升粉料缸活塞，使粉末高度略高于基板高度。

方法一：将铺粉臂移动到最左侧，观察粉末是否均匀地铺于基板表面，若金属粉末不足，则将铺粉臂移动到最右侧，适当上升粉料缸的高度，控制铺粉臂重新铺粉，使粉末均匀地铺在基板表面，然后单击【回铺粉原点】按钮，把成型仓门关上。

方法二：单击【铺粉】按钮，铺粉臂自动铺粉一次，本次设定层厚为 1μm，供粉量为 100μm。

7）预铺粉。在刮刀安装位置正确的情况下，单击【铺粉】按钮，本次设定层厚为 1μm，供粉量为 100μm；要求成型缸基板上面基本没有粉末；如果有较厚的粉末，则上升成型缸基板几十微米，直至自动铺粉时成型缸基板上基本没有粉末。

4. 导入数据

1）单击【添加任务】按钮，弹出【添加任务】窗口，将文件“.job”或“.h3d”导入，修改扫描功率、扫描速度和光斑直径等扫描参数。

2）单击软件界面上的【任务】按钮，可将加载打印任务直接删除。

3）单击【图层浏览】按钮，显示需要打印的层数，可以右击随意选择起始层。

4）单击【一键启动】图标，软件会实现自动除氧，自动打开激光器。当激光器打开、含氧量达到目标值以后，设备会自动从起始层开始打印。

注意：如果设备准备好后，还没有处理好数据，则可以关闭成型仓，单击【自动除氧】图标；自动除氧完成，可以加载数据，单击【一键启动】图标，实现打印。

5．打印过程

设备运行时要时刻观察金属粉末打印情况，如果出现严重碰刀、严重球化、金属无法成形、黑烟严重等情况，则应立刻停止设备运行，单击【暂停加工任务】或【停止加工任务】图标。打印过程中禁止单击 I/O 控制面板中的相应控制开关，要一直保持循环阀门和净化开关开启，以使成型仓中的气体循环净化除尘。

6．打印结束

1）打印结束时记录成型时间，软件自动关闭激光器、循环阀门、净化开关等。

2）等待成型零件冷却。

3）打开成型仓门，用吸尘器先将门框附近等容易弄脏身体的地方清理干净，再清理成型缸与粉料缸周围粉尘。升起基板，用毛刷将打印工件附近的金属粉末慢慢扫入收粉槽内，松开基板的固定螺钉，取出基板。基板加打印好的金属零件比较重，务必采取安全的方式取出基板，避免对人体和设备造成伤害。清理成型缸与粉料缸的金属粉末时，成型缸与粉料缸活塞一定不能上升到调节板下底面处。

4）将剩余可循环利用的金属粉末扫入收粉槽内，其余废料用吸尘器清理，最终需要把所有残留粉末吸干净，把成型仓内所有内壁擦拭干净，必要时使用酒精。

5）打开净化器门，更换净化器过滤棉，仔细清理净化器滤芯。

6）关机步骤：确认激光器关闭，关闭软件，关闭计算机，待计算机完全关闭之后，关闭钥匙开关。

7．后处理

进行后处理的时候一定要佩戴口罩、眼罩、手套。

（1）取件

用线切割设备或者锯子等工具将打印好的零件从基板上分离下来，如图 5-65 所示。

图 5-65　取件

（2）去除支撑

用钳子、锯子等工具将支撑去除，遇到不好去除的实体支撑可借助电动工具进行去除，如图 5-66 所示。

（3）打磨

支撑去除后，用手磨机及砂纸等打磨工具将添加支撑的部位和其他部位打磨光滑，如图 5-57 所示。

（4）成品

检验无误后，就完成了金属 3D 打印产品的制作。安全锤成品如图 5-68 所示。

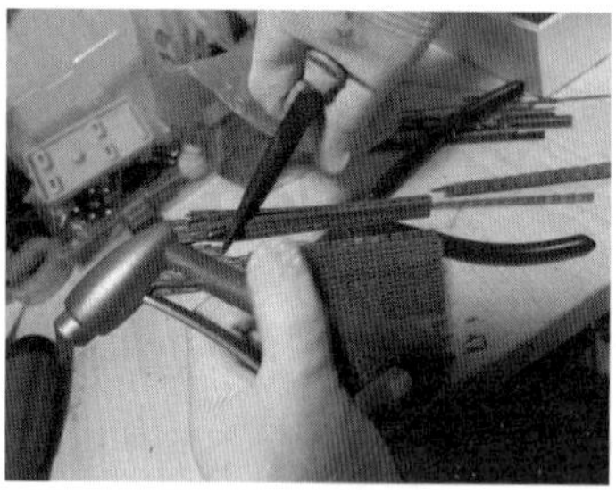

图 5-66　去除支撑

图 5-67　打磨

图 5-68　安全锤成品

考核评价

安全锤的逆向设计与 3D 打印评价表如表 5-13 所示。

表 5-13　安全锤的逆向设计与 3D 打印评价表

工作任务名称：安全锤的逆向设计与 3D 打印

评价项目	考核内容	考核标准	配分	小组评分	教师评分	企业评分	总评
任务完成情况评定（80 分）	任务分析	正确率为 100%得 5 分； 正确率为 80%得 4 分； 正确率为 60%得 3 分； 正确率小于 60%得 0 分	5				
	建模	操作规范、熟练得 10 分； 操作规范、不熟练得 5 分； 操作不规范得 0 分	10				
	数据处理	参数设置正确得 20 分； 参数设置不正确得 0 分	20				
	打印成型	操作规范、熟练得 10 分； 操作规范、不熟练得 5 分； 操作不规范得 0 分	30				
		加工质量符合要求得 20 分； 加工质量不符合要求得 0 分					
	后处理	处理方法合理得 5 分； 处理方法不合理得 0 分	15				
		操作规范、熟练得 10 分； 操作规范、不熟练得 5 分； 操作不规范得 0 分					

续表

评价项目	考核内容	考核标准	配分	小组评分	教师评分	企业评分	总评
职业素养（20 分）	劳动保护	按规范穿戴防护用品	每违反一次，扣 5 分，扣完为止				
	纪律	不迟到、不早退、不旷课等					
	表现	积极、主动、互助、负责、有改进精神等					
	6S 规范	符合 6S 管理要求					
总分							
学生签名		教师签名			日期		

自主练习

完成叶片逆向模型重构，应用 SLM 技术进行加工，如图 5-69 所示。

图 5-69 叶片

项目 6 智力魔球的逆向设计与 3D 打印

>>>>

◎ **项目导读**

某玩具公司要求对智力魔球进行设计，并采用 3D 打印的方式将其打印出来，以方便检验和测试。

◎ **知识目标**

1. 掌握智力魔球三维模型重构。
2. 掌握智力魔球的装配过程。

◎ **能力目标**

1. 能阅读任务单，制订智力魔球的逆向设计方案。
2. 能应用三维设计软件绘制智力魔球的三维模型。
3. 会选择 3D 打印机进行智力魔球的 3D 打印。

◎ **素养目标**

1. 树立规范意识、标准意识，全面提升工程素养。
2. 培养创新思维和举一反三解决问题的能力。

6.1 工作任务：智力魔球项目团队与任务单

6.1.1 组建团队及任务分工

组建团队及任务分工如表 6-1 所示。

表 6-1　组建团队及任务分工

团队名称	团队成员	工作任务

6.1.2 发放任务单

任务单如表 6-2 所示。

表 6-2　任务单

产品名称	智力魔球	编号		时间	4 天
序号	零件名称	规格	图形	数量/件	设计要求
1	智力魔球		根据客户要求进行设计和 3D 打印	1	（1）模型准确； （2）完成智力魔球模型的 3D 打印
2					
备注	请在指定时间内完成		完成日期		
生产部意见			日期		

6.2 知识准备：智力魔球的设计

智力魔球是一款具有趣味性的益智休闲产品，其外形呈球状，结构简单，由六个零件组合拼装而成，每个零件都有独特的几何形状，并且有相互位置精度的要求。

采用机构选型组合的方法，拟定各零件的相互协调和配合关系，同时遵循简单、合理、经济的原则，总体按照从粗到细、从简单到复杂的顺序进行。在现有的设备条件下，总体设计与结构设计应考虑造型美观、人机工程等因素，从总装草图到零件草图应经过反复推敲、完善、修改，设计过程的各阶段要相互联系、相互依赖。智力魔球如图 6-1 所示，尺寸自定。

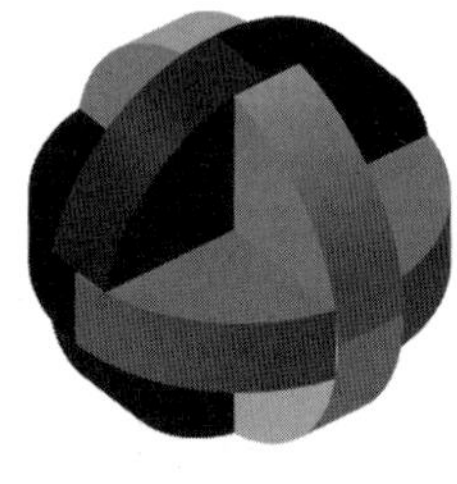

图 6-1　智力魔球

6.3 任务实施：重构智力魔球模型并打印

6.3.1　智力魔球三维模型重构

智力魔球零件如图 6-2 所示。

（a）零件一

（b）零件二

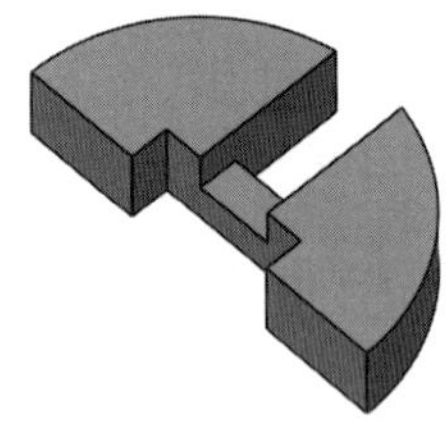

（c）零件三

（d）零件四

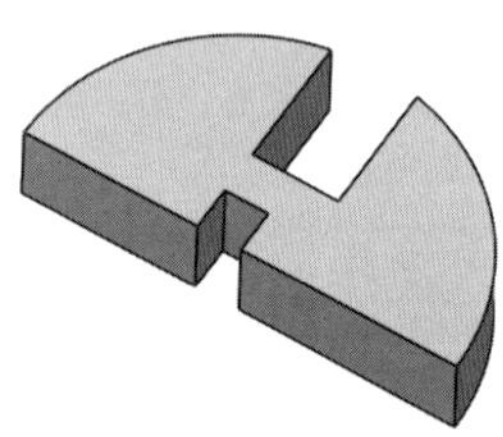

（e）零件五

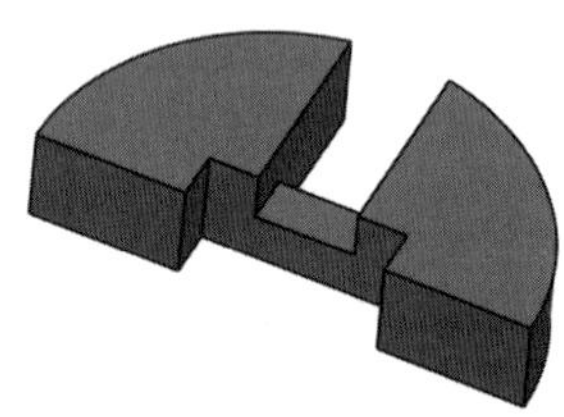

（f）零件六

图 6-2　智力魔球零件

6.3.2　智力魔球 3D 打印

自行选择合适的 3D 打印机进行打印，并进行后处理。

6.3.3　智力魔球装配

检查尺寸、修整不足，并调整装配。智力魔球的装配过程如表 6-3 所示。

表 6-3　智力魔球的装配过程

步骤	操作说明	作业图
1	零件四与零件五组装	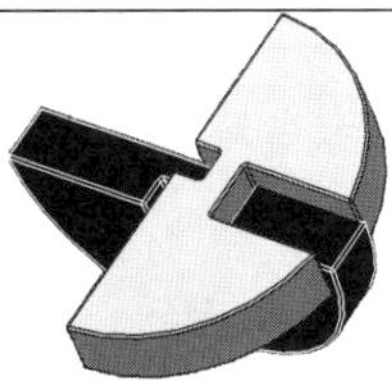
2	零件一与步骤 1 形成的零件组装	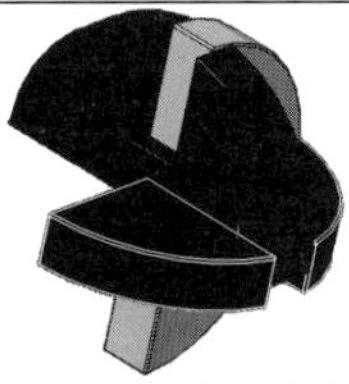
3	零件三与步骤 2 形成的零件组装	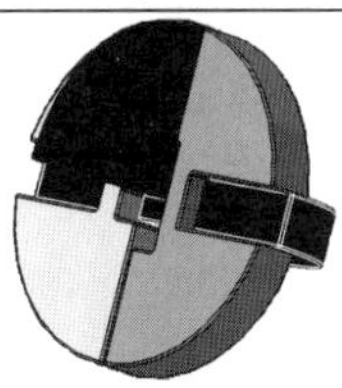
4	零件二与步骤 3 形成的零件组装	
5	上移零件三，使其与零件一产生 3～5mm 的间隙	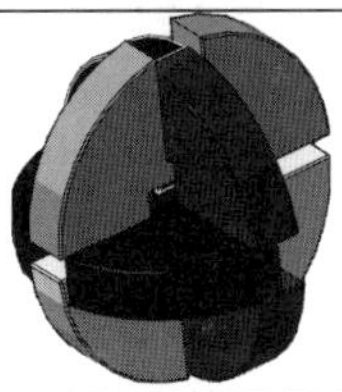
6	转动零件三，使其与零件一平行	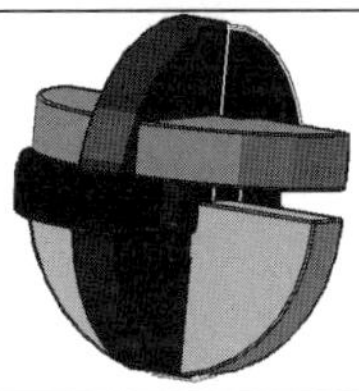
7	上移零件三，使其与零件一产生约 3mm 的间隙	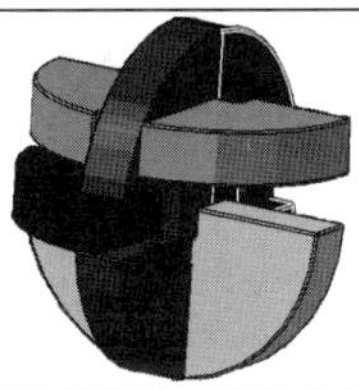

续表

步骤	操作说明	作业图
8	将零件六与零件一组成整圆	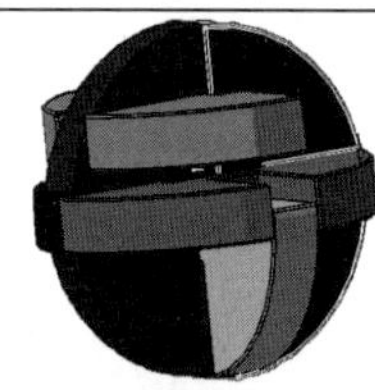
9	将零件三向上旋转，使其与零件五组成整圆，即可展现出一个完整的球	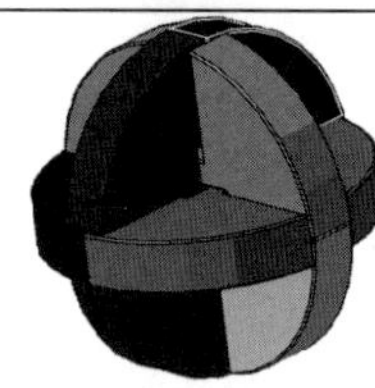

在装配时，可能有制作出的零件因尺寸精度、位置精度、形状精度不合格或设计不合理而不能正常装配，可在教师的指导下分析原因，按具体情况解决。经过加工工艺流程，一个结构完整的智力魔球便展现在我们面前。

考核评价

智力魔球的逆向设计与 3D 打印评价表如表 6-4 所示。

表 6-4　智力魔球的逆向设计与 3D 打印评价表

工作任务名称：智力魔球的逆向设计与 3D 打印

评价项目	考核内容	考核标准	配分	小组评分	教师评分	企业评分	总评
任务完成情况评定（80 分）	任务分析	正确率为 100%得 5 分； 正确率为 80%得 4 分； 正确率为 60%得 3 分； 正确率小于 60%得 0 分	5				
	建模	操作规范、熟练得 10 分； 操作规范、不熟练得 5 分； 操作不规范得 0 分	10				
	数据处理	参数设置正确得 20 分； 参数设置不正确得 0 分	20				
	打印成型	操作规范、熟练得 10 分； 操作规范、不熟练得 5 分； 操作不规范得 0 分	30				
		加工质量符合要求得 20 分； 加工质量不符合要求得 0 分					
	后处理	处理方法合理得 5 分； 处理方法不合理得 0 分	15				
		操作规范、熟练得 10 分； 操作规范、不熟练得 5 分； 操作不规范得 0 分					

续表

评价项目	考核内容	考核标准	配分	小组评分	教师评分	企业评分	总评
职业素养（20 分）	劳动保护	按规范穿戴防护用品	每违反一次，扣 5 分，扣完为止				
	纪律	不迟到、不早退、不旷课等					
	表现	积极、主动、互助、负责、有改进精神等					
	6S 规范	符合 6S 管理要求					
总分							
学生签名		教师签名			日期		

自主练习

应用本书所学知识，设计一款仿生机械，进行 3D 打印并组装。

参考文献

陈雪芳，孙春华，2015．逆向工程与快速成型技术应用[M]．北京：机械工业出版社．

成思源，2010．逆向工程技术综合实践[M]．北京：电子工业出版社．

李艳，2018．3D 打印企业实例[M]．北京：机械工业出版社．

王嘉，田芳，2020．逆向设计与 3D 打印案例教程[M]．北京：机械工业出版社．

杨晓雪，闫学文，2016．Geomagic Design X 三维建模案例教程[M]．北京：机械工业出版社．

袁锋，2006．UG 逆向工程范例教程[M]．北京：机械工业出版社．

袁赟，袁锋，2020．三维数字化建模与 3D 打印[M]．北京：机械工业出版社．

左克生，胡顺安，2018．CATIA 逆向设计基础[M]．西安：西安电子科技大学出版社．